U0363908

装备科技译著出版基金

富勒烯、石墨烯和碳纳米管制备与应用

Making and Exploiting Fullerenes, Graphene, and Carbon Nanotubes

[意]麦西默·马卡西奥(Massimo Marcaccio)
[意]弗朗西斯科·保卢奇(Francesco Paolucci) 主编
李克训 乔妙杰 马晨 等译

国防工业出版社
·北京·

著作权合同登记 图字:军-2019-010 号

图书在版编目(CIP)数据

富勒烯、石墨烯和碳纳米管制备与应用/(意)麦西默·
马卡西奥(Massimo Marcaccio),(意)弗朗西斯科·
保卢奇(Francesco Paolucci)主编;李克训等译. —
北京:国防工业出版社,2020.10
书名原文:Making and Exploiting Fullerenes,
Graphene,and Carbon Nanotubes
ISBN 978-7-118-12135-3

Ⅰ.①富… Ⅱ.①麦…②弗…③李… Ⅲ.①碳-纳
米材料-研究②石墨-纳米材料-研究 Ⅳ.①TB383

中国版本图书馆 CIP 数据核字(2020)第 191273 号

Translation from the English language edition:
Making and Exploiting Fullerenes,Graphene,and Carbon Nanotubes
edited by Massimo Marcaccio and Francesco Paolucci
Copyright © Springer-Verlag Berlin Heidelberg 2014
This Springer imprint is published by Springer Nature
The registered company is Springer-Verlag GmbH,DE
All Rights Reserved

※

国防工业出版社出版发行
(北京市海淀区紫竹院南路 23 号 邮政编码 100048)
天津嘉恒印务有限公司印刷
新华书店经售

*

开本 710×1000 1/16 插页 8 印张 16½ 字数 300 千字
2020 年 10 月第 1 版第 1 次印刷 印数 1—2000 册 定价 98.00 元

(本书如有印装错误,我社负责调换)

国防书店:(010)88540777   书店传真:(010)88540776
发行业务:(010)88540717   发行传真:(010)88540762

译审委员会

译 者 序

继传统的金刚石和石墨之后,碳的同素异形体不断被发现,如零维富勒烯、一维碳纳米管到二维石墨烯,且每一种同素异形体都有着独特的结构和优异的性能。富勒烯、碳纳米管、石墨烯这三种材料的发现分别被授予了 1996 年的诺贝尔化学奖、2008 年的 Kavli 纳米科学奖和 2010 年的诺贝尔物理奖。堪称"完美对称"的球形分子——C_{60}、一维管状碳、二维完美晶体结构,由于其优异的力学、电学、热学等物化特性,无论从微观结构、制备方法还是到实际应用领域,都受到了国内外众多科技工作者广泛而持久的关注。如在高强电子源和平板显示器场发射领域,光子晶体、光学天线和光波导以及太阳能电池领域,纳电子、离子、气体和生物传感器等领域,结构、功能复合材料领域,电子装置、燃料电池、超级电容器、锂离子电池以及储氢性能等领域,碳材料都表现出了巨大的应用价值和广阔的市场前景。

《富勒烯、石墨烯和碳纳米管制备与应用》一书,不仅介绍了富勒烯、石墨烯和碳纳米管等碳纳米材料的一些共性基础问题,还重点介绍了每一种碳纳米材料的一些实际应用情况,有助于读者对碳纳米材料或相近、相关碳纳米结构的整体认知,便于充分了解和熟悉碳的各种同素异形体,综合考虑其优缺点和应用优势,对于读者具有较强的参考价值和指导作用。

同时,本书对我们在电子信息领域具体应用碳纳米材料的过程中面临的一些实际问题提供了可供借鉴的思路和启发,有助于加快我们对基于碳纳米材料的电子信息功能材料的研制开发、关键技术攻关和产业化进程,希望本书对碳纳米材料相关领域的科学研究与技术开发有所帮助,以促进基于富勒烯、石墨烯和碳纳米管等碳纳米材料的新成果不断涌现。

本书在翻译过程中,分别得到了清华大学范守善院士、中国电子科技集团公司唐晓斌首席科学家的帮助和指导,得到了中国电子科技集团公司第三十三研究所、电磁防护材料及技术山西省重点实验室相关专家的肯定与支持。同时,本书的出版也有幸获得了装备科技译著出版基金的资助。在本书的成稿过程中，译著团队成员付出了辛勤的劳动，并得到了各位专家的悉心指导，在此一并对参与此项工作的全体人员致以最诚挚的感谢！

由于本书跨学科领域多、涉及专业面广，译者及所在团队水平有限，书中难免有不妥之处，恳请广大读者和相关领域专家、学者不吝批评指正。

译者
2019 年 11 月

前　言

　　碳纳米结构或纳米碳(CNS)包括零维富勒烯、一维碳纳米管和二维石墨烯等在内的低维纳米材料,由于具有独特的微纳结构和电子性质,在过去的 20 多年间,开始作为一种新型的纳米材料出现。围绕碳纳米材料的基础理论研究以及碳纳米材料在分子电子学、材料科学、能量存储与转化、生物医药、传感器和生物探测等领域的应用研究受到广大科技工作者广泛关注,引起了世界范围的研发热潮。碳纳米材料的电子特性以及它们的光学、光谱学和电化学等行为,主要取决于它们独特的纳米尺寸特征;认识和研究在体相材料中因独特纳米结构而具有的特殊性质,是一项富有挑战性和极具智慧的工程。目前,无论是在基础研究还是借助有效的技术手段探索碳纳米材料各种性质等应用研究时,通常,首先需要得到碳纳米材料的溶液或悬浮液,并使碳纳米结构在更大程度上保持其原始的特性。例如,在水溶液中,单壁碳纳米管(SWCNT)呈胶束状悬浮其中,有关其带隙荧光光谱的应用研究,揭示了具有半导体特性的单根 SWCNT 所表现出的电子能量,与碳纳米管的直径与螺旋度等结构特征有关。本书中,在第 1 章"富勒烯、碳纳米管和石墨烯的溶解"中,Alain Pénicaud 阐述了多种关于碳纳米材料溶解性的独创性的研究方法,尤其是如何通过还原溶解的方法解决石墨及其他碳纳米材料的可溶性问题。本书的大部分章节都是介绍碳纳米材料与纳米技术的融合,以及碳纳米材料与纳米技术融合对其他诸多技术领域发展的影响。例如,在包括染料敏化太阳能电池在内的太阳能电池技术发展过程中,富勒烯、碳纳米管、纳米金刚石和石墨烯等,有着各种各样的应用。在第 2 章"富勒烯、碳纳米管和碗烯的纳米合成技术"中,James Mack 等叙述了近期富勒烯分子片段的发展,尤其是对碗烯进行了重点描述,并介绍了它们在有机光致发光二极管中(OLED)的直接应用。在第 3 章"碳纳米材料在染料敏化太阳能电池中的应用"中,针对碳纳米材料在新型染料敏化太阳能电池的应用,Ladislav Kavan 深入探讨了碳纳米材料的应用对染料敏化太阳能电池转换效率的提高、稳定性以及成本等方面的影响。

　　功能化的碳纳米材料在与其他种类的材料复合时,能够保留其独特的性质,表现出非常明显的优势。超分子化学对功能化碳纳米体系的构建提供了行之有效的途径,可以通过非共价键的相互作用实现。在第4章"碳纳米管超分子化学"中,Gildas Gavrel 等评价了多种多样的超分子、碳纳米管的非共价键功能化及其应用情况,同时在第5章"富勒烯封端双稳态轮烷"中 Aurelio Mateo-Alonso 提出了合成具备物理连接的分子结构的方法。概述了当前不同类型的富勒烯封端双稳态轮烷以及它们之间的转换机制和潜在应用。

在第6章"催化材料在可控碳纳米材料界面的交互运用"中,Michele Melchionna 等阐述了碳纳米材料对分子和纳米结构的催化剂发挥的支撑作用,由于碳纳米材料具有优异的电子和光学特性、高的比表面积和热力学以及力学稳定性等优势而产生协同增强作用,使得催化剂有着更为广泛的应用前景。碳纳米材料在生物以及生物医药领域的应用得到越来越多的开发与应用,尤其是在第7章"碳纳米管在组织工程学中的应用"中,Susanna Bosi 等研究了碳纳米管在组织工程学中的各种应用,碳纳米管在用于许多生物组织的生长发育和增殖方面,有望成为最理想的生物材料之一。

石墨烯薄膜的固有化学反应活性、力学特性和电子转移速率在很大程度上受到折叠形成的褶皱结构的影响。于是,在第8章"纳米尺度的折叠和弯曲:石墨烯薄膜弯曲性能的实验与理论研究"中,Vittorio Morandi 等叙述了一种通过透射电子显微镜形貌表征和理论模型建立的新颖方法用于研究褶皱石墨烯晶体的力学性能。石墨烯和碳纳米材料在开发用于生物毒素高选择性及高灵敏度检测的传感器器件领域也得到了广泛研究。在第9章"石墨烯及其氧化物材料在化学与生化传感中的应用"中,Piyush Sindhu Sharma 等给出了石墨烯基传感器所具备的优异性能,特别是在快速检测和定量化学毒素、爆炸物、杀虫剂以及病菌等研究领域。

目前,科技工作者已经广泛开展了有关碳纳米材料的各种各样的应用,人们期待碳纳米材料在不久的将来还会有更多在其他领域的应用,这本著作可以面向不同领域的研究者:化学和材料化学、纳米科技、医学和化工等。希望读者们能从本书阅览中有所感悟,激发出关于令人着迷的碳纳米材料研究工作及相关领域新的灵感。

最后,要感谢当代化学专题的编委会委员 Margherita Venturi 教授,他促成了本专题著作的问世。

麦西默·马卡西奥

弗朗西斯科·保卢奇

于意大利博洛尼亚

2013 年

目　　录

X

第1章 富勒烯、碳纳米管和石墨烯的溶解

Alain Pénicaud

本章阐述了新型碳纳米材料如富勒烯、碳纳米管和石墨烯等在溶液中的处理过程。C_{60}及更高分子量的富勒烯,是目前唯一具有真正可溶性的纯碳。综述了碳纳米管和石墨烯的分散方法,采用还原溶解法可以得到真正的碳纳米管及石墨烯溶液。该法可以在不破坏碳纳米管结构的前提下,得到聚电解质的高浓度碳纳米管溶液。研究表明,采用上述方法可以制备高性能碳材料如高导电透明电极。

缩写

AFM	原子力显微镜
CNT	碳纳米管
CoMoCAT	Co/Mo 催化剂
DMSO	二甲基亚砜
GIC	石墨插层化合物
GO	氧化石墨烯
HiPCO	高压一氧化碳法合成碳纳米管
HOPG	高取向热解石墨烯
NMP	N-甲基吡咯烷酮
PAH	多环芳烃
RGO	还原氧化石墨烯
SCE	标准甘汞电极
SEM	扫描电子显微镜
SWCNT	单壁碳纳米管
TEM	透射电子显微镜
THF	四氢呋喃

1.1 引　　言

除金属元素外,碳元素在元素周期表中是形成诸多重要材料的基本元素之一。与金属元素不同,碳元素根据其杂化方式 sp、sp^2、sp^3 乃至中间杂化态的不同,表现出一系列拓扑价态。这使得碳材料具备一系列令人惊奇的微观结构、本

1

征特性以及使用性能。以石墨和金刚石为例,前者表现出不透明、润滑性和导电性等特点,而后者则表现为透明、硬度高和绝缘性等特点。重要的碳材料不仅限于石墨和金刚石。碳纤维和炭黑可以被认为是无序形式的石墨,它们在现代材料以及复合材料领域具有极其重要的工业价值[1]。自 20 世纪 90 年代至 21 世纪初以来,先后涌现出了多种被称作碳纳米材料的碳的新形式。本书即以上述材料,重点围绕富勒烯、石墨烯、碳纳米管等碳纳米材料展开详细论述。

除富勒烯外,所有碳材料都有一个共同的性质,即难溶性。为什么溶解性如此重要?因为良好的溶解性会使碳纳米材料的加工处理工艺变得更加安全与便捷。本章将主要阐述碳纳米材料的增溶问题。我们知道分子尺度的碳、C_{60} 以及其他富勒烯是可溶性的,但更大尺度的碳纳米结构如碳纳米管和石墨烯则是不溶的。在本章中,将重点介绍如何通过还原溶解法使石墨及新型碳纳米材料实现可溶。在还原溶解过程中,碳首先被还原,形成盐,而该盐可在极性有机溶剂中自发溶解。

1.1.1 尺寸的重要性

碳纳米管的难溶性与其尺寸明显有关,这便引出了碳纳米材料的基本单元问题,即尺寸、分子式、重量以及化学性质等,见 1.2 节所述。就溶解性而言,典型的碳纳米材料 C_{60}[2] 及其同系物,乃至整个富勒烯家族的溶解度都是不同的。它们是真正可溶的,并且是唯一一种真正可溶的纯碳的形态[3]。1.3 节中将讨论富勒烯的溶解性。除富勒烯外,所有其他形式的碳纳米材料都是不溶性的。1.4 节将叙述解决碳纳米材料难溶性的各种方法。我们可以将碳纳米材料(碳纳米管和石墨烯)视为大分子并研究其溶解性。通过热力学手段,可用于提高大分子的真实溶解度。通过氧化、还原的方法使碳纳米管带电,该方法制备的带电大分子,如聚电解质等可以溶解于部分有机溶剂中[4]。在溶液中[5],可溶性的碳纳米管盐是单根分散的,因而保持了碳纳米管长度的完整性、良好的加工性以及在复合材料中更高的固含量和更好的应用性能,这是本章的核心内容。在1.5 节中将阐述还原溶解法的机理、研究历程以及工艺流程。当前,石墨烯逐渐成为新一代最具前景的碳材料,1.6 节侧重于从新的角度讨论石墨烯或类石墨烯材料的溶解性问题,还原溶解法的唯一前提条件是碳纳米材料可以被还原(n-掺杂)。目前,已发现该法适用于除碳纳米管和石墨烯以外的其他形式的碳纳米材料,如碳纳米角、碳纳米杯等碳纳米锥材料,这部分内容将在 1.7 节讨论。氧化(p-掺杂)溶解碳纳米材料的研究少于还原溶解,1.8 节将对氧化溶解进行讨论。在 1.9 节中,将讨论还原溶解法的应用,包括功能化控制、催化、材料加工以及商业化的碳纳米管油墨等。

1.2　纳米碳的尺寸与溶解度

Herry Bragg 和 Laurence Bragg 首先于 1914 年确定了金刚石的晶体结构[6]。如图 1.1 所示,即每个碳原子与相邻 4 个等价碳原子以 sp³ 杂化轨道键合形成四面体结构,进而在三维空间形成无限大分子的固体物质。也正因如此,目前尚没有能够溶解金刚石的有效方法。然而,具有金刚石结构的碳纳米颗粒却是可溶性的[7]。对于块材金刚石来说,其表面积可基本忽略。但对于纳米金刚石来说,由于体积大为减小,因此其表面积的重要性明显凸显。溶剂与金刚石表面之间的相互作用会最终决定纳米金刚石是否溶解。

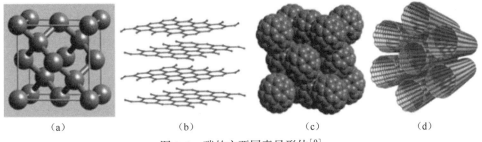

（a）　　　　　　（b）　　　　　　（c）　　　　　　（d）

图 1.1　碳的主要同素异形体[9]

（a）三维共价键合的固体金刚石[8];（b）由石墨烯片层堆垛形成的石墨（出自 Wikimedia）;
（c）由富勒烯组成的面心立方晶格（出自 Boris Pevzner）;（d）由单壁碳纳米管聚集而成的管束。

石墨虽然是块体材料,却是由二维片状石墨烯沿法向堆垛而成,如图 1.1 所示。共价键控制着石墨烯面内结合,范德华力决定石墨烯片层之间的结合。石墨烯的基本单元为单层石墨烯,当石墨烯带电时,是可以溶解的。此外,富勒烯和碳纳米管粉末是由零维富勒烯和一维碳纳米管三维堆垛而成的。其中,纳米碳基本单元如碳纳米管,能够通过还原溶解法溶解。

1.2.1　相关术语

C_{60} 最初被称为“巴基球”,因为它的结构令人想起建筑师 R. Buckminster Fuller 曾经设计的一种用六边形和五边形构成的球形薄壳建筑穹顶结构,“巴基球”的别称以及富勒烯家族的命名就是由此而来的。准确的官方（国际理论和化学联合会）名称是富勒烯[60]。按命名逻辑来说,富勒烯粉末被称为“fullerite”,富勒烯离子被称为“fullerides”和“fullereniums”[10]。碳纳米管最初被称为石墨碳螺旋微管[11]或巴基管,但很快被正式命名为“纳米管”,其阴离子一般被称为纳米管盐。最近,Shaffer、Skipper 等提出将碳纳米管的聚阴离子盐和聚阳离子盐分别称为"nanotubide"[12]和"nanotubium"[13]。"石墨烯"早在其被分离出来之前就被命名了,因为这是一个有用的概念,它既是石墨的基本平面单元,也是多环芳烃的无限拓展。当被氧化或还原时,石墨转变为石墨插层化合物(GIC)[14]。根据被插层物质向石墨提供电子还是从石墨接受电子,也可以称其为给体-GIC 或受体-GIC。对于还原石墨烯片,相应的推荐命名为"graphenide"[15-16]。对于其他特殊形式的碳,读者可以参考关于纳米碳命名的最新文章[17]。

1.3　C_{60}的溶解性

尽管已有一些关于 C_{60} 的早期报道,但直至 1985 年,人们才首次在质谱的 720 道尔顿(60 个碳原子)位置处发现并提取了 C_{60},这一发现在当时引起了轰动[2]。在 1991 年,C_{60} 已经可以被批量制备,首次报道批量制备出的 C_{60} 为几十毫克,并因此得到了科学界的认可[3]。正如 C. A. Reed 所写的"这种新的碳的同素异形体,特别是具有如此完美结构的物质,将在探索稳定元素的化学领域大放异彩"[18]。C_{60} 呈现为一个缩减的二十面体,由 60 个原子组成,如图 1.2 所示。所有的碳原子都是等效的,这与 C_{60} 在 143ppm 处出现唯一的 13 碳核磁共振化学位移峰相符[19]。伴随 C_{60} 的发现,富勒烯家族中涌现出更高分子量的富勒烯,如 C_{76}、C_{78}、C_{84} 等[20-21],它们都是由 12 个五边形和不同数量的六边形组成的。它们是不同的异构体,这取决于五边形的拓扑结构,它们都属于碳的同素异形体。

图 1.2　C_{60}分子

C_{60} 是碳的第一种可溶解的形式。作为中性单质,只有 C_{60} 及其同系物是可溶的。事实上,C_{60} 在有机溶剂中是可溶的。Krätschmer、Huffman 及其同事可以从石墨粉中提取出 C_{60} 和部分更高分子量的富勒烯并溶于苯中。溶液中富勒烯含量约占起始原料的95%[3]。C_{60}溶解后呈品红色,如图1.3所示。首次分离出C_{60}后,记录得到其溶解后的UV-vis及13碳核磁共振(NMR)溶液光谱图。通过循环伏安[23]测试得到6个可逆的还原峰[24](图1.4)和2个氧化过程[25]。表1.1所列为C_{60}在不同溶剂中的溶解度。

图1.3　碳的第一种可溶形式C_{60}溶液

(出自 Jonathan Hare)

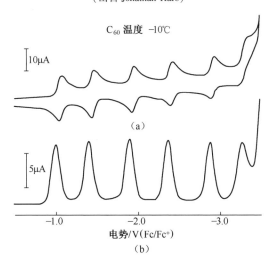

图1.4　C_{60}的可逆电还原曲线图

(在−10℃时的CH_3CN/甲苯溶液中,分别采用循环伏安法(a)和差分脉冲法(b)观测)

表 1.1 C$_{60}$在不同溶剂中的溶解度

溶剂	C$_{60}$/(mg/mL)	C$_{60}$/(×10^{4}摩尔分数)	n	ε	V/(cm^3·mol^{-1})	δ/(cal$^{1/2}$·cm$^{-3/2}$)[①]
烷烃						
正戊烷	0.005	0.008	1.36	1.84	115	7.0
环戊烷	0.002	0.003	1.41	1.97	93	8.6
正己烷	0.043	0.073	1.38	1.89	131	7.3
环己烷	0.036	0.059	1.43	2.02	108	8.2
正癸烷	0.071	0.19	1.41	1.99	195	8.0
萘烷	4.6	9.8	1.48	2.20	154	8.8
顺-十氢化萘	2.2	4.6	1.48	—	154	8.8
反-十氢化萘	1.3	2.9	1.47	—	158	8.6
卤代烃						
二氯甲烷	0.26	0.27	1.42	9.08	60	9.7
三氯甲烷	0.16	0.22	1.45	4.81	86	9.3
四氯化碳	0.32	0.40	1.46	2.24	80	8.6
1,2-二溴乙烷	0.50	0.60	1.54	4.79	72	10.4
三氯乙烯	1.4	1.7	1.48	3.40	89	9.2
四氯乙烯	1.2	1.7	1.51	2.46	102	9.3
二氢二氟乙烷	0.020	0.042	1.36	—	188	—
1,1,2-三氯二氟乙烷	0.014	0.017	1.44	—	118	—
1,1,2,2-四氯乙烷	5.3	7.7	1.49	8.20	64	9.7
极性溶剂						
甲醇	0	0	1.33	33.62	41	14.5
乙醇	0.001	0.001	1.36	24.30	59	12.7
硝基甲烷	0	0	1.38	35.90	81	12.7
硝基乙烷	0.002	0.002	1.39	28.00	105	11.1
丙酮	0.001	0.001	1.36	20.70	90	9.8
乙腈	0	0	1.34	37.50	52	11.8
N-甲基-2-吡咯烷酮	0.89	1.2	1.47	—	96	11.3
苯系物						
苯	1.7	2.1	1.50	2.28	89	9.2
甲苯	2.8	4.0	1.50	2.44	106	8.9
二甲苯	5.2	8.9	1.50	2.40	123	8.8

溶剂	$C_{60}/$ (mg/mL)	$C_{60}/$ ($\times 10^4$ 摩尔分数)	n	ε	$V/$ ($cm^3 \cdot mol^{-1}$)	$\delta/$ ($cal^{1/2} \cdot cm^{-3/2}$)[①]
均三甲苯	1.5	3.1	1.50	2.28	139	8.8
四氢萘	16	31	1.54	11.50	103	10.7
邻甲酚	0.014	0.029	1.54	11.50	103	10.7
苯甲腈	0.41	0.71	1.53	25.60	97	8.4
氟苯	0.59	0.78	1.47	5.42	94	9.0
硝基苯	0.80	1.1	1.56	35.74	103	10.0
溴苯	3.3	4.8	1.56	5.40	105	9.5
苯甲醚	5.6	8.4	1.52	4.33	109	9.5
氯苯	7.0	9.9	1.52	5.71	102	9.2
1,2-二氯苯	27	53	1.55	9.93	113	10.0
1,2,4-三氯苯	8.5	15	1.57	3.95	125	9.3
萘系物						
1-甲基萘	33	68	1.62	2.92	142	9.9
2-甲基萘	36	78	1.61	2.90	156	9.9
1-苯基萘	50	131	1.67	2.50	155	10.0
1-氯萘	51	97	1.63	5.00	136	9.8
其他						
二硫化碳	7.9	6.6	1.63	2.64	54	10.0
四氢呋喃	0	0	1.41	7.60	81	9.1
四氢噻吩	0.030	0.036	1.50	2.28	88	9.5
2-甲基噻吩	6.8	9.1	1.52	2.26	96	9.6
吡啶	0.89	0.99	1.51	12.30	80	10.7

①1cal＝4.18J

1.4 碳纳米管的分散方法

20 世纪 90 年代,碳科学开始兴起。在 C_{60} 发现的同时,人们通过透射电子显微镜(TEM)观察到了碳纳米管的存在,最初为多壁碳纳米管[11],随后得到 SWCNT[27-28]。几年后,通过电弧放电[29]和激光刻蚀[30]实现了碳纳米管的批量制备。同样的方法也用于 C_{60} 的制备,但需要加入催化剂。如图 1.5 所示,聚集成束的 SWCNT 类似于石墨烯堆垛而成的石墨结构。因此,溶解的基本单元是从中分离出的单根 SWCNT,如图 1.6 所示。

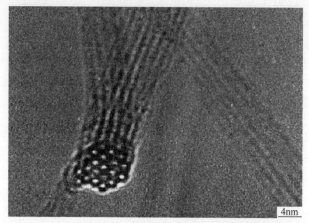

图 1.5　成束 SWCNT 的高分辨力透射电镜图[29]

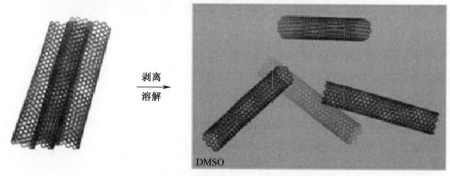

图 1.6　成束 SWCNT 剥离为单根碳纳米管[31]

　　碳纳米管具有与富勒烯相近的内径(约 1 nm),但其长度平均比 C_{60} 长 1000 倍,如图 1.7 所示。如前面所述,可将它们视为大分子。对于分子量为 10^6 道尔顿的分子,其尺寸分布是呈多分散性的。由于碳纳米管是不溶性的,基于其特殊的性质特别是力学性质、电学性质以及光学性质,均要求碳纳米管具备良好的分散性。

图 1.7　C_{60} 和碳纳米管的尺度模型

(长径比 $L/D = 120$,实际中碳纳米管的 L/D 值可能大于 20000)

1.4.1　有机溶剂分散

　　该方法是分散碳纳米管最简单的方法。通过将碳纳米管置于有机溶剂中进行超声处理,可得到有颜色的亚稳态悬浮液。很早以前,该领域就有人发现,SWCNT 可分散于酰胺类溶剂,如 N,N-二甲基甲酰胺(DMF)或 N-甲基吡咯烷酮(NMP)[32-34]。关于碳纳米管分散溶剂体系的系统筛选的文献发表于 2001 年,见表 1.2。很显然,一些富勒烯溶剂,如萘或邻二氯苯比 DMF 和 NMP 要好。更令人惊讶的是,氯仿作为良好的碳纳米管分散溶剂也位列其中。虽然表 1.2 给出了对碳纳米管的类石墨表面具有亲和力较强的溶剂,但有两点需要注意:①目前所报道的"浓度"在 10 mg/L 的数量级,比碳纳米管盐所能达到的理论浓度低 100~500 倍;②超声分散后的悬浮液在静置 4 h 至 3 天后会重新聚沉。这一领域的研究仍然很活跃,不断有相关学术论文发表[35-38]。

表 1.2　碳纳米管分散体的浸出物(参见文献[34]分散方案①)

溶　　剂	浓度/(mg · L^{-1})
1,2-二氯苯	95
氯仿	31
1-甲基萘	25
1-溴-2-甲基萘	23
N-甲基吡咯烷酮	10
二甲基甲酰胺	7.2
四氢呋喃	4.9
邻二甲苯	4.7
吡啶	4.3
二硫化碳	2.6
1,3,5-三甲基苯	2.3
丙酮	难溶②
间二甲苯	难溶②
对二甲苯	难溶②
乙醇	难溶②
甲苯	难溶②
①超声水浴温度每小时上升约 35 ℃;	
②此类溶剂溶解度小于 1 mg · L^{-1}	

1.4.2　水分散

针对碳纳米管在水中的分散研究,早在 1998 年就有文献报道,SWCNT 可以通过表面活性剂和超声作用实现在水中的分散[39]。尽管该方法得到的是亚稳态产物且需要稳定剂存在,但由于该方法操作简单方便,且溶剂是水,因此引起了科研人员广泛关注。从近期有关文献[40]可知,胆盐表面活性剂溶解 SWCNT 不需要经过超声处理[41]。此外,水性表面活性剂分散体也为借助高速离心筛选 SWCNT 提供了基础[42-43]。

1.5　碳纳米管的还原溶解

碳纳米管不像 C_{60} 一样具备可溶性,其溶解性较差。在前面的章节中我们已经论述过碳纳米管可以通过超声处理而分散于液相中形成亚稳态体系。解决碳纳米管溶解性问题的灵感来源于碳材料研究领域之外。$M_2Mo_6Se_6$ 是由化学式为 $(Mo_3Se_3^-)_\infty$ 的聚合长链构成的无机固态物质,反粒子 M^+ 使体系呈电中性。当反离子为 Li^+ 或 Na^+ 时,$M_2Mo_6Se_6$ 在极性溶剂如 DMSO 或水中容易发生膨胀,先形成凝胶并最终形成溶液[44]。单一的 $(Mo_3Se_3^-)_\infty$ 刚性聚合物链在稳定溶液中起到溶质作用,而碳纳米管可视为类似的刚性聚合物链。自碳纳米管问世以来,掺杂型碳纳米管便很快被制备出来。从此,研究人员通过对碳纳米管进行充电来研究其电性能已不是问题[45-46]。根据 Petit 等[49]发表的文章中的方法制备得到锂盐碳纳米管,将其分散于极性溶剂中的过程类似于 $Li_2Mo_6Se_6$ 的溶解。事实上,自发溶解使其形成了一种不透明的、对空气敏感的黑色溶液,如图1.8 所示[4,47]。通过对溶液的拉曼光谱测试,从图1.9 中可见,光谱上方的 G 带和 D 带可以显示溶液中含有碳纳米管。这些碳纳米管呈电负性,导致拉曼信号变宽且强度显著降低,甚至使 RBM 带彻底消失,如图1.9 光谱顶端所示[48]。这种强度的降低是由于电子在还原过程中对高能级的填充,使得在碳纳米管能带结构中对称范霍夫奇点之间出现光学共振而造成损耗,如图1.10 所示[46]。当被空气氧化时,碳纳米管失去额外的电子并恢复呈电中性,G 带和 D 带变得相对尖锐,并且强度增强,RBM 带重新出现。

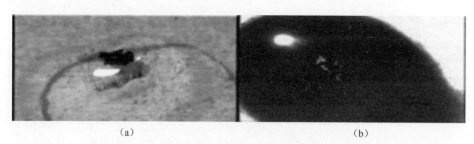

|(a)|(b)|

图1.8　惰性气氛下 DMSO 液滴与碳纳米管相互作用图[4]
(a)接触后几秒;(b)溶解过程结束时,液滴完全变为黑色。

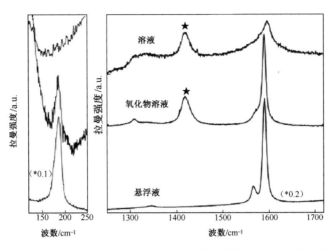

图 1.9　DMSO 中 $[Na(THF)]_nNT$ 的拉曼光谱,采用 514.5 nm 激光激励[4]

上部:DMSO 中的 $[Na(THF)]_nNT$;中部:暴露空气后;

底部:中性 SWCNT 分散于表面活性剂中的拉曼光谱用于对比,光谱起始峰来自于溶剂。

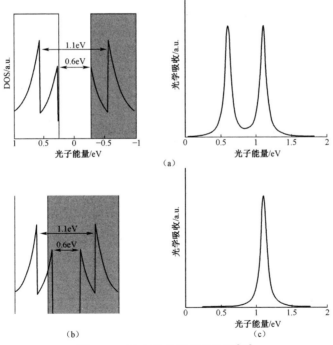

图 1.10　SWCNT 的光学吸收谱[46]

(a)中性半导体 SWCNT 的态密度(DOS)以及因范霍夫奇点间跃迁所引起的相应模拟光吸收带;

(b)N 掺杂后相同半导体 SWCNT 的 DOS,费米能级被转移到第一范霍夫奇点之上,

抑制了最低能量的跃迁;(c)相应的模拟光吸收光谱。

1.5.1 碳纳米管盐的合成

在 Petit 等[49]的配方中,通过混合多环芳香族化合物(PAH)与碱金属于四氢呋喃溶剂中,制备得到多环芳香族碳氢化合物阴离子盐。依靠 PAH 的氧化还原电位,得到具有不同还原能力的溶液。在 Petit 等的工作中,将碳纳米管薄膜置于上述溶液中进行处理。通过选择合适的 PAH 起始溶液,从中性碳纳米管起,可以对碳纳米管的进行连续淬火[49]。碳纳米管粉末可以用自由基阴离子溶液处理,得到块体材料碳纳米管盐[4]。另外,碳纳米管盐类似于石墨插层化合物,可通过气相沉积[50]或电化学方法[46]制备得到。

1.5.2 单根分散碳纳米管

如前面章节所述,SWCNT 通常是成束存在的。人们想知道当 SWCNT 通过还原溶解法溶解后,这些碳纳米管束的剥离程度如何? 碳纳米管单根分散化的程度如何? 针对这些问题的解答首先报道于巴西欧鲁普雷图 NT'07 会议期间,并有相关论文发表[5]。研究人员通过滴涂碳纳米管溶液并进行 AFM 测试揭示了上述问题的答案,如图 1.11 所示。两种粒径分布曲线如图 1.12 所示,浅色曲线为未经处理的碳纳米管微弱分散在乙醇溶液中的粒径分布曲线,深色曲线为 DMSO 溶液中分散的碳纳米管盐的粒度分布曲线。DMSO 被认为是分散碳纳米管的非理想溶剂[33,51]。因此,原生碳纳米管分散于通用溶剂如乙醇中的观点被新的思想所取代,即分散于非理想溶剂中的碳纳米管粒度分布更窄。对如图 1.11(a)及类似图片中碳纳米管清晰部分进行了 99 次测试,结果显示未经处理的碳纳米管呈束状聚集,直径为 1~25 nm。该分布符合对数正态分布原则,其平均直径约 6 nm,对应 20~30 根碳纳米管构成的管束[5]。对于滴涂有碳纳米管盐 DMSO 溶液的样品进行了 250 次测试,结果显示,相比于未经处理的碳纳米管制备的乙醇分散液,碳纳米管盐 DMSO 溶液显示出更窄的粒径分布。分布范围为 1~3 nm,峰值在 1.5 nm 处。考虑到范德华半径约 0.3 nm,上述值已非常接近电弧放电制备的碳纳米管的直径(1.3 nm)。这一数据表明,还原溶解过程导致了碳纳米管束的自发剥离[5]。更重要的一点是,该单根分散碳纳米管溶液浓度较高,达 2 mg/mL。通过将冠醚与碱金属离子相结合,Marti 等已经能够制备得到浓度高达 9 mg/mL 的碳纳米管盐溶液[52]。当解决了碳纳米管的单根分散难题后,便可对单根碳纳米管进行光谱-电化学领域的研究,以确定其在中性条件下的费米能级以及 SWCNT 直径对氧化还原电位的影响,如图 1.13 所示[53]。

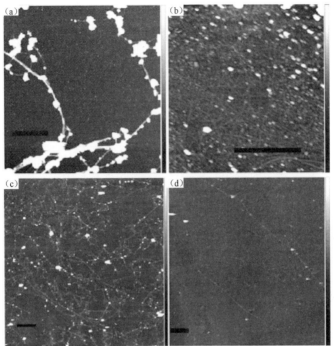

图 1.11　云母片上滴涂电弧法制备的碳纳米管的 AFM 图像[5]

(a)乙醇中分散的原生碳纳米管;(b)~(d)DMSO 中分散的碳纳米管化合物,分别稀释 10 倍、100 倍、1000 倍。

(黑线代表 1 μm 的横向尺度,各图中高度尺度:0~30 μm)

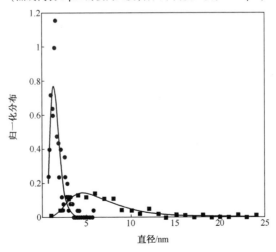

图 1.12　碳纳米管处理前后的粒径分布[5]

(原生碳纳米管(方块,99 个样本)和溶解后的碳纳米管(圆点,251 个样本);
对每一条曲线下的面积归一化,符合对数正态分布)

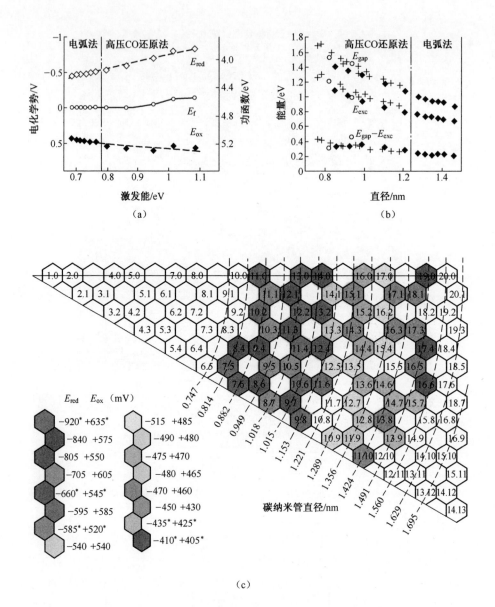

图 1.13　SWCNT 的标准电势、函数关系和手性关系图[53]

(a) 半导体型 SWCNT 的氧化(实心菱形)和还原(空心菱形)的标准电势以及费米能级
(空心圆)随激发能的变化,电位数据作图参照 SCE 电极(左轴)和真空度(右轴),假设后者
位于 4.68eV 处参照 SCE.42;(b) 由激发能计算得到的电化学带隙(蓝色菱形)、激发能
(红色菱形)以及激子结合能(绿色菱形)与碳纳米管直径的函数关系;(c) 该研究中各 SWCNT
结构的平均标准电势手性图。(高压一氧化碳法合成的 SWCNT 位于红线内,而电弧放电法制备的
SWCNT 位于蓝线内,起始值通过外推得到)。

1.5.3 溶解机理

碳纳米管可以类比为聚合物,带电聚合物通常称为聚电解质。为阐明碳纳米管盐的溶解机理和自发溶解的原因,将实验测定时的浓度用于聚电解质溶解模型的拟合。与传统聚电解质不同,在制备碳纳米管盐时,通过简单地改变碳与碱金属的比例可以很容易地控制还原碳纳米管的电荷水平[31]。将测量得到的饱和浓度作为 CNT 电荷的函数,如图 1.14 中的黑色方块所示。根据 $\Delta G_{mix} = \Delta H_{mix} - T\Delta S_{mix}$。

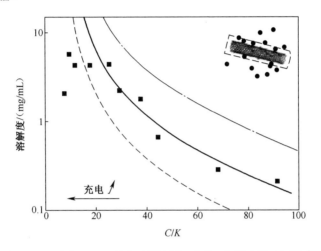

图 1.14 还原 SWCNT 溶解度测量值(方块)和拟合值(实线)[31]

($\overline{\Delta H_{mix}} = 18.8 \ mJ \cdot m^{-2}$,图中另外两条略有不同的线 $\overline{\Delta H_{mix}}$ 分别为 $17.5 \ mJ \cdot m^{-2}$(点划线)和 $20 \ mJ \cdot m^{-2}$(虚线)。右上部插图表示电解质碳纳米管与钾离子(圆点)在溶液中的存在状态)

实验点为拟合得到的碳纳米管盐在 DMSO 溶液中的混合吉布斯自由能曲线。焓的部分与溶剂-碳纳米管和碳纳米管-碳纳米管(以及溶剂-溶剂)之间的相互作用有关。焓值越大对溶解过程越不利,但在极性溶剂如 DMSO、DMF、NMP 中焓的影响程度降低。另外,在极性溶剂中,反离子作为有利焓的贡献者占主导地位并成为碳纳米管盐自发溶解的驱动力。有相关文献[31]对此进行了充分讨论,感兴趣的读者可以参考阅读。

总之,碳纳米管盐溶解的原因并非通常所说的分子链所带电荷引起的静电斥力,其真正驱动力是抗衡溶剂所引起的熵增益。

如图 1.14 所示,应当明确指出的是,对于高浓度碳纳米管盐溶液,实验值和拟合值之间存在较大差距。这是意料之内的,因为该模型没有考虑碳纳米管之间的相互作用。在该浓度范围内,体系浓度已超过半稀释体系浓度(约

0.01 mg/mL），碳纳米管间将产生相互作用。有趣的是，Marti[52]及其同事，通过向溶剂介质中加入冠醚得到更高浓度的碳纳米管盐溶液（约 15 mg/mL）且有证据显示该体系为向列相。

1.5.4 多壁碳纳米管

多壁碳纳米管由多个同心单壁碳纳米管组成。要使其溶解或分散，需要把整个多壁碳纳米管置于溶液中。与单壁碳纳米管相比，多壁碳纳米管有更多缺陷，并且其体积与表面积之比变得更大。然而，小尺寸的直径约 10~15 nm 的多壁碳纳米管可以通过还原溶解法溶解，如图 1.15 所示[54]。很显然，当多壁碳纳米管尺寸足够大时会出现一个极限，此时多壁碳纳米管将无法进一步溶解。如上所述的情况，单位面积的熵系数为定值。当体积增大而不增加表面积时，对整体的自由能平衡是不利的，此时多壁碳纳米管将出现不溶解现象。因此，当碳纳米管发生不溶解时的直径大小有待于进一步观察。

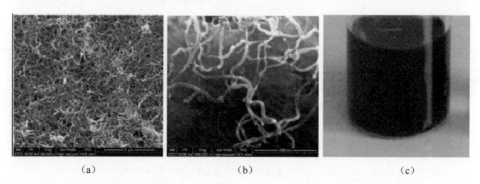

(a) (b) (c)

图 1.15 铝基片上滴涂的高浓度碳纳米管溶液（a）和低浓度碳纳米管溶液
（b）的扫描电镜照片以及（c）多壁碳纳米管 DMSO 浓溶液[54]

1.5.5 还原碳纳米管功能化

在首次溶解还原碳纳米管实验的同一时期，Billup 及其团队探索了碳纳米管的亲电加成反应。Liang 团队[55]、Chattopadhyay 团队[56]、Hirsch 团队[57]、Simard 团队[58-59]和其他研究团队相继开展了这方面的研究工作。通过改变碳纳米管表面的负电荷量，使得控制碳纳米管表面接枝量成为可能，如图 1.16 所示。官能团化修饰带来的最常见问题是对碳纳米管光电性能的影响。通过在低带电量碳纳米管上进行亲电加成，可在保证其能带结构几乎不变的前提下实现官能团化，如图 1.17 所示[60]。该方法为实现碳纳米管的功能化并保留其原有电学和光学性质提供了很明显的可能性。

16

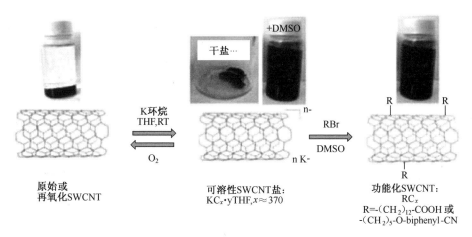

图 1.16 一种分离还原 SWCNT 盐并通过烷基化反应进一步官能团功能化的实验过程[60]

（盐的化学计量是可调的，从而保持其可溶性）

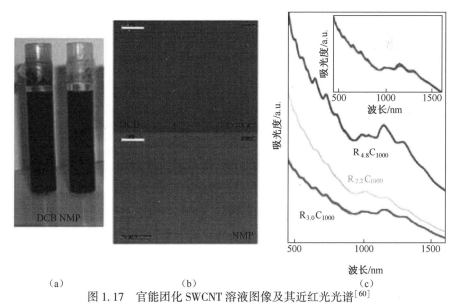

（a） （b） （c）

图 1.17 官能团化 SWCNT 溶液图像及其近红光光谱[60]

（a）官能化 SWCNT 的二氯苯及 N-甲基吡咯烷酮溶液；（b）光学显微镜观察的溶液图像，

图像显示溶液中不存在团聚体，刻度尺为 50 μm；（c）40-氰基[1,10-联苯]-4-氧戊基修饰的

SWCNT 的可见近红外光谱，插图为归一化后的光谱。

1.5.6 碳纳米管的筛选

正如 A. G. Rinzler 曾经写道的："也许，最完美的特征就在于金属型和半导体型碳纳米管在合成过程中同时存在；也许，最大的难题也正是由于合成过程中金属型和半导体型碳纳米管共同存在。"[61] 自从第一篇关于通过电子特性筛选碳纳米管的文章报道以来[62]，人们在获得只有金属特性或只有半导体特性(以及具有相同电子能级)的 SWCNT 上做了大量研究工作[42]。虽然目前可以买到以毫克为单位出售的半导体 SWCNT 悬浮液，纯度 99%(参见美国 Nanointegris 公司网址 http://www.nanointegris.com/)，但远不能解决工业上规模化应用的问题。还原溶解碳纳米管是解决这一问题的可行途径。从原始碳纳米管开始，存在 3 个主要问题：①去除具有类似化学和光谱响应的非碳纳米管杂质，特别是碳质杂质；②为了分别对金属型碳纳米管和半导体型碳纳米管做处理，需要实现碳纳米管的单根分散；③半导体型碳纳米管与金属型碳纳米管的实际分离。Shaffer 和 Skipper 等提出，还原溶解法提供了通过化学[12]或电化学方法[13,63]还原碳纳米管并除去碳质杂质的途径。已观测[4,12]并定量[5]检测到碳纳米管的单根化效应。需要补充的是，由于不需要超声波溶解碳纳米管，因此碳纳米管的长度不受影响，这是碳纳米管的一个重要优势。此外，该法可以获得高浓度碳纳米管溶液。因此，当设计可行的分离工艺时，可以对高浓度碳纳米管溶液进行优化处理。10^0 mg/mL[4-5,12,31] 至 10^1 mg/mL[52]浓度区间定义为"高浓度"，虽然该浓度看似比表面活性剂制备的分散液(10~50 mg/mL)浓度低，但对于单根分散的碳纳米管来说，后者的浓度却比前者低几个数量级，约为 1~10μg/mL[51,64-65]。

在高效筛选碳纳米管研究初期，Fogden 等通过拉曼和吸收光谱证明溶解金属型碳纳米管更适用于还原溶解法，如图 1.18 所示[12]。该法无需官能团化或去官能团化，与半导体型碳纳米管相比，该方法是提升金属型碳纳米管反应活性的普遍方法。

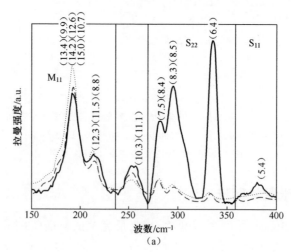

(a)

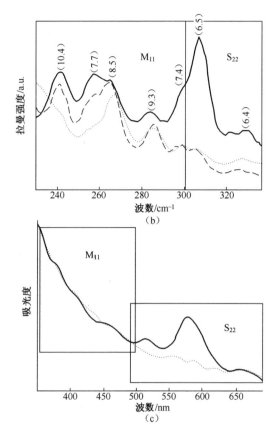

图 1.18 在 M∶C 为 1∶10 下自发溶解到 DMF 中的 SWCNT 组分的光学表征[12]
（a）采用 Co/Mo 催化剂制备得到的 SWCNT（实线），自发溶解的 Co/Mo 催化剂组分（虚线）
以及自发溶解的 Co/Mo 催化剂组分经真空煅烧后（点线）的红光（633nm）径向呼吸模式拉曼光谱，
阴影区域代表金属态 SWCNT 和半导体 SWCNT 间的交叉；（b）采用 Co/Mo 催化剂制备得到的 SWCNT
（实线），自发溶解的 Co/Mo 催化剂组分（虚线）以及自发溶解的 Co/Mo 催化剂组分经真空煅烧后
（点线）的绿光（532nm）径向呼吸模式拉曼光谱；（c）制备得到的 Co/Mo 催化剂 SWCNT（实线）与
自发溶解的 Co/Mo 催化剂组分（虚线）的紫外–可见光谱。

1.5.7　电化学合成

众所周知，正如石墨插层化合物，在萘[4]或其他电子受体[12]等还原性中间体存在情况下，可以通过气相掺杂[50]或溶液反应以电化学方法制备得到还原碳纳米材料。Hodge 等即是通过电化学方法得到碳纳米管溶液，从而省略了碱金属处理步骤，为批量化还原碳纳米材料提供了一条方便可行的路径，如图 1.19 所示[63]。

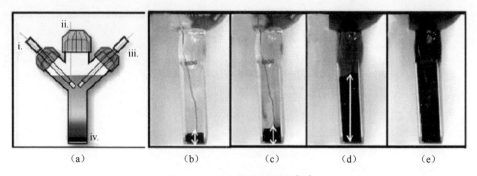

| (a) | (b) | (c) | (d) | (e) |

图 1.19　电化学溶解过程[63]

(a)电化学工艺示意图,i 为 Ag/Ag⁺ 参比电极,ii 为铂片工作电极,iii 为铂线对电极,iv 为 SWCNT 粉末;(b)~
(e)5 天内,在-2.3 V 处电化学溶解 20mg 高压一氧化碳法合成的 SWCNT 粉末于 1mmol/L 四丁基高氯酸胺/
二甲基甲酰胺,白色箭头表示 SWCNT 粉末床膨胀的显著程度;对于小批量制备,溶解过程可不经搅拌,
在 24 h 内进行,得到浓度大于 1mg/mL 的溶液。

1.6　石墨烯溶液

由于石墨烯具备高机械强度、高电迁移率、轻质、弹性、单原子层厚以及高透光性等优异性能而成为近年来备受关注的热点材料[66],至少前 3 种性能在碳纳米管中都已得到体现。这些特性使得石墨烯在复合材料、薄膜材料、阻隔膜、电磁屏蔽和传感器以及其他应用领域表现出广阔的应用前景。正如碳纳米管一样,为了充分利用石墨烯,也需要首先对石墨烯进行分散处理。理想情况下,人们希望能够溶解石墨烯,即处理的是处于分离状态的石墨烯,而不是团聚态的石墨烯或寡层石墨等。

目前,有多种制备石墨烯的方法,如表 1.3 所列。其中一些方法可以得到真正的石墨烯,即单层碳原子层石墨结构,通过类比于无限尺寸的多环芳烃来描述其性质,另一些方法制备得到类石墨烯,如有多层或含有少量氧原子的还原氧化石墨烯。表 1.3 中方法 1~3 为表面方法,不适用于本章主题,即溶液处理技术。方法 4~6 给出了石墨烯粉末的制备方法,各有其优缺点。方法 6 全(化学)合成法是一种较为理想的制备方法,可以得到单分散的多芳香族物质,例如 C_nH_m 分子,其中 $n>200$ 且 n 远大于 m,如图 1.20 所示[67]。这些物质分子,在经典的多环芳烃(PAH)和石墨烯之间建立了桥梁。它们也可被合成为带状物,如图 1.21 所示[68]。碳纳米管开环法尽管以产物有缺陷为代价,却是获得带状物的一种非常好的方法[69-73]。目前,多种批量制备石墨烯或类石墨烯的方法已被开发出来[74-76]。大量无缺陷石墨烯的集合体是石墨,因此石墨烯粉末的缺陷量受到关注。然而,这可能被证明是石墨烯大量应用(如复合材料)的一种备选方法。上述方法,虽然给出了一种固态形式,但都需要加以溶解处理,以便对其进行后续加工处理。虽然方法 7~10 中的增溶方法是以石墨为起始原料的,但同样也适用于方法 4~6 中产物的增溶。

表 1.3 石墨烯的制备方法

序号	方法	品质	产量	优点	缺点	参考文献
1	机械剥离	+++	+	横向尺寸达 50 μm,高品质的单质	不适用于工业放大	[85]
2	SiC 表面重构	+++	++	高品质晶圆状石墨烯	价格昂贵,附着在基底上	[86]
3	金属表面化学气相沉积(CVD)	++	++	非常大的表面(m^2),可工业放大	价格昂贵	[87]
4	石墨烯粉末生长	+	+++	高产量	品质不详	[74-76]
5	碳纳米管解链	+	+	制备碳纳米带状物的途径	有缺陷	[69-73]
6	全(化学)合成	+++	+	单分散尺寸,高质量,带状物	尺寸小,价格昂贵	[67,68]
7	还原氧化石墨烯	+	+++	廉价,高产量	有缺陷	[77-79]
8	石墨分散体	+	++	廉价	不完全剥离	[80-82]
9	石墨烯盐溶液	++	++	单个分离的薄片	惰性气氛	[89-91]
10	超强酸(见 1.8 节)	++	++	单个分离的薄片	干燥气氛	[88]

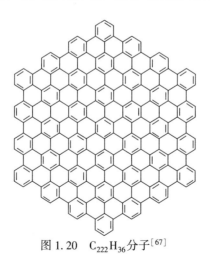

图 1.20　$C_{222}H_{36}$分子[67]

表 1.3 中的方法 7 还原氧化石墨烯是一种较为实用的可以廉价规模化制备氧化石墨烯的方法,石墨在基于硫酸和高锰酸钾的强氧化介质中被氧化。这种石墨氧化物(C/O 比接近 2)在水中分散并剥离,得到氧化石墨烯(GO)的分散体。GO 随后经还原除去大部分氧原子。已有大量研究工作致力于寻找还原石墨烯且不降低其在水中的溶解度的方法。还原氧化石墨烯(RGO)的电导率较 GO 可以恢复几个数量级,但到目前为止,无法将电导率恢复至石墨/石墨烯的本征水平。GO 和 RGO 已在各类综述中讨论,这里将不再进一步探讨[77-79]。

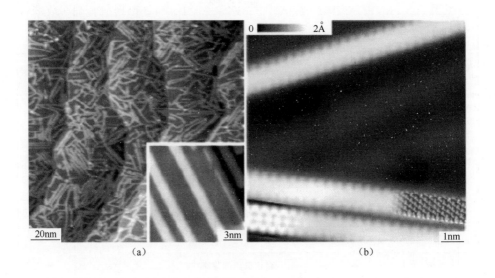

图 1.21　支链石墨烯纳米带[68]

(a)支链 GNR 的宏观扫描隧道显微镜(STM)图片(插图为 35K 拍摄的高分辨率
STM 图像);(b)部分重叠的带状物分子模型的高分辨率 STM 图像。
(右下角为基于 DFT 模拟的纳米带 STM,显示为灰色图像)

表 1.3 中的方法 8 石墨分散体主要有两种分散类型:在有机溶剂中分散[80]和通过表面活性剂在水中分散[81-82]。以上两种情况,采用超声的方法向体系中引入能量,以使石墨颗粒充分破碎到足够小的尺寸,使其可以在表面活性剂溶液或与石墨表面有亲和力的溶剂中分散。这种方法的优点是成本低廉,可在任意实验室完成转化;缺点是超声或高剪切作用使石墨烯薄片分裂成更小的碎片[83]。通过超声法处理,以更长的反应时间为代价,可以降低薄片降解的程度[84],这无疑是一种将薄石墨分散到液体中的相对较好的方法。这是否能有

效地剥离石墨的基本单元——石墨烯片层结构,还有待进一步观察。

表 1.3 中的方法 9 石墨烯盐溶液[89-93],即带负电荷的石墨烯片溶液,溶液浓度可以达到较高的水平,约为 0.5 mg/mL。通过将石墨烯暴露于适合的溶剂中,如 NMP[89,94]、THF[91,95]或 1,2-二甲氧基乙烷(DME)等,以制备石墨烯盐溶液,得到石墨插层化合物,如图 1.22 所示。虽然,我们并未尝试对碳纳米管进行如上方法的详细分析,但通过类比,可以预见,借助反离子溶解引起的熵增益以及石墨化合物–溶剂间有利的相互作用都可以有利于这类热力学稳定溶液的形成。已有文献报道了关于单片分散石墨化合物于溶液中的研究[91,95]。如图 1.23所示,NMP 分散液吸收光谱在 300 nm(4.1 eV)处呈现一个强吸收峰,此为带负电的石墨烯片的特征吸收峰[94]。光谱电化学研究表明,石墨烯可以进行可逆地去掺杂(二次氧化),相对于标准甘汞电极(SCE),石墨烯的氧化还原电位为+22 mV,非常接近石墨的功函数。

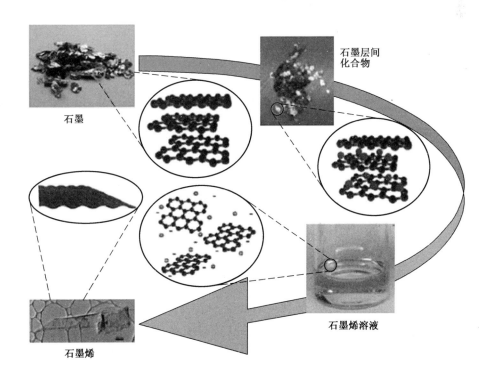

图 1.22　通过石墨插层化合物溶解石墨制备得到石墨烯的过程示意图

23

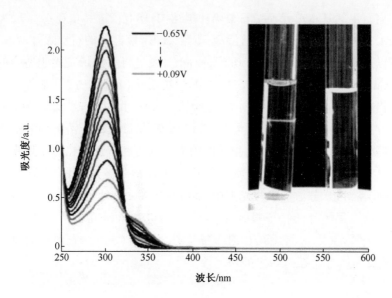

图 1.23　由 KC$_8$溶解的负电荷石墨烯片的 NMP 溶液的吸收光谱[90,94]

（黑色:起始溶液。逐渐提高溶液电化学电势至较小的负电位,同时记录其光谱数据。采用能斯特
方程可以拟合 300 nm 处的峰强度,得到石墨烯相对于 SCE 的还原电位为+22 mV。插图:石墨
烯溶液对激光束的散射,表明溶液中存在胶体大小的粒子(丁达尔效应),而同样的激光
通过纯溶剂看不到此效应)

1.7　纳米锥的溶解

1.7.1　碳纳米锥

　　1999 年,Yudasaka、Iijima 及其同事,合成了一种新形态的碳材料,他们称为单壁石墨化碳纳米角的纳米聚集体[96]。在 *Carbon* 期刊发表的文章中[17],试图合理解释大量的碳的新形态,它们被描述为聚集态的单壁纳米锥。这里的基本单元是一个碳纳米锥,它可以通过破坏大丽花形聚集体而获得,如图 1.24 所示。

　　另一种形态的纳米锥,在它们的顶端开口,称为杯状堆叠碳纳米锥,如图 1.25所示。它们堆叠在一起,形成中空杯状堆叠碳纳米管。在这里,正如 Fukuzumi 等所展示的一样,溶解的基本单元是纳米锥本身[98]。

　　还原溶解是获得单壁碳纳米管、多壁碳纳米管、石墨烯等个性化溶液的一种选择方法,它要求电子能级被填充已形成盐。实际上与 C$_{60}$ 可以很好地溶合[10],但在这种情况下,因为中性分子本身是可溶的(参见 1.3 节),所以不需

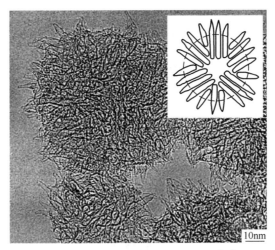

图 1.24　大丽花形碳纳米锥聚集体[96]

（插图:纳米锥组装结构示意图）

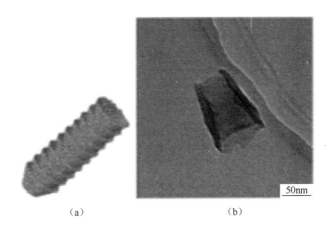

（a）　　　　　　　　　　　（b）

图 1.25　杯状堆叠碳纳米锥结构图[98]

（a）杯状堆叠碳纳米锥示意图;（b）单个的十二烷基化杯状碳。

要合成富勒烯盐。一种在分子大小与碳纳米管或石墨烯、碳纳米锥和碳纳米角等以及 C_{60} 分子之间的中间体也能够通过还原方法来溶解。

从杯状堆叠碳纳米锥开始,Fukuzumi 等使用石脑油钠还原,然后在 DMF 中与碘代甘蔗反应,获得了独特的烷基化的碳纳米杯,如图 1.25 所示[98]。

同样,碳纳米角可以通过还原溶解实现个体化溶解,碳纳米角盐的浓缩溶液可以在多种有机溶剂中获得:从原始的碳纳米角聚集体（大丽花状聚集体）开始,还原提供了可溶于几种极性溶剂浓度高达 30 mg/mL 的 DMSO 溶液[99-100]。

1.8　碳纳米材料的氧化溶解

氧化也被用于碳纳米材料的溶解。在这里,氧化的意义是去除电子或物理学中的 p-掺杂。Hodge 等已成功地采用类似电还原溶解碳纳米管的方式电化学溶解碳纳米管,即将碳纳米管粉末放置在金属电极上并与金属电极接触,然后将该工作电极极化为正电位,并观察到 SWCNT 的溶解,如图 1.26 所示[13]。

图 1.26　在 1 mmol/L LiAsF$_6$/碳酸丙烯酯中,以 Ag/Ag 作参比电极,电极电势为+1.6 V 下,
恒电位控制反应 120 h 所观察到的碳纳米管自发溶解过程[13]

尽管有报道称,上述过程是质子化过程而非氧化,但是碳纳米管[101]和石墨[88]都自发地溶解在氯磺酸等超强酸中。在这样的溶液中,使得碳纳米管经纺丝后制成纤维成为可能。

1.9　纳米碳化物材料与应用

还原溶解法是一种溶解和分散单根碳纳米管的方法,且不存在使用超声处理带来的不利后果。但该方法的缺点是,需要一种惰性气氛来保护能与水或氧反应的高度还原的纳米碳化物。尽管如此,该法已经被实验室用于材料的制备。

1.9.1　低温凝胶

通过冷冻干燥碳纳米管 DMSO 溶液制得低温凝胶,其宏观形态为冻干前溶液的宏观形态,如图 1.27 中的插图所示[5]。制备得到的泡沫状材料含有很大的互联孔道,直径约 20 μm,见图 1.27。其密度低于 2 g/L,成为目前世界上最轻的材料之一。由于其疏水表面,可以预见到该材料未来可应用于电极材料或去污材料等领域。

1.9.2　场效应晶体管

对于单根碳纳米管在场效应晶体管中的应用研究,Ahlskog 等检测了萘化锂溶液中单根碳纳米管的掺杂过程,展示了掺杂过程的完全可逆性,并指出还原溶解法是制备基于碳纳米管器件的一种行之有效方法[102]。

1.9.3 催化剂

纳米碳化物是通过将碱金属中的电子注入纳米碳的电子能级而获得的。结果,还原得到的产物又反过来成为强还原剂。它们可用于制备钯或铂的金属纳米颗粒,这些金属纳米颗粒对 Suzuki、Stille 以及 Heck 反应具有较高的催化活性[99-100,103]。

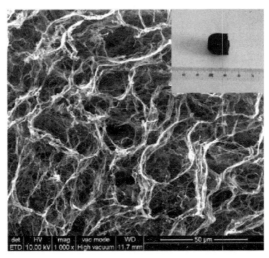

图 1.27　典型 SWCNT 低温凝胶的扫描电镜图片[5]

(可观察到孔径约 20μm 的大孔,大孔间的孔壁由孔径约 100nm 的 SWCNT 网组成。

插图:低温凝胶光学照片。通过其形状可知是在试管中冷冻干燥而成)

1.9.4 透明导电薄膜

铟锡氧化物(ITO)作为一种透明电极,在世界上绝大多数平板显示器中使用。ITO 表现出优异的电导率和良好的透光性,90% 透光率下表面电阻约 10 Ω/□。然而,ITO 也存在许多问题,如原料稀缺、价格高昂、需高温处理以及不具备柔性等。全世界正在积极寻找其替代品,如碳纳米管、石墨烯以及金属纳米线,特别是银纳米线成为最佳的候选材料[104]。银纳米线提供了迄今为止最好的光电性能,但碳纳米管或石墨烯显示出优异的化学惰性,而防止老化恰恰是所有成熟的工业产品所重点关注的因素之一。长碳纳米管可通过还原溶解法实现溶解且不改变其长度。因此,长碳纳米管可以保持很大的长径比(10000 及以上)。这对于透明电极具有重要的意义。的确,通过使用较长的碳纳米管,可以减少形成渗透网络所需的碳纳米管的用量,从而获得给定电导率下透光率更高的膜[105]。基于 Shaffer 等和我们的研究成果,Linde 公司最近成功地制备得到性能更加优异的透明导电薄膜,该透明导电薄膜的透光率可高达 90%,表面电阻约 130 Ω/□,如图 1.28 所示,其中的碳纳米管长度超过 20 μm。相对应的油墨产品,称为 SEER^{e-} 油墨,已实现商业化生产,详见 Linde 纳米材料公司的网址:http://www. linde-gas. com/en/products_and_supply/electronic_gases_and_chemicals/carbon_nanotubes/index. html.

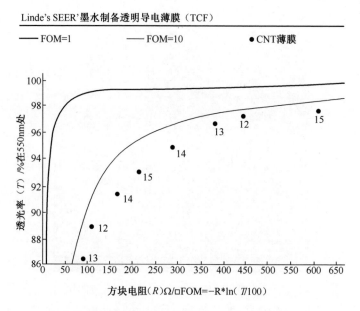

图 1.28　由碳纳米管盐溶液制备的透明导电膜其透光率随电阻变化曲线
（数据及图片来自 LindeNanomaterials 公司网站）

1.10　结论和展望

　　碳纳米管尽管在 20 世纪 70 年代就被发现[106],但直到 1991 年,特别是 1996 年克级的碳纳米管合成方法被报道后[29-30]才成为研究的焦点并延续至今[11]。经过近 20 年对碳纳米管及其活性的基础研究,目前,石墨烯被看作下一个热点材料。也许有人会好奇,如果石墨烯在 20 世纪 90 年代出现并比碳纳米管早几年,将会是什么情况? 毫无疑问,这些奇妙的“卷起的石墨烯圆柱体”将是新的神奇材料。科学并非完全不受潮流观念的影响。两种材料都具有非凡的特性。这些特性包括电导率、机械电阻、轻质、化学本征性质(考虑到富含稀土

28

材料的电子电路的回收问题,如果以碳材料替代金属,将具有重大的意义和价值)。对于科学家来说,这并不奇怪,研究需要时间,而这些有前景的碳纳米材料应用于现实生活可能仍需要几年甚至更长时间[107]。碳纳米管和石墨烯都显示出奇妙的基础科学性。在技术方面,除了激动人心的研究报道(我个人期待在自行车骨架中引入石墨烯),碳纳米管在部分实际应用中已实现了商业化,其中大部分是利用其导电性防止静电,例如在汽车工业中的导电塑料燃料泵、硬盘包装等。

尽管碳纳米管具有非凡的技术潜力,但两个瓶颈制约了碳纳米管的应用,即加工和筛选。同样,石墨烯也存在加工的问题,但不存在筛选的问题,因为石墨烯带无法量化。在本章中所描述的还原溶解法是解决加工问题的一种有效方法。该法不会给加工得到的碳纳米管带入缺陷并保持其长径比,最重要的是,它可以实现碳纳米管的单根分散化,使其可以被人们充分利用。这些显著优势的代价是该法必须在惰性气氛中操作,这限制了还原溶解法的普及。对于采用该方法的研究人员来说,碳纳米管和石墨烯溶液构成了一个系统,在这个系统中,单个分散的碳纳米材料可以最大限度地发挥其潜力。

参 考 文 献

1. Delhaes P(2012)Carbon science and technology: from energy to materials. Wiley, Hoboken.

2. Kroto HW, Heath JR, O'Brien SC, Curl RF, Smalley RE(1985)C_{60}: buckminsterfullerene. Nature 318:162 −163.

3. Krätschmer W, Lamb LD, Fostiropoulos K, Huffman DR(1990)Solid C_{60}: a new form of carbon. Nature 347: 354−358.

4. Pénicaud A, Poulin P, Derré A, Anglaret E, Petit P(2005)Spontaneous dissolution of a single wall carbon nanotube salt. J Am Chem Soc 127:8−9.

5. Pénicaud A, Dragin F, Pécastaings G, He M, Anglaret E(2013)Concentrated solutions of individualized single walled carbon nanotubes. Carbon. http://dx. doi. org/10. 1016/j. carbon. 2013. 10. 006.

6. Bragg WH, Bragg WL(1913)The structure of the diamond. Nature 91:557.

7. Kuznetsov O et al(2012)Water−soluble nanodiamond. Langmuir 28:5243−5248.

8. Pénicaud A(1999)Les Cristaux, fenêtres sur l'invisible. Ellipses, Paris.

9. Hirsch A(2002)Functionalization of single−walled carbon nanotubes. Angew Chemie Int Ed 41:1853−1859.

10. Reed CA, Bolskar RD(2000)Discrete fulleride anions and fullerenium cations. Chem Rev100(3):1075−1120.

11. Iijima S(1991)Helical microtubules of graphitic carbon. Nature 354:56−58.

12. Fogden S, Howard CA, Heenan RK, Skipper NT, Shaffer MSP(2012)Scalable method for the reductive dissolution, purification, and separation of single−walled carbon nanotubes. ACS Nano 6:54−62.

13. Hodge SA, Bayazit MK, Tay HH, Shaffer MSP(2013) Giant cationic polyelectrolytes generated via electrochemical oxidtion of single–walled carbon nanotubes. Nat Commun 4:1989.

14. Dresselhaus MS, Dresselhaus G(1981) Intercalation compounds of graphite. Adv Phys 30:139–326.

15. Stumpp E et al(1994) IUPAC paper. Pure Appl Chem 66(9):1893–1901.

16. McCleverty JA, Connelly NG(2001) Nomenclature of inorganic chemistry II: recommendations 2000. The Royal Society of Chemistry, Cambridge.

17. Suarez–Martinez I, Grobert N, Ewels CP(2012) Nomenclature of sp^2 carbon nanoforms. Carbon N Y 50: 741–747.

18. Boyd PDW, Bhyrappa P, Paul P, Stinchcombe J, Bolskar R, Sun Y, Reed CA(1995) The $C60^{2-}$ fulleride ion. J Am Chem Soc 117:2907–2914.

19. Taylor R, Hare JP, Abdul–sada AK, Kroto HW(1990) Isolation, separation and characterisation of the fullerenes CG0 and CT0: the third form of carbon. J Chem Soc Chem Commun 1423 – 1425. doi: 10. 1039/C39900001423.

20. Azamar–Barrios JA, Muñoz EP, Pénicaud A(1997) Electrochemical generation of minute quantities(< 100 μg) of the higher fullerene radicals C76⁻, C78⁻ and C84⁻ under O2–and–H2Ofree conditions and their observation by electron spin resonance. Faraday Trans 93:3119.

21. Azamar – Barrios JA, Dennis TJS, Sadhukan S, Shinohara H, Scuseria G, Pénicaud A(2001) Characterization of six isomers of [84] fullerene C84 by electrochemistry, electron spin–resonance spectroscopy and molecular energy levels calculations. J Phys Chem A 105(19):4627–4632.

22. Hare JP, Kroto HW, Taylor R(1991) Preparation and UV/visible spectra of the fullerenes C_{60} and C_{70}. Chem Phys Lett 177:394.

23. Allemand PM, Koch A, Wudl F, Rubin Y, Diederich F, Alvarez MM, Anz SJ, Whetten RL(1991) Two different fullerenes have the same cyclic voltammetry. J Am Chem Soc 113(3):1050–1051.

24. Xie Q, Pérez–Cordero E, Echegoyen L(1992) Electrochemical detection of $C60^{6-}$ and $C70^{6-}$: enhanced stability of fullerides in solution. J Am Chem Soc 114:3978–3980.

25. Bruno C et al(2003) Electrochemical generation of $C60^{2+}$ and $C60^{3+}$. J Am Chem Soc 125:15738–15739.

26. Ruoff R S, Tse D S, Malhotra R, Lorents D C(1993) Solubility of C_{60} in a variety of solvents. J Phys Chem 97:3379–3383.

27. Iijima S, Ichihashi T(1993) Single–shell carbon nanotubes of 1–nm diameter. Nature 363:603–605.

28. Bethune D S et al(1993) Cobalt–catalysed growth of carbon nanotubes with single–atomlclayer walls. Nature 363:605–607.

29. Journet C et al(1997) Large–scale production of single–walled carbon nanotubes by the electric–arc technique. Nature 388:756–758.

30. Thess A et al(1996) Crystalline ropes of metallic carbon nanotubes. Science 273:483–487.

31. Voiry D, Drummond C, Pe'nicaud A(2011) Portrait of carbon nanotube salts as soluble polyelectrolytes. Soft Matter 7:7998.

32. Liu J et al(1999) Controlled deposition of individual single–walled carbon nanotubes on chemically functionalized templates. Chem Phys Lett 303:125–129.

33. Ausman K D, Piner R, Lourie O, Ruoff R S, Korobov M(2000) Organic solvent dispersions of single–walled

carbon nanotubes: toward solutions of pristine nanotubes. J Phys Chem B 104(38):8911–8915.

34. Bahr J L, Mickelson E T, Bronikowski M J, Smalley R E, Tour J M(2001)Dissolution of small diameter single-wall carbon nanotubes in organic solvents? Chem Commun 2:193–194.

35. Furtado C A, Kim UJ, Gutierrez HR, Pan L, Dickey EC, Eklund PC(2004)Debundling and dissolution of single-walled carbon nanotubes in amide solvents. J Am Chem Soc 126:6095–6105.

36. Ham H T, Choi Y S, Chung I J(2005)An explanation of dispersion states of singlewalledcarbon nanotubes in solvents and aqueous surfactant solutions using solubility parameters. J Colloid Interface Sci 286:216–223.

37. Detriche S, Zorzini G, Colomer JF, Fonseca A, Nagy JB(2008)Application of the Hansen solubility parameters theory to carbon nanotubes. J Nanosci Nanotechnol 8:6082–6092.

38. Coleman J N(2009)Liquid–phase exfoliation of nanotubes and graphene. Adv Funct Mater 19:3680–3695.

39. Liu J et al(1998)Fullerene pipes. Science 280:1253–1256.

40. Mkumar T, Mezzenga R, Geckeler KE(2012)Carbon nanotubes in the liquid phase: addressing the issue of dispersion. Small 8:1299–1313.

41. Wenseleers W et al(2004)Efficient isolation and solubilization of pristine single–walled nanotubes in bile salt micelles. Adv Funct Mater 14:1105–1112.

42. Martel R(2008)Sorting carbon nanotubes for electronics. ACS Nano 2:2195–2199.

43. Arnold M S, Stupp S I, Hersam M C (2005)Enrichment of single–walled carbon nanotubes by diameter in density gradients. Nano Lett 5:713–718.

44. Tarascon JM, DiSalvo FJ, Chen CH, Carrol PJ, Walsh M, Rupp L(1985)First example of monodispersed (Mo$_3$Se$_3$)clusters. J Solid State Chem 58:290–300.

45. Lee R S, Kim H J, Fischer J E, Thess A(1997)Conductivity enhancement in single–walled carbon nanotube bundles doped with K and Br. Nature 388:255–257.

46. Pénicaud A, Petit P, Fischer JE(2012)Doped carbon nanotubes. In: MonthiouxM(ed)Carbon meta–nanotubes: synthesis, properties and applications, 1st edn. Wiley,Hoboken, pp 41–111.

47. Pénicaud A, Poulin P, Derré A(2003)Procé dé de dissolution de nanotubes de carbone, CNRS, WO 2005/073127; PCT/FR04/03383.

48. Bendiab N, Anglaret E, Bantignies JL, Zahab A, Sauvajol JL, Petit P, Mathis C, Lefrant S(2001)Phys Rev B 64:245424.

49. Petit P, Mathis C, Journet C, Bernier P(1999)Tuning and monitoring the electronic structure of carbon nanotubes. Chem Phys Lett 305:370–374.

50. Vigolo B et al(2009)Direct revealing of the occupation sites of heavy alkali metal atoms in single–walled carbon nanotube intercalation compounds. J Phys Chem C 113:7624–7628.

51. Giordani S, Bergin S D, Nicolosi V, Lebedkin S, Kappes MM, Blau WJ et al(2006)Debundling of single–walled nanotubes by dilution: observation of large populations of individual nanotubes in amide solvent dispersions. J Phys Chem B 110(32):15708–15718.

52. Jiang C, Saha A, Xiang C, Young C, Tour J M, Pasquali M et al(2013)Increased solubility, liquid crystalline phase and selective functionalization of single–walled carbon nanotube polyelectrolyte dispersions. ACS Nano 7:4503–4510.

53. Paolucci D, Melle Franco M, Iurlo M, Marcaccio M, Prato M, Zerbetto F, Pe'nicaud A, Paolucci F(2008) Singling out the electrochemistry of individual single–walled carbon nanotubes in solution. J Am Chem Soc

130:7393-7399.

54. Voiry D, Vallés C, Roubeau O, Pénicaud A (2011) Dissolution and alkylation of industrially produced multi-walled carbon nanotubes. Carbon N Y 49:170-175.

55. Liang F, Sadana A K, Peera A, Chattopadhyay J, Gu Z, Hauge RE, Billups WE(2004) Nano Lett 4:1257-1260.

56. Chattopadhyay J et al(2005) Carbon nanotube salts: arylation of single-wall carbon nanotubes. Org Lett 7: 4067-4069.

57. Graupner R et al(2006) Nucleophilic-alkylation-reoxidation: a functionalization sequence for single-wall carbon nanotubes. J Am Chem Soc 128:6683-6689.

58. Martínez-Rubí Y, Guan J, Lin S, Scriver C, Sturgeon RE, Simard B(2007) Rapid and controllable covalent functionalization of single-walled carbon nanotubes at room temperature. Chem Commun 48:5146-5148.

59. Guan J, Martinez-Rubi Y, Dénommée S, Ruth D, Kingston CT, Daroszewska M et al(2009) About the solubility of reduced SWCNT in DMSO. Nanotechnology 20(24):245701.

60. Voiry D, Roubeau O, Pénicaud A(2010) Stoichiometric control of single walled carbon nanotubes functionalization. J Mater Chem 20:4385.

61. Chen Z, Wu Z, Sippel J, Rinzler AG(2004) Metallic/semiconducting nanotube separation and ultra-thin, transparent nanotube films. In: Electronic properties and synthesis of nanostructures B. Series of AIP conference proceedings, New York, vol 723, pp 69-74.

62. Krupke R, Hennrich F, von Löhneysen H, Kappes MM(2003) Separation of metallic from semiconducting single-walled carbon nanotubes. Science 301:344-347.

63. Hodge S A, Fogden S, Howard C A, Skipper N T, Shaffer MSP(2013) Electrochemical processing of discrete single-walled carbon nanotube anions. ACS Nano 7:1769-1778.

64. O'Connell MJ, Bachilo SM, Huffman CB, Moore VC, Strano MS, Haroz EH et al(2002) Band gap fluorescence from individual single-walled carbon nanotubes. Science297:593-596.

65. Islam MF, Rojas E, Bergey DM, Johnson AT, Yodh A G (2003) High weight fraction surfactant solubilization of single-wall carbon nanotubes in water. Nano Lett 3(2):269-273.

66. Geim AK(2009) Graphene: status and prospects. Science 324:1530-1534.

67. Wu J, Pisula W, Müllen K (2007) Graphenes as potential material for electronics. Chem Rev 107:718-747.

68. Cai J et al(2010) Atomically precise bottom-up fabrication of graphene nanoribbons. Nature 466:470-473.

69. Cano-Márquez A G et al(2009) Ex-MWNTs: graphene sheets and ribbons produced by lithium intercalation and exfoliation of carbon nanotubes. Nano Lett 9:1527-1533.

70. Paiva M C et al(2010) Unzipping of functionalized multiwall carbon nanotubes induced by STM. Nano Lett 10:1764-1768.

71. Janowska I et al(2009) Catalytic unzipping of carbon nanotubes to few-layer graphene sheets under microwaves irradiation. Appl Catal A 371:22-30.

72. Jiao L, Zhang L, Wang X, Diankov G, Dai H (2009) Narrow graphene nanoribbons from carbon nanotubes. Nature 458:877-880.

73. Kosynkin D V et al(2009) Longitudinal unzipping of carbon nanotubes to form grapheme nanoribbons. Nature 458:872-876.

74. Campos-Delgado J et al(2008)Bulk production of a new form of sp^2 carbon: crystalline graphene nanoribbons. Nano Lett 8:2773-2778.

75. Ning G et al(2011)Gram-scale synthesis of nanomesh graphene with high surface area and its application in supercapacitor electrodes. Chem Commun(Camb)47(5976-8).

76. Sun Z et al(2010)Growth of graphene from solid carbon sources. Nature 468:549-552.

77. Zhu Y et al(2010)Graphene and graphene oxide: synthesis, properties, and applications. Adv Mater 22: 3906-3924.

78. Dreyer DR, Park S, Bielawski W, Ruoff RS(2010)The chemistry of graphene oxide. ChemSoc Rev 39:228-240.

79. Krishnamoorthy K, Veerapandian M, Yun K, Kim S(2013)The chemical and structuralanalysis of graphene oxide with different degrees of oxidation. Carbon N Y 53:38-49.

80. Hernandez Y et al(2008)High-yield production of graphene by liquid-phase exfoliation of graphite. Nat Nanotechnol 3:563-568.

81. Lotya M et al(2009)Liquid phase production of graphene by exfoliation of graphite in surfactant/water solutions. J Am Chem Soc 131:3611-3620.

82. Guardia L et al(2011)High-throughput production of pristine graphene in an aqueous dispersion assisted by non-ionic surfactants. Carbon N Y 49:1653-1662.

83. Cravotto G, Cintas P(2010)Sonication-assisted fabrication and post-synthetic modificationsof graphene-like materials. Chem Eur J 16:5246-5259.

84. Khan U, O'Neill A, Lotya M, De S, Coleman JN(2010)High-concentration solvent exfoliation of graphene. Small 6:864-871.

85. Novoselov KS, Geim AK, Morozov SV, Jiang D, Zhang Y, Dubonos SV, Grigorieva IV, Firsov AA(2004)Electric field effect in atomically thin carbon films. Science 306:666-669.

86. Berger C et al(2004)Ultrathin epitaxial graphite: 2D electron gas properties and a route toward graphene based nanoelectronics. J Phys Chem B 108:19912-19916.

87. Bae S et al(2010)Roll-to-roll production of 30-inch graphene films for transparent electrodes. Nat Nanotechnol 5:574-578.

88. Behabtu N et al(2010)Spontaneous high-concentration dispersions and liquid crystals of graphene. Nat Nanotechnol 5:406-411.

89. Vallés C et al(2008)Solutions of negatively charged graphene sheets and ribbons. J Am Chem Soc 130: 15802-15804.

90. Pénicaud A, Drummond C(2013)Deconstructing graphite: graphenide solutions. Acc Chem Res 46:129-137.

91. Milner EM et al(2012)Structure and morphology of charged graphene platelets in solution by small angle neutron scattering. J Am Chem Soc 134:8302-8305.

92. Englert JM et al(2011)Covalent bulk functionalization of graphene. Nat Chem 3:279-286.

93. Kelly KF, Billups WE(2013)Synthesis of soluble graphite and graphene. Acc Chem Res 46:4-13.

94. Catheline A et al(2011)Graphene solutions. Chem Commun(Camb)47(5470-2).

95. Catheline A et al(2012)Solutions of fully exfoliated individual graphene flakes in low boiling point solvents. Soft Matter 8:7882.

96. Iijima S et al(1999) Nano-aggregates of single-walled graphitic carbon nano-horns. Chem Phys Lett 309: 165-170.

97. Endo M et al (2002) Structural characterization of cup-stacked-type nanofibers with anentirely hollow core. Appl Phys Lett 80:1267.

98. Saito K, Ohtani M, Fukuzumi S(2006) Electron-transfer reduction of cup-stacked carbonnanotubes affording cup-shaped carbons with controlled diameter and size. J Am Chem Soc128:14216-14217.

99. Voiry D, Pagona G, Tagmatarchis N, Pénicaud A(2007) Solutions of carbon nanohorns, method for making same, and uses thereof, WO 2011/154894, demande de brevet européendu 7 juin 2010, N° EP 10165108. 1.

100. Voiry D, Pagona G, del Canto E, Ortolani L, Morandi V, Noé L, Melle Franco M, Monthioux M, Tagmatarchis N, Penicaud A Individualized single-wall carbon nanohorns: a new form of metal free carbon nanomaterial, in preparation.

101. Davis VA et al(2009) True solutions of single-walled carbon nanotubes for assembly into macroscopic materials. Nat Nanotechnol 4:830-834.

102. Yotprayoonsak P, Hannula K, Lahtinen T, Ahlskog M, Johansson A(2011) Liquid-phase alkali-doping of individual carbon nanotube field-effect transistors observed in real-time. Carbon N Y 49:5283-5291.

103. Lorenc, on E, Ferlauto AS, de Oliveira S, Miquita DR, Resende RR, Lacerda RG, Ladeira LO(2009) Appl Mater Interfaces 1:2104-2106.

104. Hecht DS, Hu LB, Irvin G(2011) Emerging transparent electrodes based on thin films of carbon nanotubes, graphene, and metallic nanostructures. Adv Mater 23(13):1482-1513.

105. Pénicaud A, Catheline A, Gaillard P (2011) Procédé de préparation de films transparents conducteurs à base de nanotubes de carbone, FR2011/051352.

106. Monthioux M, Kuznetsov V(2006) Who should be given the credit for thediscovery of carbon nanotubes? Carbon 44:1621-1623.

107. Zakri C, Penicaud A, Poulin P(2013) Les nanotubes: des fibres d'avenir. Dossiers Pour la Sci 79:86.

第2章 富勒烯、碳纳米管和 碗烯的纳米合成技术

Derek R. Jones, Praveen Bachawala, James Mack

新材料的发现与发展引导着纳米技术的发展。理论上,最早应用于纳米技术的材料是富勒烯和碳纳米管。尽管富勒烯和碳纳米管在纳米技术领域拥有悠久的历史,但与它们性质类似的富勒烯同样在纳米技术领域表现出一定的应用潜力。富勒烯片段的出现早于富勒烯20年,但由于合成过程复杂而导致其在纳米技术领域几乎不为人知。最近,规模化制备技术的发展促进了碗烯及其他富勒烯片段潜在的工业化应用。随着碗烯规模化制备的实现,许多新的结构和令人振奋的性质逐渐出现于各类化学文献中。

2.1 纳 米 技 术

纳米技术是一个宽泛的术语,涵盖了科学领域中的各种主题。纳米技术的构想是由物理学家 Richard Feynman 于1959年在美国物理学会会议上提出的,他认为:"可以通过操纵一组原子或分子建立和控制另一组更小比例的原子或分子"[1]。纳米技术这一术语,最先是由 Norio Taniguchi 教授在1974年的会议上提出的,描述为"使用一个原子或分子对材料进行处理、分离、合并和形变"。1981年,扫描隧道显微镜等发明的出现推动了纳米技术概念的向前发展[2]。此后不久,富勒烯和碳纳米管相继被发现,将碳元素引入了纳米技术这个研究领域。碳在地壳中的含量排名第十五,也是宇宙中第四大元素;相当数量的碳存在于煤、石油和天然气等有机沉积物,是所有已知生命的基本组成元素。在12世纪之前,只有两种碳的同素异形体被人们所熟知,即金刚石和石墨。尽管两者都是碳单质的存在形式,但它们的物理性质却有着天壤之别。金刚石中的碳原子排列成面心立方晶体结构,即金刚石晶格,并且原子之间具有很强的共价键,使金刚石成为硬度最大、导热性能最好的块体材料。金刚石的透光性非常好,以其独特的光学特性而闻名。相反,石墨具有层状的平面结构,并且高度的芳烃化使

碳层之间存在大量的离域电子,为其带来独特的导电性,如图 2.1 所示。石墨是碳元素最稳定的存在形式,也是优良的导体。石墨是黑色的,最常见的应用是铅笔中的"铅"芯和润滑剂。

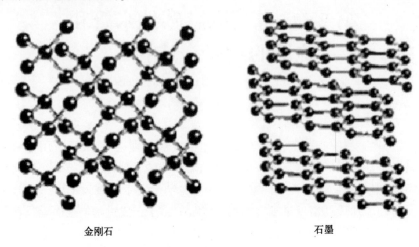

金刚石   石墨

图 2.1　金刚石和石墨的晶体结构示意图

巴克敏斯特富勒烯(C_{60})是一个相对"年轻"的碳的同素异形体,在利用激光蒸发石墨的方法研究碳等离子体成核过程中被发现[3]。C_{60} 是以著名建筑设计师 Richard Buckminster Fuller 命名的,他普及了网格式穹顶风格。富勒烯或"巴基球"是一个由 20 个六元环和 12 个五元环构成的封闭碳骨架,如图 2.2 所示,非常像一个足球。富勒烯的碳原子以 sp^2 杂化的形式构成了网格笼状结构。

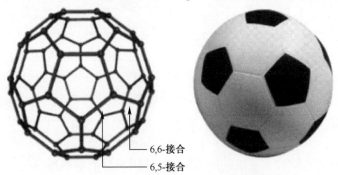

　6,6-接合
　6,5-接合

图 2.2　富勒烯和足球之间的结构关系

富勒烯分子有两种不同的键长。两个六元环之间的 C—C 键可以被看作双键,测试键长约为 1.40 Å,而六元环和五元环之间的 C—C 键更长,约为 1.45 Å[4]。

注:1Å=0.1nm。

虽然 C_{60} 是性质最稳定、含量最丰富的富勒烯,但更高分子量的富勒烯(如 C_{70}、C_{76}、C_{84})作为微小杂质被发现。1990 年,Kratschmer 和 Huffman 发明了一种克级富勒烯的制备方法,即在氦气气氛中为两个石墨电极通电,使石墨蒸发,进而合成富勒烯如图 2.3 所示[5]。目前,C_{60} 可以达到年产吨级的规模化生产。

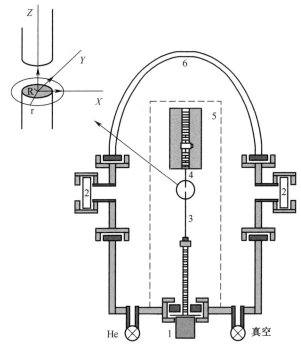

图 2.3　石墨电极电弧室

1—控制阳极位置的电动机,用于保持恒定的电极间距;2—石英观察窗口;3—阳极;
4—阴极;5—电极固定平台;6—哑铃状玻璃罩。

不同于金刚石和石墨,富勒烯具有活泼的化学反应特性,类似于缺电子烯烃。C_{60} 很容易与亲核物质发生反应,是环加成反应中的活性组分。大部分反应物攻击 C_{60} 分子两个六元环之间的交联点,因为它们具有更高的电子密度。而嵌入六元环与五元环之间交联点的反应产物,被认为仅仅是六元环交联点被攻击后重新排列的结果。C_{60} 加成物的制备可以通过加入亲核体,随后用酸或亲电体淬灭来实现,如图 2.4 所示。该反应通常发生的是 1,2-加成反应,但同时可能产生多种加成产物,如图 2.5 所示。

因为富勒烯最先被发现并量产,所以在纳米技术的发展中起着先导作用。富勒烯以其独特的结构和电学性质,在这一新兴领域引起了研究者极大的兴趣。富勒烯的独特性质可以满足多种领域的要求,包括纳米电子学和材料科学[6]。

富勒烯的应用广泛,包括加入聚合物以获得电活性聚合物或具有光限幅特性的聚合物、加入薄膜材料以及用于新型分子电子器件的设计等。富勒烯在药物领域也有着潜在用途,包括酶抑制、光动力治疗和电子转移等[7]。富勒烯独特的封闭笼状结构也可用于分子的诱捕。

图 2.4　C_{60} 被亲核攻击和被亲电子淬灭的过程

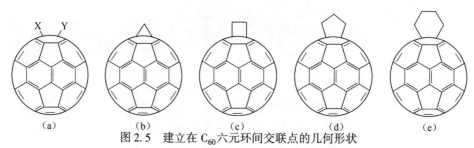

（a）　　　　　（b）　　　　　（c）　　　　　（d）　　　　　（e）

图 2.5　建立在 C_{60} 六元环间交联点的几何形状

（a）1,2-加成；（b）环丙烷化；（c）2+2 加成；（d）3+2 加成；（e）4+2 加成。

2.2　碳　纳　米　管

碳纳米管是碳的一种同素异形体,在 1991 年被 Sumio Iijima 发现[8]。目前,包括电弧放电在内的一些技术已经用于生产碳纳米管。Sumio Iijima 采用类似于 Kratschmer 和 Huffman 的方法试图制备富勒烯,但却在石墨电极产生的炭灰中意外地发现了碳纳米管。目前,这种方法已被广泛用于制备碳纳米管,产率可达 30%[9]。

碳纳米管可以被理解为"柱状富勒烯",通常只有几纳米宽。碳纳米管又分为 SWCNT 和多壁碳纳米管(MWCNT)两种,如图 2.6 所示。

碳纳米管和富勒烯是同一类分子,拥有相似的性质及潜在应用价值。碳纳米管具有高抗拉强度、高导电率、高延展性、高耐热性和相对化学惰性等特性。尽管富勒烯和碳纳米管拥有上述独特的结构和物理性质,但目前的制备方法使它们很难按照特定用途进行化学修饰。自富勒烯和碳纳米管被发现以来,已有成千上万的论文及专利探索了它们的不同性质。然而,两者用于特定用途的研

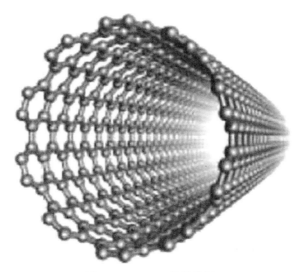

图 2.6 SWCNT 的结构图

究进展仍然十分缓慢[10-11]。富勒烯和复杂混合物的"难加工性"对它们的特定应用带来了许多麻烦,单壁纳米管的制备无法重复也仍然是一个主要问题。正是这些问题限制了它们在纳米技术中应用的可行性。

2.3 碗　　烯

纳米技术的进步依赖于有应用前景的新材料的发现。目前,有关富勒烯的研究领域已经存在了约 40 年,但是由于其制备过程冗长且产量过低,导致其在纳米技术领域一直被忽视。碗烯代表了 C_{60} 分子的 1/3,是由一个环戊烷和 5 个苯环构成。碗烯最初是在 20 世纪 60 年代被 Barth 和 Lawton 发现的。最初的合成方法冗长而又复杂,且产率仅有 0.4%,如图 2.7 所示[12-13]。

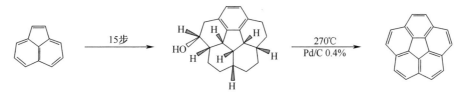

图 2.7 Barth 和 Lawton 多步合成碗烯的方法

Barth 和 Lawton 确定了碗烯为碗状结构,这种结构产生了与中心五元环相关的特殊应变。他们得出结论,在环戊烷外缘的 10 个氢原子都是等价的,在 ^{1}H NMR 谱中产生一个单峰。

碗烯的研究停滞了 20 多年,最初的 17 步合成法阻碍了人们对其化学行为的进一步深入研究。富勒烯及碳纳米管的发现,重新点燃了人们研究这种独特分子的热情。在 20 世纪 90 年代初,Scott、Siegel 和 Rabideau 等提出了一个生产时间较短,产率较高的制备方法,如图 2.8 所示,使这种独特的分子更加容易获得[14-19]。

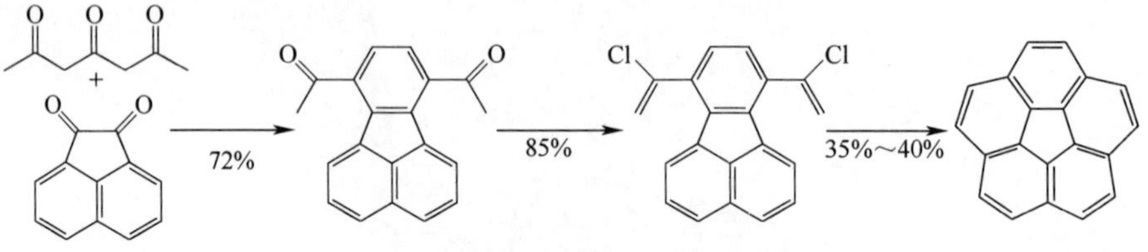

图 2.8　闪速真空热解法制备碗烯

尽管碗烯已经能够被大量生产,但其商业化程度远不如富勒烯和碳纳米管。因此,需要建立一个溶液基碗烯合成模型,以获得更高的产量。

碗烯的大规模合成是非常重要的,这样可以充分探索其独特的性质,从而实现其在纳米技术领域中的应用。最近,Siegel 和同事们证明了他们有生产千克级碗烯的能力,如图 2.9 所示[20]。

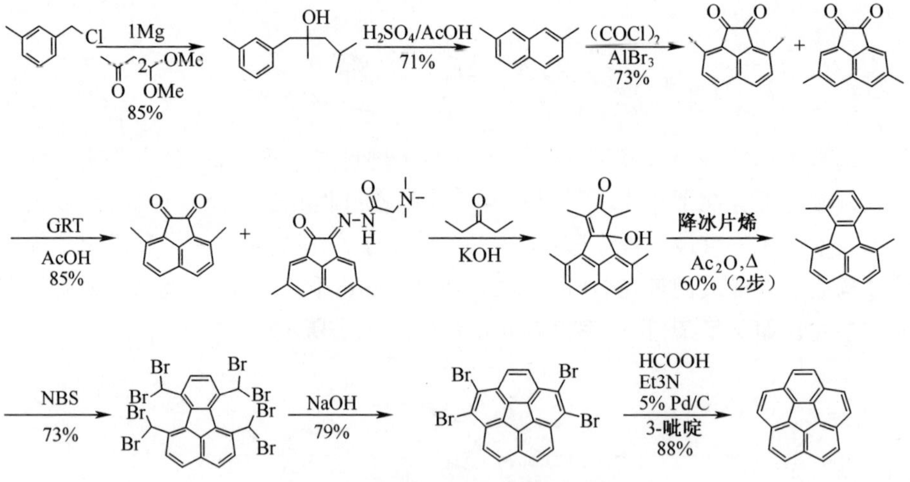

图 2.9　碗烯的规模化制备过程

由于性质与富勒烯和碳纳米管相近,碗烯引起人们极大的研究兴趣。如图 2.10 所示,碗烯的结构类似于 C_{60} 分子,因而可以完美地映射到 C_{60} 的表面。

碗烯是仅有的几个具有强偶极矩的碳氢化合物之一,约为 2.07 D[21]。相比而言,水的偶极矩是 1.8 D,氨气为 1.5 D。如图 2.11 所示,碗烯拥有一个弯

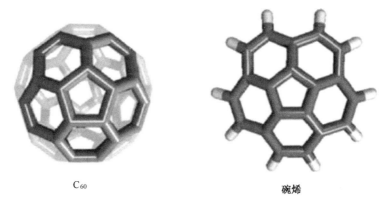

C₆₀   碗烯

图 2.10   C$_{60}$和碗烯之间的结构关系

曲的结构,其电子集中在碗的中心。

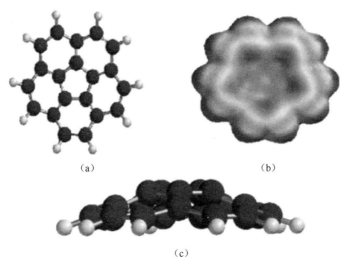

（a）   （b）

（c）

图 2.11   碗烯分子结构、电荷密度与弯曲度

（a）碗烯的分子结构;（b）碗烯的电荷密度分布;（c）碗烯的弯曲度。

此外,碗烯是少数具有电致变色性质的有机分子之一。电致变色是指与化学或电化学还原相关的可逆颜色变化。C$_{60}$具有一个三重简并的低能级 LUMO 轨道并且已被证明可以被电化学还原 6 次,还原电位分别为 - 0.98 eV、-1.37 eV、-1.87 eV、-2.35 eV、-2.85 eV 和-3.26 eV。类似地,碗烯拥有一个二重简并的低能级 LUMO 轨道,最多能接受 4 个额外电子。1967 年,碗烯的前两个还原电位被发现,分别为 1.88 eV 和 2.36 eV[25]。此外,可以观察到碗烯与还原相关的显著颜色变化,第一次还原产生绿色,第二次还原则是亮红色。但是,他们获得第三和第四还原电位的尝试却没有成功。值得注意的是,氧化产生了一种聚合物,这种聚合物可以阻止碗烯进一步被氧化。之后,第三和第四还原电位通过使用锂丝获得[26]。第三次还原出现紫色,第四次还原出现褐色。迄今为止,由于实验是使用 NMR 进行的,所以文献中没有报道第三、第四次还原的电化学还原电位。碗烯电致变色性质将在有机电子领域中展示出巨大的应用前景。

在化学和物理等领域,有机电子器件已经被研究者广泛研究了 50 多年[27]。由于其有限的实际应用,直到现在,这些材料的电子和光学现象仍被局限于学术研究。例如,1960 年,Pope 等提出蒽晶体的电致发光,揭示了有机电致发光现象[28]。不幸的是,高工作电压和短短几分钟的剧烈的光衰变致使蒽晶体在有机发光二极管(OLED)的应用仍然是不现实的[29-30]。然而,当以薄膜形式沉积时,合成化学家通过改变化学结构来直接影响材料性能,这一能力为该领域提供了新的方向。Tang 等和柯达公司的 Slyke 在此方面取得了突破性进展,他们演示了低电压、高效率的薄膜发光二极管的使用方法[31]。他们的双层设计很快成为 OLED 的原型结构和里程碑式的成就。尽管报道的结果不能与现有技术相匹敌,但是他们的发现为将来以 OLED 为平台的有机薄膜的潜在应用打开了大门。在过去的 15 年中,有机半导体领域的主题已经从学术研究迅速向广泛的应用转变,包括聚合物 LED[32]、基于小分子的 OLED[33-34]、有机激光器[35]、有机晶体管[36]和太阳能电池[37]。OLED 的商业成功得益于其低生产成本、柔韧性和低功耗。然而,一些关键问题仍然是当今合成化学家设计这些材料的瓶颈,如高发射强度下对特定发射颜色的控制、高发射效率以及较长时间内显示光电稳定性的能力。在实际亮度水平下,合成稳定、高效、高色纯度的蓝色电致发光有机分子仍然是一个挑战[38]。

虽然 OLED 已经被研究了很长时间,但主要问题仍然存在,并且必须被解决以进一步推进这一领域的发展。困扰 OLED 显示器的一个主要问题是其寿命较短,特别是蓝光 OLED 材料[27,38];通常情况下,红光和绿光 OLED 的寿命是46000~230000 h,而蓝光二极管只有 14000 h。当 OLED 器件显示高亮度图片时,将产生跨越较大带隙的更高电压,与绿色和红色发光材料相比,这种现象对于蓝色发光材料尤为明显,这会导致蓝色发光材料更快地衰减。另一个问题是色彩不均衡;随着时间的推移,产生蓝光的 OLED 材料比其他材料衰减更快,造成色彩饱和度不自然,图像质量变差。

因此,有机发光二极管显示技术的未来和商业化,在很大程度上依赖于更强大、热稳定、易于加工和高产率的蓝光 OLED 的合成。通常碳是电的不良导体,然而,当以共轭 π 体系的形式排列时,碳基材料可以作为优良导体。导电性及电致发光特性取决于带隙、电离势和最高占据分子轨道(HOMO)和最低未占据分子轨道(LUMO)之间的能量差异。这两个轨道之间的能量差异称为"HOMO-LUMO 能隙",与激发分子中的一个电子所需的最低能量相关。电子跃迁所需的能量对应于分子的辐射波长。烯烃键可以被描述为两种不同能量的 π 轨道,即成键轨道和反键轨道。共轭分子中 π 轨道的有效重叠产生了 π-π 共轭体系。每个额外的延伸共轭烯烃键产生两个新的能级,使 HOMO-LUMO 能隙降低。能隙降低造成激发电子需要的能量减小,并且以向红效应即红移的方式将发射光波长移动到可见光区域。因此,这是一个控制和微调发射光颜色的重要工具。

通过比较聚烯烃、烯烃、富勒烯和碗烯的带隙,我们观察到在 OLED 领域中使用芳香族化合物的缺点,如图 2.12 所示[39]。

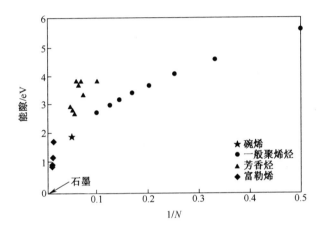

图 2.12　不同 π 共轭系统的带隙比较

下面探讨各种碳基共轭体系的带隙、商业可用性和可加工性问题。

最初,聚(对苯乙烯)(PPV)用作 OLED 制备的活性材料,如图 2.13 所示[40]。PPV 很难被溶解和成型,但可以通过可溶性前驱体的方式将其掺入 OLED 中。这项技术往往需要较长的加工时间,由此产生较高成本。

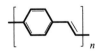

图 2.13　聚对苯乙烯的分子结构

为了提高可加工性,按照经典的有机合成法合成了具有长烷基链[41]、烷氧基取代基[41-42]甚至金属配合物[43-44]的 PPV 衍生物。然而,侧链之间的空间排斥效应引起聚合物骨架的显著扭曲,造成超短的共轭长度和相应的团聚,导致发射波长向 UV 区域移动。此外,共轭聚合物材料是很难被合成和提纯的。杂质一旦被掺入,只能通过化学处理或热转化的方法去除。下一个系列是环共轭烯烃,包括蒽、并四苯、并五苯、并六苯等。随着苯环数量的增加,带隙和化学稳定性急剧降低。例如,绿色的并六苯和紫色的并五苯必须在惰性气体中处理。类似地,深绿色的并七苯还未以纯物质的形式获得,因为它在空气中会被快速氧化[45]。此外,强 π-π 相互作用造成它们在溶液相中的聚集,这使其在薄膜制备工艺中引起广泛关注。为了提高蒽的加工性能,在它的 9 和 10 的位置引入了大体积的取代基[46-47]。取代基带来的空间应变,有助于限制分子间 π-π 相互作用,提高了蒽的溶解度。文献报道还表明,蒽衍生物基器件在工作过程中由于高压而出现再结晶,最终会导致器件失效[48]。

　　富勒烯也表现出光物理性质,但这些性质不容易被调控。如图 2.14 所示,它们在电磁波谱的紫外区域存在强烈吸收,但在可见光区域吸收甚微[49]。人们尝试通过乙炔桥连两个富勒烯单元以降低带隙,但却引入了 sp³ 杂化碳原子,破坏了整体的共轭结构。因此,尽管两个富勒烯单元已连接,但由于 π-π 共轭结构的破坏,每个富勒烯单元的作用是相互独立的,导致其带隙没有实质性的降低。

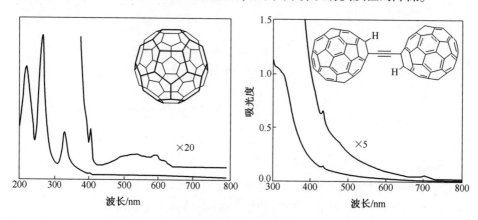

图 2.14　富勒烯和双富勒烯基乙炔的紫外-可见光谱图

　　碳纳米管是碳以圆柱形纳米结构形式存在的同素异形体,具有优异的导热性、力学性能和电学性质。这些优异的性能源自于碳纳米管在卷曲过程中产生的离散角度和所形成的半径。但无法连续生产符合特殊需求的碳纳米管仍然是一个主要的技术瓶颈。此外,以提高碳纳米管可加工性为目的的功能化处理方法通常是不具有区域选择性的[50]。由于碗烯兼具富勒烯和苯的性质,其独特的电子性质与富勒烯相似,但被改性的能力却和苯类似,如图 2.15 所示。

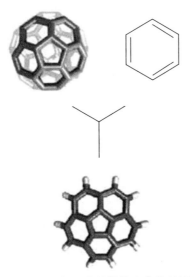

图 2.15　富勒烯和苯的结构和化学相似性

　　碗烯具有荧光性质,以其作为骨架结构的有机分子可能会对多种领域产生巨大影响,包括显示器产业[51]。碗烯的荧光和磷光寿命分别为 2.6 ns 和 10.3 ns[52]。碗烯以每秒大约 200000 次的速率反转[53],其荧光和磷光光谱是连续反转的平均值,如图 2.16 所示。为了确定光谱性质,人们对碗烯和环戊碗烯的吸收和稳态荧光测量进行了研究[54]。

　　环戊碗烯是由两个额外的碳原子连接在碗烯的外缘构成的,形成一个环戊烯环,如图 2.17 所示。额外的碳原子延长了共轭结构并提高了分子的刚性,使碗深增加到 1.05 Å,通常碗烯的碗深为 0.89 Å。吸收光谱从碗烯到环戊碗烯发生红移,表明额外的 π 电子延长了碗烯环系统的共轭结构。两者间荧光光谱的红移也是同样原因造成的。

　　然而,碗烯和环戊碗烯作为荧光材料的一个主要缺点是低的荧光量子产率,分别为 0.07 和 0.01。但是,不同于富勒烯和纳米管,用乙炔桥连接碗烯没有引入 sp³ 杂化碳原子。以这种方式官能团化碗烯有望改变 HOMO-LUMO 能隙,从而改变分子的荧光性质。由于以上以及更多没有提及的原因,研究碗烯的潜在属性是非常有价值的,这将有利于高量子产率/热稳定性的蓝光发光系统的设计。随着碗烯实现量产,这种独特分子的光物理性质已被更多地了解。例如,Siegel 团队合成了一种单取代碗烯衍生物——双碗烯基乙炔,显示出强烈的蓝色荧光发射特性,量子产率为 0.57,是母体碗烯的 8 倍多[55]。然而,双碗烯基乙炔是不稳定的,即使在 -16 ℃ 也会快速分解。结果清楚地表明,如果被三键束

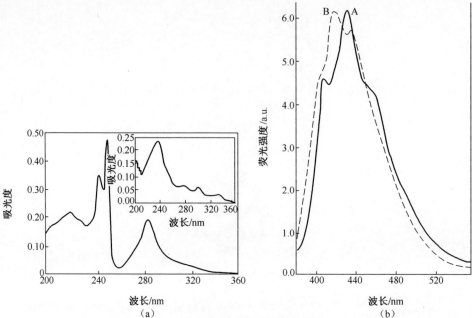

图 2.16　(a)环戊碗烯在环己烷溶剂中的吸收光谱,插图为碗烯在环己烷溶剂中的吸收光谱以及(b)纯物质的荧光光谱图

(A 为环戊碗烯,B 为碗烯。激发波长为 285 nm)

图 2.17　环戊碗烯的分子结构

缚,π 共轭结构可以扩展到碗烯单元之间,并且在吸收光谱中出现明显的红移(302 nm)。另外,Siegel 等的研究报道强调了二取代、四取代和五取代炔基碗烯衍生物等乙炔基衍生物家族的扩展[56]。

　　图 2.18 所示为多炔基碗烯衍生物有趣的吸收/量子产率的变化趋势。令人惊讶的是,相比于高度对称的五取代碗烯衍生物,四取代衍生物的吸收波长更长,二取代衍生物的吸收波长次之。造成这种异常的可能原因是对称的禁跃态和具有较高衰减率的基态中多重非辐射弛豫模式的存在。同时,Mack 团队报道了一系列碗烯邻位和对位双取代苯的合成及光物理学性质,如图 2.19 所示[57]。合成这些材料的原因是为了对比它们与双碗烯基乙炔的光物理和热性能。令人

46

意外的是,这些材料即使在 300 ℃也没有表现出任何分解的迹象。正如预期的那样,邻位和对位取代都表现出增强的共轭效应(299 nm,371 nm)。

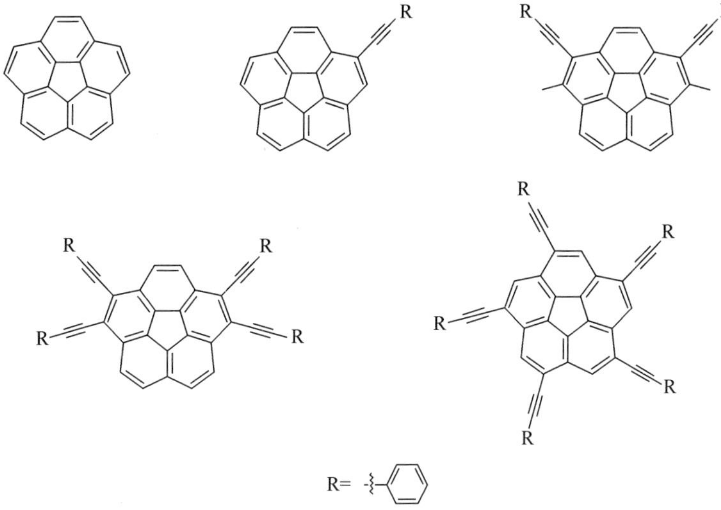

R=

图 2.18　多炔烃苯基碗烯衍生物的研究比较

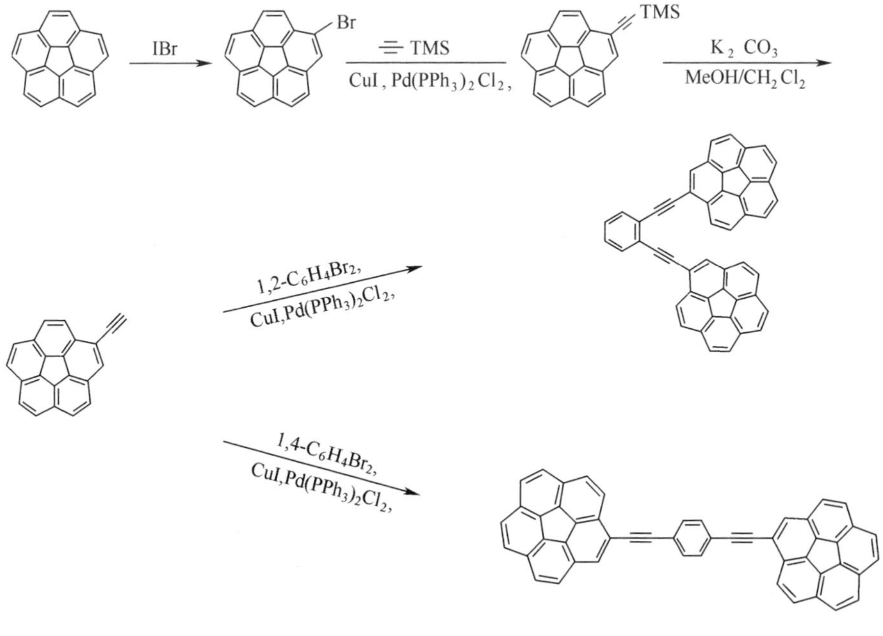

图 2.19　1,2-邻(碗烯基乙炔基)苯和 1,4-对(碗烯基乙炔基)苯的合成

这些发现提出了一个重要的问题,关于键桥的性质和相应的共轭位点。一个公认的事实是,在苯中,邻位和对位的基团总是共轭的,而间位的基团则不同。为了了解碗烯中类似的邻/对位或间位取代,有关碗烯边缘位点特殊性的详细研究势在必行。从这类研究中获得的数据将会有助于设计高发射强度和热稳定的蓝光 LED 材料。

2.4 总　　结

碗烯和其他富勒烯片段在许多领域中拥有广泛的潜在应用价值。它们的这些性质可直接应用于 OLED 技术。这些分子合成技术的提高使这些结构有望成为纳米技术发展的基石。随着更大和更多样化的碳基结构的合成,这些独特分子的更多性质将被发现,碳基材料的发展将为当前科技难题提供可能的解决方案。

参 考 文 献

1. Feynman R P(1960)Caltech Eng Sci 23(5):22-36.

2. Binning C,Rohrcr H,Gerber C,Weibel E(1993)In:Neddermeyer H(ed)Perspectives in condensed matter physics,vol 6. Springer,The Netherlands,pp 31-35.

3. Kroto H,Heath J,O'Brien S,Curl R,Smalley R(1985)Nature 318:162-163.

4. David W I,Ibberson R M,Matthewman JC,Prassides K,Dennis TJ,Hare JP,Kroto HW,Taylor R,Walton DR(1991)Nature 353:147-149. doi:10. 1038/353147a0.

5. Kraetschmer W,Lamb L D,Fostiropoulos K,Huffman DR(1990)Nature(Lond)347:354.

6. Prato M(1997)J Mater Chem 7:1097-1109.

7. Jensen A W,Wilson S R,Schuster D I(1996)Bioorg Med Chem 4:767-779.

8. Iijima S(1991)Nature 354:56-58.

9. Collins P,Avouris P(2000)Sci Am 283:62-69.

10. Langa F,Nierengarten J(2007)Fullerenes:principles and applications. Royal Society of Chemistry,Cambridge.

11. Reich S,Thomsen C,Maultzsch J(2009)Carbon nanotubes:an introduction to the basic concepts and physical properties. Wiley-VCH,Cambridge.

12. Barth W,Lawton R(1966)J Am Chem Soc 88:380-381.

13. Lawton R,Barth W(1971)J Am Chem Soc 93:1730-1745.

14. Scott L,Hashemi M,Meyer D(1991)J Am Chem Soc 113:7082-7084.

15. Scott L T,Cheng P,Hashemi M M,Bratcher MS,Meyer DT,Warren HB(1997)J Am Chem Soc 119:

10963-10968.

16. Seiders T J, Elliott E L, Grube G H, Siegel J S(1999) J Am Chem Soc121:7804-7813.

17. Mehta G, Panda G(1997) Tetrahedron Lett 38:2145-2148.

18. Sygula A, Rabideau P(2000) J Am Chem Soc 122:6323-6324.

19. Sygula A, Rabideau PW(1999) J Am Chem Soc 121:7800-7803.

20. Butterfield A M, Gilomen B, Siegel JS(2012) Org Process Res Dev 16:664-676.

21. Lovas F, McMahon R, Grabow J(2005) J Am Chem Soc 12:4345-4349.

22. Xie Q, Perez-Cordero E, Echegoyen L(1992) J Am Chem Soc 114:3978-3980.

23. Xie Q, Arias F, Echegoyen L(1993) J Am Chem Soc 115:9818-9819.

24. Echegoyen L, Echegoyen L E(1998) Acc Chem Res 31:593.

25. Janata J, Gendell J, Ling C, Barth WE, Backes L, Lawton RG(1967) J Am Chem Soc 89:3056-3058.

26. Baumgarten M, Gherghel L, Wagner M, Weitz A, Rabinovitz M, Cheng P, Scott LT(1995) J Am Chem Soc 117:6254-6257.

27. Aziz H, Popovic ZD(2004) Chem Mater 16:4522-4532.

28. Pope M, Kallmann H P, Magnante P(1963) J Chem Phys 38:2042-2043.

29. Helfrich W, Schneider WG(1965) Phys Rev Lett 14:229-231.

30. Vincett PS, Barlow W A, Hann RA, Roberts GG(1982) Thin Solid Films 94:171-183.

31. Tang C W, VanSlyke S A(1987) Appl Phys Lett 51:913-915.

32. Cao Y, Parker ID, Yu G, Zhang C, Heeger AJ(1999) Nature 397:414-417.

33. Tang C W, VanSlyke S A, Chen CH(1989) J Appl Phys 65:3610-3616.

34. Baldo M A, Thompson ME, Forrest SR(2000) Nature 403:750-753.

35. Schon J H, Meng H, Bao Z(2001) Nature 413:713-716.

36. Schön J H, Kloc C, Dodabalapur A, Batlogg B(2000) Science 289:599-601.

37. Huynh W U, Dittmer JJ, Alivisatos AP(2002) Science 295:2425-2427.

38. Kulkarni A P, Jenekhe SA(2003) Macromolecules 36:5285-5296.

39. Morii K, Fujikawa C, Kitagawa H, Iwasa Y, Mitani T, Suzuki T(1997) Mol Cryst Liq Cryst Sci Technol Sect A 296:357-364.

40. Burroughes J H, Bradley D D, Brown A R, Marks R N, Mackay K, Friend R H, Burns P L, Holmes AB(1990) Nature 347:539-541.

41. Andersson M R, Yu G, Heeger A J(1997) Synth Met 85:1275-1276.

42. Schwartz BJ, Hide F, Andersson M R, Heeger AJ(1997) Chem Phys Lett 265:327-333.

43. Chuah B S, Hwang D, Kim S T, Moratti S C, Holmes A B, de Mello J C, Friend R H (1997) Synth Met 91:279-282.

44. Kim S T, Hwang D, Li X C, Grüner J, Friend RH, Holmes A B, Shim HK(1996) Adv Mater 8:979-982.

45. Boggiano B, Clar E(1957) J Chem Soc 2681-2689.

46. Subramanian S, Park SK, Parkin S R, Podzorov V, Jackson T N, Anthony JE (2008) J Am Chem Soc 130:2706-2707.

47. Kim Y H, Shin D C, Kim S H, Ko C H, Yu H S, Chae Y S, Kwon S K(2001) Adv Mater 13:1690-1693.

48. Kim Y, Kwon S, Yoo D, Rubner M F, Wrighton MS(1997) Chem Mater 9:2699-2701.

49. Tanaka T, Komatsu K(1999) J Chem Soc Perkin Trans 1 1671-1676.

50. Balasubramanian K, Burghard M(2005) Small 1:180-192.

51. Tucker S A, Fetzer J C, Harvey R G, Tanga M J, Cheng P C, Scott LT(1993) Appl Spectrosc 47:715-722.

52. Verdieck J F, Jankowski W A(1969) In: Benjamin W A(ed) Mol Lumin Int Conf, Inc, pp 829-36.

53. Scott LT, Hashemi M M, Bratcher MS(1992) J Am Chem Soc 114:1920-1921.

54. Dey J, Will A Y, Agbaria R A, Rabideau P W, Abdourazak A H, Sygula R, Warner I M(1997) J Fluoresc 7: 231-236.

55. Jones CS, Elliott E, Siegel JS(2004) Synlett 1:187-191.

56. Wu Y, Bandera D, Maag R, Linden A, Baldridge K K, Siegel JS(2008) J Am Chem Soc 130:10729-10739.

57. Mack J, Vogel P, Jones D, Kaval N, Sutton A(2007) Org Biomol Chem 5:2448-2452.

第3章　碳纳米材料在染料敏化太阳能电池中的应用

Ladislav Kavan

富勒烯、碳纳米管、纳米金刚石和石墨烯在包括染料敏化太阳能电池在内的各种各样的太阳能电池的开发中得到应用。纳米碳材料可以用作:①主动光吸收体;②集流体;③光阳极添加剂;④对电极。石墨烯基在催化对电极的应用已经引起了相关学者极大的兴趣,特别是在最先进的染料敏化太阳能电池与共介质方向。太阳能电池优化的关键是对碳表面电化学电荷转移机理的认识,但碳材料表面上的电催化作用仍然存在较大争议。关于纳米碳和光伏的界面染料问题众多,所以本章选择性地讨论一些问题,目的是突出纳米碳科学关于高效率、长寿命和低成本的新型染料敏化太阳能电池的前瞻性研究。

3.1　引　　言

世界对电力需求日益增加,然而,受化石燃料和核燃料不可再生的局限,使得可再生能源成为现代社会的唯一选择,发展可再生能源成为21世纪科学技术的主要任务之一。太阳是可再生能源的唯一来源,可在全球范围内提供必要的兆瓦级功率。硅基光伏电池技术是由贝尔实验室于1954年率先发明,并成为太阳能转换的标准技术。染料敏化太阳能电池(DSC)也称为格雷泽尔电池,代表了固态光伏的有吸引力的替代品,具有低成本、高效率和易于制造的特点[1-5]。DSC基于两个原理:①半导体电极上的电化学;②宽禁带半导体的可见光光谱敏化。半导体电极上的电化学研究开始于20世纪60年代[6-9],直到1972年Fujishima和Honda发表了开创性的论文之后[10],该领域研究热度才大幅度提高。

染料对宽带隙半导体的光谱增敏,自20世纪70年代[11-13]以来就一直在探索。Grätzel等[14]于1985年首创了钌-联吡啶络合物吸附敏化多晶TiO₂(锐钛矿)电极,此课题在接下来的30年中吸引了大量的学术界和商业界关注[14-16]。

51

尽管有世界范围的努力,最先进的设备仍然是基于原始的概念和材料。关键材料是纳米晶体 TiO_2(锐钛矿)。它在 DSC 和类似的电化学装置中的应用,确实是无法取代的[17-22]。

DSC 性能的优化包括几个相互关联的任务,其中 TiO_2 光阳极和对电极的材料工程是关键问题。TiO_2 电极的发展一直是许多研究的主题[17-21],直到近期,DSC 的对电极仍未被广泛地研究,原因是显而易见的:TiO_2 的纳米结构对 DSC 效率有重要影响,对电极(阴极)即使在 DSC 研究的初始阶段使用的最简单的变体也显示出可接受的电化学性能。

染料敏化太阳能电池的阴极通常是通过导电氧化物来制造的,如 F 掺杂的 SnO_2(FTO)或铟锡氧化物(ITO),这些材料以 Pt 修饰以提高其电催化活性。Pt 的使用量很小,几乎不影响导电氧化物载体的光传输。在阳极的构建中,FTO 也经常被用作 TiO_2 的载体[1-4]。第二种材料的选择,例如,为了制备柔性的 DSC,选用 Ti 合金,丧失了光电阳极的透光性[3-4]。上述材料(FTO、Pt 和 ITO),因为高成本和有限的自然储量(In,Pt)限制了其应用。然而许多实用的 DSC 仍在使用贵金属(Ru 染料,Pt 催化剂)。由于实际需要贵金属的量是很少的,对成本的影响很小。

DSC 的关键过程是敏化,例如激发吸附在 TiO_2 上的染料分子,如式(3.1)中 $S \mid TiO_2$ 被可见光光子激发。随后将来自光激发染料 $S^* \mid TiO_2$ 的电子注入 TiO_2 的导带(具有量子效率,η_{inj}):

$$S \mid TiO_2 + h\nu \rightarrow S^* \mid TiO_2 \rightarrow S^+ + e_{cb}^-(TiO_2) \tag{3.1}$$

作为该过程的结果,染料分子变为氧化态(S^+)。然而,也有一种称为复合的寄生效应,即反向电子转移:

$$S^+ + e_{cb}^-(TiO_2) \rightarrow S \mid TiO_2 \tag{3.2}$$

为了保证 DSC 的功能,必须阻止反应(3.2)的发生。阻止复合,通过一个与反应(3.2)存在动力学的竞争关系的特定过程将空穴从 S^+ 快速去除。这可通过反应(3.1)与光阳极接触的固体介质向对电极(固态 DSC)上进行空穴传输,也可以通过反应(3.2)与光阳极接触的电解质溶液(液体结 DSC)与合适的氧化还原对(介质、中间相、M)的氧化还原反应来实现:

$$S^+ + M \rightarrow S + M^+ \tag{3.3}$$

为了避免反应(3.3)逆向发生,氧化态中间体 M^+ 必须再次被还原回 M。这一过程发生在对电极上,电荷(最初是 $e_{cb}^-(TiO_2)$ 产生)通过外部电路返回阴极发生反应(3.4):

$$M^+ + e^- \rightarrow M \tag{3.4}$$

在第一阶段 DSC 中,使用的空穴导体是 CuI 和 CuSCN,但 Bach 和 Graet2el 在 1998 年提出最有效的空穴传输介质是 2,2′,7,7′-四[N,N-二(4-甲氧基苯基)氨基-9-9′-螺二氟乙烯(spiro OMeTAD)[15]。在第二个阶段,氧化染料的还原剂是碘化物,即相应的氧化还原对(式(3.3)中的 M+/M)为 I_3^-/I^-。传统的 I-介质DSC 示意图如图 3.1 所示。在 Gräetzel 等的最初工作后,I_3^-/I^- 介质得以广泛使用[23]。它在 20 年来性能无与伦比,几乎所有的液体连接 DSC 依赖于此氧化还原反应。在 2010 年和 2011 年新发现的氧化还原对替代了 I_3^-/I^-,甚至产生了一个口号:碘化物的终结[24]。

用其他具有更高电化学势[25-28]的 M+/M 对代替 I_3^-/I^-,如 $Co^{3+/2+}$ 络合物[24,28-37]记录效率为 12.3%(2011 年)[29]。这些工作现在被认为是 DSC 的复兴[31]。后来,这个领域又有了新的突破。Snaess 等[38]提出了基于介观超结构的有机金属卤化物钙钛矿(MSSC)混合太阳能电池,他们研发的器件效率达到了 10.9%。其工作利用固体 DSC(TiO₂ 作为光电阳极组分和 spiro-OMeTAD 作为空穴导体)的一些思路和材料,同时也提出一些基础性的新概念,如假设光激发电子不被注入到光阳极的导带中,即钙钛矿不像传统 DSC 中那样被认为是"敏化剂"。

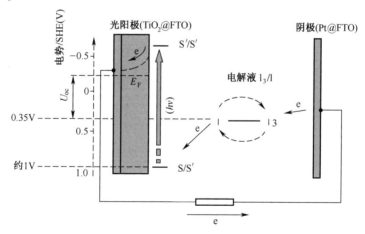

图 3.1　染料敏化太阳能电池方案
(经典的碘化钾电解液连接太阳能电池在 TiO₂ 光阳极和 Pt 阴极中用 F 掺杂 SnO₂(FTO)作集流体。
S 是敏化剂,S* 是光敏敏化剂,S+ 是氧化敏化剂)

3.1.1　DSC 性能优化:基础

3.1.1.1　光电阳极
光电阳极的纳米结构的优化可以通过"入射单色光子—电子转化效率

(IPCE)"的模型计算进行简单说明。这个量提供了太阳电池每入射光子中产生的电子数:

$$IPCE = \frac{i_{ph}hc}{Pe\lambda} \tag{3.5}$$

式中:i_{ph} 为电流密度;h 为普朗克常数;λ 为光子波长;c 为光速;P 为入射光的功率密度;e 为电子电荷。

有时我们也在文献中找到类似的说明,APCE(光电转换效率)这个概念表征了真实电池中光反射和散射引起的固有损耗。一些学者也使用术语"外量子效率"(EQE)和"内量子效率"(IQC),但是在 IPCE 和 EQE、APCE 和 IQE 之间没有根本的区别。我们将继续使用 IPCE,因为它是表征太阳能电池响应光谱最通用的物理量。

如果将光敏介质近似为单层染料(消光系数为 ε、表面覆盖量为 Γ),IPCE 可以表示为

$$IPCE = \eta_{inj} \cdot \eta_{coll} \cdot (1 - 10^{-r_f \Gamma \varepsilon}) \tag{3.6}$$

式中:η_{inj} 为由光激发的染料的电子注入 TiO_2 导带的效率;η_{coll} 为光阳极背板收集注入电子的效率,r_f 为粗糙度系数,被定义为投影截面电极面积与对电极材料的物理总面积的比值。式(3.6)最后一个参数是由 Lambert-Beer 定律量化的光吸收(光捕获)效率。

对于性能优良的 TiO_2 电极,可以近似认为 $\eta_{inj} \cdot \eta_{coll} = 1$。对于平整的 TiO_2 表面,假设 $r_f = 1$,利用典型的钌联吡啶染料参数($\varepsilon \approx 1.3 \times 10^7 \, cm^2/mol$,$\Gamma = 9.1 \times 10^{-11} \, mol/cm^2$),可以计算得到 $IPCE \approx 0.27\%$(锐钛矿晶体的实验值为 0.11%)[39]。另外,对于典型的 TiO_2 纳米晶体薄膜,假设 $r_f = 1000$,式(3.6)中得到的 $IPCE = 93\%$。通过优化 TiO_2 纳米结构,实验确实可以得到相当的光转换率[1,3-4]。然而,在太阳能电池中,却很少出现光电转化率的说法。

由于太阳光是白色的,波长范围覆盖紫外到近红外的区间。因此,人们需要染料的吸收带宽足以让所有的太阳光子的 IPCE 值足够大。IPCE(单色光的定义见式(3.5))和全部太阳光电流之间有一个简单的关系:太阳光辐照决定了 DSC 的短路光电流密度,I_{SC} 代表 IPCE 单独个体贡献的总和,可通过对太阳光全光谱的 IPCE 积分计算获得:

$$I_{SC} = \int_0^{\infty} IPCE(\lambda) \cdot P_{sun}(\lambda) d\lambda \tag{3.7}$$

式中:$P_{sun}(\lambda)$ 为波长为 λ 的太阳光功率密度。在全日照下,最先进的 DSC 的 I_{SC} 可达到 $20 \, mA/cm^2$[3-4]。这一技术水平得益于光阳极材料的发展,该材料由染料和 TiO_2 结构组成。其他参数中,ε,Γ 和 r_f 对于光电流的优化发挥了重要的

作用。

光电流密度 I_{SC} 和电池电压共同决定了太阳光与电能的转换效率 Φ_{sol}。太阳能转换效率的计算公式为每个太阳能电池单位面积的最大输出功率与太阳能功率密度 P_{sol}（对于 AM 1.5，P_{sol} 通常取 100 mW/cm²）的比值：

$$\Phi_{sol} = \frac{I_{SC} U_{OC}}{P_{sol}} \cdot F_F \qquad (3.8)$$

式中：U_{oc} 为开路电压，F_F 也称为填充系数，用于描述实际电流/电压分布的非理想性，有

$$F_F = \frac{I_{pmax} U_{pmax}}{I_{SC} U_{OC}} \qquad (3.9)$$

式中：I_{pmax}，U_{pmax} 分别为 Φ_{sol} 最大时的光电流密度和电压值（F_F 的典型值为 70% 左右）。很显然，DSC 效率 Φ_{sol} 小于 Shockley Queisser 极限（$\Phi_{sol} \leqslant 32\%$），其根本原因是 DSC 是一个典型的单结器件[3-4,31]。

3.1.1.2 氧化还原介质

可达到的电流密度 I_{SC} 很大程度上取决于染料吸收光谱与光阳极纳米结构（由参数 ε，Γ 和 r_f 决定见式(3.5)、式(3.6)和式(3.7)）；另一个关键变量是电池电压，它主要由氧化还原介质控制。假设 $U_{pmax} = 1$ V，同时保持光电流密度 I_{pmax} 为 20 mA/cm²，理论上将获得 20% 的"理想"效率（对于 AM 1.5 太阳光，$P_{sol} = 100$ mW/cm²）。

为了解决电压问题，可以近似认为 U_{OC} 是由 TiO₂ 中准费米能级位置 E_F 与介质氧化还原电位对应的能级位置（图 3.1）之间的差异决定的。因此，电池电压可以通过两种方式得到提高：①提高 TiO₂ 的费米能级；②降低介质的氧化还原水平（在电化学层面上提高其氧化还原电位）。在第一种情况下，通过 TiO₂ 结构的优化，能带可调范围被限制在几十毫电子伏[40]（通过电解质添加剂，如 4-叔丁基吡啶，吸附在 TiO₂ 上，或通过引入 Li+[3-4]上调大约 0.1~0.3 eV），另一方面，理论上介质选择仅受到染料基态的电化学势限制，该电化学势相对标准氢电极（SHE）通常接近 1 V[1,3-4,37]。其原因是介质的氧化还原电位必须合理地小于染料的氧化还原电位（≤1 V，相对 SHE），要为染料再生留下一些过电势（驱动力），以便于染料再生[式(3.3)][37]。

上述讨论可得到：由于 I₃⁻/I⁻氧化还原电位相对较低，难以成为 DSC 的最佳介质。它相当于约 0.35 V（相对 SHE），也就是说，染料再生对应的响应过电势（0.7 V）太高（图 3.1）[24,27-28,31]。其他可能的氧化还原介质[27-28]中，与供体-桥-受体敏化剂偶联的 Co-共聚吡啶配合物，表现出特殊的应用价

值[24,28-37,41-42]。例如,$[Co(bpy)_3]^{3+}/[Co(bpy)_3]^{2+}$(bpy 为 2,2′-联吡啶)(图 3.2)的标准氧化还原电位等于 0.56 V(相对 SHE),并且这个氧化还原介质为太阳能电池提供了接近 0.9 V 的 U_{OC}[24,28-31,33]。用标准氧化还原电位为 0.86V(相对 SHE)的$[Co(bpy-pz)2]^{3+/2+}$(bpy-pz 为 6-(1H-吡唑-1-基)2,2′-联吡啶[37,42])可获得更大的 DSC 电压(U_{OC} = 1.03 V)。

关于 Co 介质 DSC 的研究工作,大多涉及 TiO_2 光阳极的传统太阳能电池结构,如图 3.2 所示。然而,Co 介质也可以用于反相组件,其中敏化半导体可用作反相组件的光电阴极,例如 p 型掺杂的氧化镍(NiO)[43]。

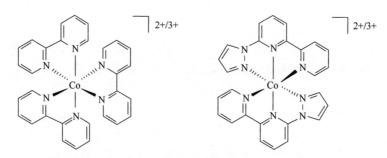

图 3.2　染料敏化极细胞中两种氧化还原偶对 Co-多吡啶配合物的结构式:
$[Co(bpy)_3]^{2+/3+}$ 和 $[Co(bpy-pz)_2]^{3+/2+}$

当前,世界上最优秀的 DSC[29]以$[Co(bpy)_3]^{3+}/[Co(bpy)_3]^{2+}$作为氧化还原介质,与优化后的染料作为敏化剂共同发挥作用,达到了 12.3% 的能量转换率。大多数 Co-介质太阳能电池,包括(12.3%)仍然依赖于 Pt-FTO 阴极[29,33-37,44],但是诸如导电聚合物(PEDOT 或 PProDOT)[30,32,37]和各种形式的纳米碳材料已经引起了相当大的兴趣。该主题将在 3.3.3.4 节中讨论。

3.1.1.3　对电极

对电极(阴极)在液体结 DSC 中的作用是将介质 M$^+$氧化态还原回 M(式(3.4))以保持电荷平衡。理想情况下,介质在阴极的还原速率应该与 M 在光电阳极的染料再生速率相当。M 在光电阳极的染料再生速率由式(3.3)描述并且实际由光电流密度 I_{SC} 表示。为了避免在对电极上的损失,反应式(3.4)的交换电流密度应该与 I_{SC} 相当。

一般来说,通过交换电流密度 j_0 描述电极的电催化性能。另一个评估电极活性的参数是从电化学阻抗谱中获得电荷转移电阻值 R_{CT}。这两个量有以下关系:

$$j_0 = \frac{RT}{nFR_{CT}} \tag{3.10}$$

式中:R 为气体常数;T 为温度;n 为电子数;F 为法拉第常数。

假设 TiO_2 光电阳极在光照下工作的典型光电流密度[3]约为 20 mA/cm²(3.1.1.1 节)[式(3.10)],对阴极上相同的 j_0 值提供了约为 1.3 Ω·cm² 的 R_{CT}。在 Pt@FTO 阴极[45-47]以及薄碳层[45,48-49]上,I_3^-/I^- 可达到这种交换电流密度。由于在 FTO(约 10 μg/cm²)上沉积了少量的 Pt,这种传统的对电极是光学透明的,尽管对于 DSC[31,50]的正常功能不是必要的,但有利于某些实际应用。

为了完整起见,应该指出,交换电流密度也是介质浓度的函数(c_{ox} 是 M⁺ 的浓度,c_{red} 是 M 的浓度)。由以下方程计算:

$$j_0 = Fk_0(c_{ox}^{1-\alpha} \cdot c_{red}^{\alpha}) \tag{3.11}$$

式中:k_0 为典型(有条件的)电极反应的速率常数;α 为电荷转移系数。速率常数 k_0 是评价电极电催化活性的另一个变量,在阳极反应和阴极反应速率常数相同条件下,它是电化学系统平衡时的速率常数。

3.2 太阳能电池(DSC 以外)的碳纳米结构:概述

碳纳米材料(富勒烯、纳米管、石墨烯、纳米金刚石)是具有多种特点的诱人材料。特别是在本综述所涉及的领域中,从 20 世纪 90 年代初开始,依赖于结构的电子特性,碳纳米材料在各种类型的太阳能电池中得到应用。很多学者在近期对这些主题进行了总结[51-59],所以以下内容仅对其中的亮点进行简单的总结。3.3 节将详细讲述碳纳米材料在 DSC 中的应用。本节的处理方式与引用文献[51-59]一致,因为它们都集中在其他类型的太阳能电池上,或者没有涉及 DSC 最新的研究成果。

3.2.1 富勒烯

富勒烯(C_{60} 或 C_{70})是一种良好的电子受体,代表本体异质结(BHJ)太阳能电池的通用分子。这些电池也称为有机光伏(OPV),用于强调所有活性成分都是有机分子。BHJ 的概念包括在同一介质中的供体和受体分子的互穿混合物。富勒烯通常连接到半导体聚合物,如聚(亚苯基乙烯基)(PPV)或聚-3-己基噻吩(P3HT),充当电子供体并且作为吸收大部分光的介质。1995 年开创性的工作[60]认为苯基 C_{61} 丁酸甲酯(PC61BM)(图 3.3)是可溶性富勒烯衍生物的受体,甚至近期最佳的系统仍然依赖于这些分子($PC_{61}BM$ 或 $PC_{71}BM$)[54,61-62]。这种类型的太阳能电池现在达到了 10% 以上的功率转换率[54,61,63],近期已见报道[63]。

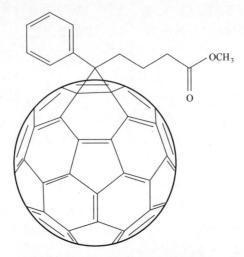

图 3.3 PC$_{61}$BM 分子的结构式:[6,6]-苯基-C$_{61}$-丁酸甲酯

3.2.2 单壁碳纳米管

单壁碳纳米管(SWCNT)在太阳能电池领域具有广泛的应用前景,其原因有两个:首先,它们代表了电子传输的理想纳米线,因为后者是弹道输运,即电子不会在固体中长距离散射;其次,它们可以充当太阳能电池的活性光吸收介质。SWCNT 被认为是一种可以替代 ITO 透明导电薄膜的集流体。尽管很难达到 ITO 的指标[64],薄膜中的纳米管仍然可以兼具良好的导电性和高的透光率。

SWNT 是半导体性还是金属性取决于其螺旋的几何结构(手性)。态密度中范霍夫奇点的存在定义了可见光到近红外区域的光学带隙,这给 SWNT[65-66] 的电化学和光谱电化学带来了显著的优势。特别吸引人的是:普通单壁碳纳米管,直径为 0.7~1.2 nm,光学带隙达到 1.0~1.3 eV,接近光伏器件的 Shockley-Queisser 极限。值得注意的是,当前 DSC 中使用的大多数有机或有机金属染料的光学带隙(HOMO/LUMO 间距)比这个最佳值[1-4]大得多。因此,单壁碳纳米管,特别是半导体型单壁碳纳米管(s-SWCNT),可以作为太阳能电池中的活性吸收体,以实现太阳光中近红外谱段的转化[67-70]。

然而,s-SWCNT 敏化率(Φ_{sol})仍然很低,通常低于 1%。其中一个问题是,光激发 e$^-$/h$^+$ 对被束缚在 s-SWCNT 中作为激子。激子的解离是太阳能电池的关键,但由于 s-SWCNT 的结合能很大,通常超过热激活能 $k_b T$,所以 e$^-$/h$^+$ 很难与其解离。为了克服这个问题,激子解离必须依靠外场驱动,例如由富勒烯或某些聚合物分别作为受体或供体而诱导反应发生[67-69]。单壁碳纳米管作为光吸

58

收体的第二个主要问题是:常规样品是半导体型和金属型碳纳米管的混合物。金属型碳纳米管有效地淬灭了激发态,因此样品的纯化对于实际应用是必要的。

3.2.3　石墨烯

石墨烯具有高的电子和空穴迁移率、97.7%的透光率的优势,使得其成为透明集流体的首选材料。目前,实际应用的是由还原氧化石墨烯制成的薄膜[57,71]。然而,迄今为止所获得的石墨烯薄膜方阻通常为 $1 \sim 0.1$ kΩ/□ 之间,仍高于 ITO($1 \sim 10$ Ω/□)的电阻。这种情况让人联想起单层碳纳米管薄膜(见3.2.2 节)。

石墨烯也在传统的固态光伏中得到应用。石墨烯与各种半导体材料如CdS、CdSe 和 Si 形成 Schottky 结。有报道指出 n-Si/石墨烯(掺杂双(三氟甲烷磺酰基)酰胺(TFSA))结[72]的转化率可以达到 8.6%。石墨烯和其他碳纳米结构实际上具备了设计全碳太阳能电池所需的全部功能,的确可以构建一个所有活性成分全部是纳米碳材料(富勒烯、单层碳纳米管和石墨烯或石墨)的太阳能电池[73-75]。据报道,由 $PC_{71}BM$、半导体 SWCNT 和还原氧化石墨烯(rGO)组成的太阳能电池,转化率(Φ_{sol})为 1.3%[75]。图 3.4 为该太阳能电池的示意图。

在全碳太阳能电池中,主要的光吸收介质是 $PC_{71}BM$,它吸收太阳光谱中可见光波长光子(图 3.4(c),黑色曲线)。光激发 $PC_{71}BM$ 的空穴通过还原氧化石墨烯向半导体 SWCNT 传输。显然,这种装置使用了 BHJ 电池的设计(见 3.2.1节)。存在于 $PC_{71}BM$/RGO/SWCNT 分隔界面的 Schottky 势垒促进了空穴传输。此外,半导体 SWCNT 还发挥了第二光吸收体的功能,在太阳光谱的近红外区域中捕获光子,由图 3.4(c)中红色曲线表示的,即 EQE 与波长的关系图(EQE 和IPCE 的讨论见 3.1.1.1 节和式(3.5))。严格地说,这个装置不是"真正的全碳",因为它需要其他辅助材料,即 ITO 和 Al 作为电触头、某些聚合物作为电子/空穴阻挡介质(图 3.4(a))[75]。需要进一步的研究来检验全碳太阳能电池是否只是实验室的新奇想法或是太阳能转换的新技术观点。据预测,与传统的BHJ 电池(9%~13%)相比,全碳太阳能电池是可达到类似或更大的效率[75]。

石墨烯还具有在特定尺寸控制结构(如纳米带)以调整带隙的可能性,因此在太阳能电池应用中引人注目。虽然石墨烯本体具有零带隙,但是原则上纳米层片尺寸允许将带隙从 0 调谐到苯的带隙。通过这种方法,理论上可以用石墨烯量子点来覆盖整个太阳光谱。Yan 等[76]研究表明,DSC 甚至可以用尺寸工程化的石墨烯量子点作为常规敏化剂。他们通过在 I-介质 DSC 中,用石墨烯代替传统 Ru-联吡啶敏化剂证明了这一原理。他们的装置在 AM 1.5 照明下表现出

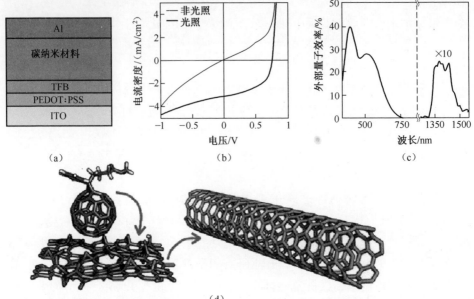

图 3.4 全碳太阳能电池方案

（a）器件的结构，ITO—氧化铟锡，PEDOS：PSS—聚（3,4-乙二氧基噻吩）聚苯乙烯磺酸盐作为空穴传导层，TFB—聚（9,9-二辛基芴基-2,7-二基）-*co*-（4,40-（*N*-（4-s-丁基苯基））作为电子阻挡层；（b）在黑暗中和在全日照下的电流密度—电压特性（AM1.5）；（c）作为波长函数的外部量子效率（类似于 IPCE）；（d）电池界面方案（粉红色箭头显示空穴从 PC$_{71}$BM（苯基 C$_{71}$ 丁酸甲酯）通过还原氧化石墨烯到 SWNT 的路径）。转载 M. Bernardi 等的许可。ACS Nano 68896（2012），版权（2012）美国化学会

合理的性能，$U_{OC}=0.48V$ 和 $F_F=0.58$，I_{SC} 只有 $0.2\ mA/cm^2$，即比使用有机金属敏化剂的标准 DSC 电流密度小两个数量级。

3.2.4　纳米金刚石

在常规 OPV 电池中，使用硼掺杂（p 掺杂）纳米晶金刚石来代替 ITO 作为集流体的尝试很少。由于与聚合物（如 P3HT）的能带匹配良好，以及纳米金刚石[77]固有的空穴-受主特性，端部 p-掺杂金刚石也是一种引人注目的阳极集电材料。类似地，通过双噻吩-C$_{60}$共价接枝，对 H 端磷掺杂的纳米金刚石进行化学修饰；与 ITO 负载活性材料的组件相比，该电极展现出了明显的光响应性能[78]。然而，与最佳的 OPV 器件相比，太阳能转换率仍不具有竞争力。

3.3　DSC 中的碳纳米材料

碳纳米材料经常用于制备 DSC 的阴极和阳极，但是关于纳米碳材料在电解

质中作为添加剂应用的报道却不常见。例如,氧化石墨烯最近用作3-甲氧基丙腈电解质溶液的凝胶剂,用于准固态染料敏化太阳能电池[79]。在DSC电极中可以发现各种形式的碳纳米结构(炭黑、纳米管、石墨烯)。在DSC中,它们具有4个不同的基本功能:①主动光吸收介质;②集电体;③TiO_2光阳极中的添加剂;④对电极的电催化剂。半导体型单壁碳纳米管(3.2.2节)和基于石墨烯的量子点(3.2.3节)已经提到第一个功能。虽然纳米碳材料的应用在科学上具有很大的挑战性,即实际制备出的器件性能仍然太低,无法与标准敏化剂(有机或有机金属染料和无机量子点)相竞争。下面集中讨论剩下的3个功能,最后一个功能即对电极的电催化剂明显是纳米碳材料在DSC中最有前途的应用。

3.3.1 纳米碳材料作为 TiO_2 光电阳极集流体

在DSC领域,很少尝试使用碳材料代替FTO、ITO或Ti作为光阳极集流体。原因是:碳对I_3^-/I^-氧化还原介质具有显著的电催化活性(对于Co^{3+}/Co^{2+}氧化还原介质甚至更大,见3.3.3.4节)。在碳与钛基介孔中的电解质溶液接触位置,介孔TiO_2光阳极的含碳载体会加速非预期反应[式(3.2)]。因此,碳质集电体可以应用于不含还原介质的电解质溶液DSC中,如固态DSC。

然而,Chen等[80]报道了这一规则的特例,其利用I_3^-/I^-氧化还原介质开发了一种液相连接DSC,其中碳纳米管在光电阳极和阴极中发挥集流体的作用。这种DSC的光阳极是一层TiO_2纳米颗粒,沉积在定向碳纳米管制成的碳纤维表面。纤维状的光阳极的对电极是用纯纳米管纤维编织而成的。图3.5所示为这种太阳能电池的结构,它是基于DSC的传统平台研发的,即电解质溶液中的I^-介质空穴在电解质溶液中传输和钌-联吡啶配合物作为TiO_2敏化剂。然而,这种非常规两线交织几何形状的导线可用于加工机织物。这种DSC可以制造成光能纺织品,在便携式设备上有多种具有吸引力的潜在应用,例如在服装中集成太阳能电池。

然而,"纺织状"太阳能电池得到的 Φ_{sol} = 2.94%转化率仍远小于采用FTO负载TiO_2结构的DSC。目前,还无法确定重组是否是造成转化率损失的原因,但是纺织物的几何结构无疑是未来发展的热点。在这种设计中,碳纳米管既作为集电体又用作阴极催化剂。Zhang等[81]利用纺织物开发了一种概念上类似的组件,其中碳纳米管纱线作为对电极,镀有CdSe的Ti丝作为光阳极,多硫化物作为电解质介质。这种太阳能电池实现了从1%到2.9%变化范围的转化率。因此,需要进一步优化以决定"编织光伏"是否会成为半导体纳米线和碳纳米管未来的应用方向。

Guo等[82]采用碳纤维作为TiO_2光阳极下的集流体。它们通过水热法在碳

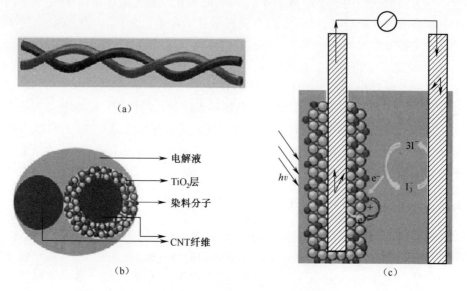

图 3.5　缠绕式纳米管染料敏化太阳能电池方案,该电池由两个纳米管光纤制成,
在光阳极和阴极中作为电流收集器

(a)侧视图;(b)俯视图;(c)电子流动的操作方案。

(T. Chen et al. Nano Letters 12,2568(2012). 版权所有(2012)美国化学会)

纤维基底顶端生长金红石纳米棒。该光电阳极结构可以在传统 DSC 中实现,这种 DSC 电解质溶液采用 N719 敏化剂和 I_3^-/I^- 介质,并得到 1.28% 的转化率。在某些情况下,纳米碳材料,例如纳米管或石墨烯,也可用作原位集流体连接孤立的 TiO_2 纳米颗粒或者实现光阳极 FTO 载体与 TiO_2 纳米颗粒的连接。这一主题将在 3.3.2 节中详细叙述。

3.3.1.1　石墨烯集流体

因为石墨烯可以形成透明、导电和可拉伸的薄膜电极[57,83-85],因此是一种具有应用潜力的无 FTO 固态 DSC 集流体材料。我们还注意到,石墨烯(4.42 eV)和 FTO(4.4 eV)的计算功函数相当接近[86]。而被认为是可替代现有集流体的透明导电多层碳纳米管的功函数等于 5.2 eV[87]。Müllen 等[86]率先使用石墨烯作为 TiO_2 光阳极下的集电体层,这种组件是以 spiro－OMeTAD 为空穴导体的固态染料敏化太阳能电池,所使用的石墨烯层的导电率为 550 S/cm,在 1000~3000 nm 波长范围内的光学透光率大于 70%,但在 400 nm 处下降到约 50%。直接对比石墨烯基和 FTO 电池性能,结果表明由于使用的石墨烯导电率和光学透光率较低,前者的效率降低了 3 倍[86]。然而,肯定还有改进的余地,最终将避免在固态 DSC 中使用昂贵的 FTO。

最近,Lee 等[88]采用石墨烯开发液相 I⁻ 介质 DSC 的阴极集流体。他们用 Cu 催化剂通过常规 CVD 途径制备石墨烯。然而,他们发现石墨烯与含碘电解液接触会导致其从基体上脱落。为了避免与电解质溶液直接接触,石墨烯被涂覆导电聚合物(PEDOT)。在这个不含铂-电极和 FTO-电极的例子中,导电聚合物负责催化功能,并且石墨烯增强电子传输,即降低阴极的面电阻率。

最近,Chen 等[89]报道了石墨烯集流体膜甚至可以作为有效的复合阻挡层,其作用甚至优于由 TiCl₄ 水解制成的标准 TiO₂ 底层。他们通过肼还原 GO 制备石墨烯,并将其分散在 TiO₂ 和 FTO 之间,制备得到的 DSC 太阳能转换效率由 5.80% 大幅提高到 8.13%。

3.3.2 碳纳米材料作为 TiO₂ 光阳极添加剂

石墨薄膜、单壁碳纳米管(SWCNT)以及石墨烯被结合在 TiO₂ 电极中,用于发挥电子传输支架的作用[90-94]。制备这种复合光阳极的目的是增加电子扩散长度,从而改善电子收集效果。学术界已经证实:通过电子扩散可以驱动 DSC 光阳极中电荷传输。电子扩散长度 L_e 为

$$L_e = \sqrt{D_e \tau_e} \tag{3.12}$$

式中:D_e 为电子扩散系数;τ_e 为电子寿命。

因此,电子收集效率 η_{coll}(见式(3.6))表达式为

$$\eta_{coll} = 1 - \frac{\tau_d}{\tau_e} \tag{3.13}$$

式中:τ_d 为电子传输时间常数。

理想情况下,石墨薄膜、SWCNT 及石墨烯充当电荷传输通道将光电子从 TiO₂ 纳米颗粒移动到下一个 TiO₂ 颗粒或移动到集流体(如 FTO)。但遗憾的是,在碳材料表面与电解质溶液接触的部位,这一过程会受到碳纳米材料中电子与电解质受体(如 I₃⁻)复合的干扰。因此,只有当 TiO₂ 中的碳含量非常少(通常小于 0.5%(质量分数))时,才能够观察到收集率的提高。Chen 等[95]最近对二次扰动机制进行了分析,他们指出了在 SWCNT/TiO₂ 界面形成 Schottky 结的作用。Schottky 势垒 Φ_B 为

$$\Phi_B = W_m - \chi \tag{3.14}$$

式中:W_m 为载体材料的功函数(FTO 的 $W_m \approx 4.4\,eV$ 或纳米管[87,95-96] $\approx 4.6 \sim 5.2\,eV$);χ 为 TiO₂($\chi \approx 4.2\,eV$)的电子亲和势。

因此,对于 TiO₂/FTO 界面,Schottky 势垒仅为 0.2 eV,而 TiO₂/SWCNT 界面

的势垒为 0.8 eV。此外,该图像随着 DSC 的照明强度和实际输出电压而变化[95]。尽管有这些限制,合理设计的 TiO_2/SWCNT 复合材料仍可在一定程度上提高电子收集率。

3.3.2.1 碳纳米管和石墨烯作为光阳极添加剂

在优化 TiO_2 含碳添加剂的过程中存在各种问题需要解决,最严重的问题是普通单壁碳纳米管样品是金属性和半导体性碳管的混合物,它们通常缠绕在一起,从而具有宽泛的电子和电化学的特性[65-66]。Dang 等[97]发现单壁碳纳米管的缠绕效应是有害的,即缠绕程度高的单壁碳纳米管在 DSC 光阳极中表现出较低的性能。其次,作者发现金属性和半导体性的单壁碳纳米管对 DSC 性能产生了相反的影响:在 TiO_2 中加入 0.2%(质量分数)的半导体 SWCNT 使短路光电流从约 15 mA/cm^2 增加到 19 mA/cm^2(AM 1.5 光照下),但添加 0.2%(质量分数)的金属性碳纳米管导致短路全光谱电流下降到约 12 mA/cm^2[97]。一些作者进一步将碳质复合光阳极与纳米管对电极结合[98]。

石墨烯也成功用于相同目的的测试。Yang 等[94]将还原氧化石墨烯掺入纳米晶 TiO_2 光阳极中,转化率大幅度提升到 6.97%(从纯 TiO_2 的 5.01%)。同样,存在特定的石墨烯最优负载量(0.6%),超过之后性能显著下降。在本研究中,同时在平行实验中进行了测试,石墨烯被证明比碳纳米管更有效。石墨烯的有益效果归功于电子收集率的提高(参见式(3.13)),以及较高的光散射特性[94]。值得注意的是,其他学者发现在太阳光谱中,可见光区域的光散射和提高光捕获对于提高 DSC 效率是决定性的[99]。

在类似的工作中,Tang 等[93]报道了以 ITO 为基底的 TiO_2 光阳极上接枝石墨烯使其性能提升了 5 倍。他们根据 TiO_2 导带边缘(4.2 eV)、石墨烯功函数(4.4 eV)和 ITO 功函数(4.7 eV)之间的偏移所造成的电子传输级联解释了这一现象。此外,他们还声称石墨烯/TiO_2 复合材料中的染料负载量也得到了提高。与前面的例子一样,这种有益效果仅在 TiO_2 中石墨烯浓度相对较小的狭窄范围内才可以表现出来。类似研究工作表明,TiO_2 的氧化石墨烯负载量为 0.75%(质量分数)时可以获得最佳的 DSC 性能。

Song 等[101]制备了一种光电阳极材料的替代组件,其中一层 rGO 被放置在 TiO_2 和染料之间。他们发现 DSC 性能得到改善(6.06%对 5.09%),并将其归因于原材料之间的电子传输级联,类似于 TiO_2 和 rGO 之间的 Schottky 势垒结。Neo 和 Ouyang[102]最近发现 TiO_2 中少量的 GO(质量分数为 0.8%)甚至可以改善 FTO 上 TiO_2 薄膜的力学性能,通过单次印刷提供无裂纹的 TiO_2 涂层。

3.3.3 碳纳米材料在 DSC 阴极中的应用

碳质材料最有希望的应用肯定是用于液体结 DSC 阴极(对电极)的制造。这种情况下,碳材料作为电催化剂用于介质还原[式(3.4)],作为集流体或者同时作为电催化剂和集流体。1996 年,Kay 和 Graetzel[103] 率先开展了整体串联互连 DSC 的模块设计。这项工作的中心目的是降低器件成本,因为该模块需要多孔对电极,且 Pt 价格昂贵[103],他们发现低成本的石墨/炭黑混合物对 I_3^-/I^- 介质具有良好的电催化活性。这一发现随后被 Murakami 等[45]采纳,用于制备 FTO 负载炭黑的高活性阴极。

Papageorgiou[104] 和 Murakami[105] 对用于 I^- 介质 DSC 的石墨、炭黑和活性炭等传统碳材料的初期研究工作进行了综述。虽然并不总是在单独工作中明确讨论,但是所呈现的电极都不可能是光学透明的(类似于 Pt@FTO),因为碳层的厚度非常大,以获得与铂相当的电催化活性。电极上的碳层厚度通常为几十微米至 100 μm[45,48-49,106-108]。

然而,对于不能从光阳极侧照明的 DSC 来说,阴极的光传输是必须的。这是塑料太阳能电池的典型几何形状,其中光阳极集流体通常由非透明的金属钛或不锈钢箔制成[3-4]。串联染料敏化太阳能电池也需要光学透明的对电极;引入这种几何结构并通过将两个 DSC 进行堆叠将光响应频段扩展到红外和近红外区域[3-4]。

在传统的 FTO 太阳能电池领域,整个电池的光学透明也有利于某些其他应用,例如窗户、屋顶板、室内装饰装置等[3-4]。因此,寻找具有类似性能的光学透明、无铂和无 FTO 的碳膜有着显著的价值。该膜的目标参数由 Trancik 等进行设定[109]。他们规定,最终将取代液体结 DSC 阴极中 Pt@FTO 的碳质薄膜应满足以下 3 个参数:波长 550 nm 时对应的透光率为 80%;R_{CT} 为 2~3 Ω·cm^2(参见式(3.10)和式(3.11));20 Ω/□的方阻。这样的薄膜还没有实验证明,因为 3 个参数是难以同时满足的。高活性和光学透明碳阴极主要是装配在 FTO 载体顶部。因此,构建光学透明、高导电性和具有电催化活性的全碳阴极仍然是一个挑战。

3.3.3.1 对称仿真电池的特征

可以用对称仿真电池[41-42,50,110-114]便捷地测试各种具有潜在价值的纳米碳材料对 DSC 阴极电催化性能。图 3.6 所示为该装置的示意图。在两个相同的电极之间夹有一层电解质溶液(厚度 δ)作为 DSC 阴极进行测试。因此,对称虚拟电池的几何形状模仿普通液体结太阳能电池。利用循环伏安法、计时电流法、阻抗谱等方法,在模拟 DSC 操作条件下,对碳质阴极的性能进行了研究,测试过程中消除了 TiO$_2$ 光阳极的干扰。为此,仿真电池与稳压器和频率响应分析器 FRA 连接,如图 3.6 所示(阻抗谱测量需要后者)。在快速电化学反应的理想情况下,纳米碳材料的电催化性能不受电解质溶液中质量传递的限制,循环伏安图中的电流响应应该是遵循欧姆定律的简单直线。

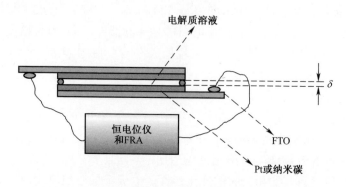

图 3.6　对称仿真电池用于测试 DSC 阴极电催化性能,
FRA 频率响应分析仪,FTO 掺杂的 SnO$_2$

在足够薄的仿真电池中并且于较小过电压条件下会测到这种理想情况[41-42,46,110-111,114]。图 3.7 为一个示例性的 Co-介质系统图[41]。Liberatore 等[114]提出了在电位为 0 V(图 3.7 中的虚线)的"准欧姆伏安图"区域中,线性部分的反转斜率表征了电极的催化活性。事实上,它是在低电流密度下可以达到的总电阻(R_{CV})。我们应该注意到,尽管两个量都表征了对电极的电催化能力,但 R_{CV} 与式(3.10)中的 R_{CT} 存在本质区别。

当质量运输通过介质扩散系数 D 控制伏安电流时,会发生另一限制情况。在这种情况下,电压曲线延伸到恒定的平台时的电流密度,j_L 为

$$j_L = \frac{2nFcD}{\delta} \tag{3.15}$$

式中:n 为电子的数目(在实际系统中,如对于 I$_3^-$/I$^-$ 或 Co$^{3+/2+}$,$n = 1$)c 为传输受限成分(M 或 M$^+$)的浓度;D 为扩散系数;δ 为虚拟电池中电极之间的距离。这在图 3.7 中已说明。其中,传输控制成分为 [Co(bpy)$_3$]$^{3+}$($c = 50$ mmol/L)、$\delta = 53$ μm,因此式(3.15)根据图 3.7 中的数据计算扩散系数 $D = 6.2 \times 10^{-6}$ cm^2/s。还可以采用电位阶跃计时安培法[114]便捷地研究对称虚拟电池中的质量传输。图 3.8 显示了一个示例图。

在电位阶跃之后不久,电流密度遵循 Cottrell 方程呈现半无限衰减:

$$j_{Con} = nFc\sqrt{\frac{D}{\pi t}} \tag{3.16}$$

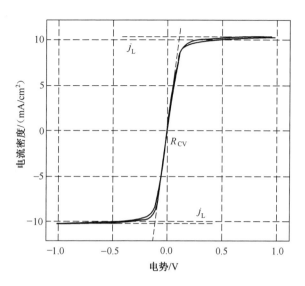

图 3.7　对称仿真电池循环伏安测试实例

只要在虚拟电池中每个电极前面的浓度分布合并形成单个线性分布,电流就随着 $t^{-1/2}$(t 是时间)线性下降。在无限时间的极限情况下,电流密度将达到恒定值 j_L,这在循环伏安图(式(3.15)和图 3.7)中可以观察到。如果推算时间电流图的两个线性分量,就会在过渡时间 τ 得到交点,定义为扩散系数 D。从条件 $j_{cott}=j_L$(式(3.15)和式(3.16)),得

$$D = \frac{\delta^2}{4\pi\tau} \tag{3.17}$$

式中:τ 与浓度无关,对于扩散系数 D 有一定的参考价值。与 I-介质的系统相比,质量传输对于 Co-介质的 DSC 来说更为重要[115]。由于与碘离子相比,Co 聚吡啶分子的尺寸更大,因此其扩散速度会较慢。此外,由于 Co(Ⅲ)的低溶解度[24,27],极限电流[15]不能通过浓度 C 提高而增加。Tsao 和 Graetzel[116]最近解决了 Co-介质电池中的扩散问题。质量传输引起的临界极限明显位于光电阳极的介孔基质中,因此必须优化其层厚度、孔隙率、粒径和孔径[116]。

用于虚拟电池中电催化活性和质量传输研究的电化学技术是基于小电压扰动的电池电压(具有不同频率 ω)的应用。这种技术,称为"电化学阻抗谱"(EIS),也是表征一个完整 DSC 的有效工具。在特定条件下,可以分别表征所有重要部分和太阳能电池中的界面,即 TiO$_2$ 光电阳极、对电极、电极载体、电解质溶液或空穴传输介质[3-4]。如果在各种应用偏差和照明强度下测量 EIS,它可以提供关于太阳能电池的详细信息,但是 EIS 的正确使用和解释是很重要的。

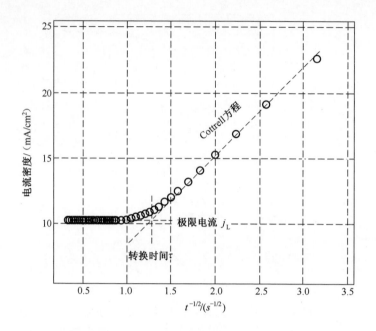

图 3.8　在对称模拟电池上测量的恒电位步进计时电流测量示例

（该电池由两个来自 FTO 负载的石墨烯纳米板的相同电极组成,氧化还原介质为

$[Co(L)_2]^{3+/2+}$,其中 L 是 6-(1H-吡唑-1-基)-2,20-联吡啶。ACS Nano 5,9171(2011)）

原则上,我们可以从完整 DSC 的测试中获得关于对电极的所有相关信息,但是对称虚拟电池的使用简化了对实验数据的解释。

Papageorgiou 等[117]对具有 I_3^-/I^- 氧化还原对的对称虚拟电池中的对电极 EIS 进行了首次研究。Hauch 和 Georg[46] 研究了经典铂(Pt@ FTO)电极,Murakami 和 Graetzel[45]研究了由炭黑/TiO$_2$混合物组成的电极。在后一种情况下,使用了一个非对称虚拟电池,它包含虚拟电池中的 Pt@ FTO 电极和炭黑/TiO$_2$@ FTO 电极。由于在不同频率下,Pt@ FTO 和炭黑/TiO$_2$@ FTO 的阻抗可在光谱中分辨出来[45,105],所以可以分析这个复杂的组件。更具体地说,Pt@ FTO 出现在 ω 介于 1 kHz 和 100 kHz 之间,而炭黑的响应频率为 1~100 Hz。

在文献[45,46,105,117]提到的所有研究中,作者将他们的阻抗谱拟合到基于电荷转移电阻(R_{CT})和双电层电容(C_{dl})或恒定相位元件(CPE)的串行组合的传统等效电路。对于 Pt@ FTO 电极[46],使用双电层电容是可接受的近似,其中可以忽略表面粗糙度。然而,因为与理想电容偏离较大,所以碳电极必须使用 CPE。CPE 不是真正的电学元件,而仅仅是用于拟合实验 EIS 谱的非直观电路元件的数学模型。CPE 的阻抗等价于:

$$Z_{CPE} = B(i\omega)^{-\beta} \qquad (3.18)$$

式中:B,β 为 CPE($0 \leqslant \beta \leqslant 1$)的频率无关参数。显然,CPE 转化为 $\beta = 1$ 的纯电容(C_{dl})和 $\beta = 0$ 的纯电阻器(R)。标准 R_{CT}/CPE 等效电路由串联电阻 R_s 完成,串联电阻 R_s 表征电极、电触头和电解质的欧姆电阻(FTO 衬底电阻的主要贡献)和能斯特扩散阻抗(也称为 Warburg 阻抗),Z_W 用于描述电解质溶液中的扩散输运。Warburg 阻抗是 DSC 传质的判断依据。因此,将其表达如下:

$$Z_W = \frac{W}{\sqrt{i\omega}} \tanh \sqrt{\frac{i\omega}{K_N}} \qquad (3.19)$$

(W 是 EIS 拟合过程中的 Warburg 参数)。参数 K_N 为

$$K_N = \frac{4D}{\delta^2} \qquad (3.20)$$

方程式(3.19)和式(3.20)提供了另一个用于确定扩散系数的实验公式(除了式(3.15)和式(3.17))。这种对称虚拟电池的描述由 Roy Mayhew 等[112]进一步升级,他们指出,在电极材料的孔洞处,$Z_{W,pore}$ 也应考虑到能斯特扩散阻抗。对于 Pt@FTO,这种贡献通常是可以忽略不计的,但是在高度多孔碳电极中必须考虑,特别是那些具有较大层厚度(几十微米)的电极。在这种情况下,忽略 $Z_{W,pore}$,孔隙可能导致对 EIS 数据的误解,特别是对碳电极的电荷转移电阻的低估[112]。另外,对于诸如 FTO 负载的石墨烯基颗粒[41-42,110-111]之类的"非多孔"碳质电极,$Z_{W,pore}$ 可以忽略不计。为了确定 $Z_{W,pore}$ 是否可以忽略,EIS 应该在虚拟电池[41-42,111-113]上以各种不同的施加偏压来测量。

图 3.9 所示为用于拟合对称虚拟电池的阻抗谱的广义等效电路。在这里,除了 Z_W 以外,所有的元素都被认为是夹层虚拟电池中的一个电极的参数(这就是为什么必须将 R_s、R_{CT}、$Z_{W,pore}$ 孔隙加倍,并使 CPE 减半)。这 5 个量中的每一个都可以通过单个 EIS 实验来测量,并且所发现的值是对给定电极材料的判断。这对于 R_{CT} 特别重要,因为它表征了电极材料的电催化活性;参见式(3.10)。如上面所讨论的,假设在 AM 1.5 太阳辐射照射的 DSC 中,电流密度约等于 20 mA/cm²,则需要 1~3 Ω·cm² 的电荷转移电阻来最小化对电极的损耗。

图 3.10 以奈奎斯特曲线的形式显示了对称虚拟电池的阻抗谱,奈奎斯特曲线的纵轴是阻抗的虚部 Z'',而横轴是阻抗的实部 Z'。实际数据显示在电解质溶液中的 $[Co(bpy)_3]^{3+/2+}$ 为氧化还原介质,由 FTO[111]顶部的热还原氧化石墨烯制成的电极。这种阻抗谱在具有 Pt@FTO 电极的虚拟电池,以及各种电化学环

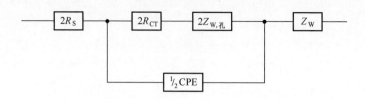

图 3.9 用于对称虚拟电池测量的电化学阻抗谱拟合的等效电路

R_s—欧姆串联电阻;R_{CT}—电荷转移电阻;$Z_{W,pore}$—孔中的能斯特扩散阻抗;

CPE—恒相元件;Z_W—电解质溶液中离子迁移的 Warburg 阻抗。

境[46,110] 和沉积在 FTO[41,42,110] 上的其他石墨烯基材料中非常常见,前提是 FTO 上的石墨烯量非常少,以至于可以忽略在孔、$Z_{W,pore}$ 中的能斯特扩散阻抗。

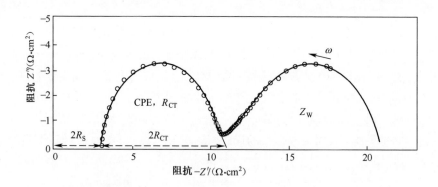

图 3.10 对称虚拟电池上测量的电化学阻抗谱(EIS)的例子

R_s—欧姆串联电阻;R_{CT}—电荷转移电阻;$Z_{W,pore}$—孔中的能斯特扩散阻抗;

CPE—恒相元件;Z_W—电解质溶液中离子迁移的 Warburg 阻抗;ω—频率。

(该电池由两个相同的电极组成,电极由 FTO 负载的热处理改性的氧化石墨烯制成,

氧化还原介质为[Co(bpy)₃]³⁺/²⁺,其中 bpy 为 2,20-联吡啶。

重印许可于 L. Kava 等。ACS Applied Materials & Interfaces 4,6999(2012))

图 3.10 中的频谱可以通过将实验阻抗(开点)拟合到图 3.9 所示的等效电路(没有 $Z_{W,pore}$)来分析。拟合在图 3.10 中绘制为全线。通常,低频半圆表征电解质溶液中的离子扩散(由 Z_W 描述;参见式(3.19)),高能半圆代表界面电荷转移(由 R_{CT}、CPE 或最终由 C_{dl} 描述)。具有底轴($Z'' = 0$ 和最大 ω)的这个高频半圆截面提供了欧姆串联电阻 2R,并且这个高频半圆的直径提供了如图 3.10 所示的 $2R_{CT}$ 的估计值。

3.3.3.2 关于碳基电催化活性的记录

了解氧化还原介质在碳电极和其他电极材料(Pt、TiO₂、FTO等)上的电化学动力学是发展液结DSC的关键。原因在于,我们需要阴极的高电荷转移速率(参见式(3.4)、式(3.10)和式(3.11)以及上面的讨论),但是在阳极的相同反应的速率以最小化复合(参见式(3.3))。由于电化学电荷转移是局限于表面的,因此碳原子表面的终止所牵涉到的"化学缺陷"起着一定的作用。两种情况下的核心问题是碳表面的催化活性来自哪里?更具体地说:碳原子表面如何能够催化所用的介质如 I_3^-/I^-、Co(Ⅲ)/(Ⅱ)或DSC中常用的其他氧化还原偶的电化学反应?

这样的问题经常被"缺陷"和"含氧基团"是催化活性位点的假设所绕过,但是从未被明确地识别。Roy-Mayhew等[112]提出DSC阴极的碳原子可以通过增加特定催化位点的数量和消除已知的非活性缺陷来优化。在碳原子表面上,可能出现所有的氧官能团,他们不仅是羟基(—OH),羰基(=O)和羧基(—COOH),而且还是它们的相互组合和变体,如环氧、内酯、酯、醚等。实际上,这种表面的模型是氧化石墨烯(GO),因此它的电化学活性引起了相关的关注[57,118-120]。在电解质水溶液中还原GO也需要质子,其可以示意性地描绘如下:

$$GO + 2H^+ + 2e^- \longrightarrow rGO + H_2O \tag{3.21}$$

然而,如果将实际DSC电解质溶液中的电催化活性剂与 $[Co(bpy)_3]^{3+/2+}$ 氧化还原介质[111]进行比较,则GO和rGO之间存在惊人的差异。与预期相反,具有最大氧化官能团浓度的材料(原始GO)反应相当缓慢,而由肼还原或简单地在惰性气氛中煅烧制成的rGO表现出活性的强烈增加。由于已知氧化官能团的浓度在化学还原和热处理期间都降低[71],因此这将导致这样的假设,即催化活性中心是通过不可逆地从GO中去除氧化官能团而不是通过它们的存在而生成的。碳原子表面也可以通过氢、C—H或仅仅通过悬挂键来终止(除了上面讨论的氧化基团之外)。Velten等[121]提出碳质DSC阴极中的电催化活性中心实际上是悬挂键和"尖锐原子边",类似于边缘平面热解石墨[122-123]。尽管这与GO和rGO的比较定性一致,但仍有许多有待解决的问题。

McCreery[124]对碳电极材料("经典"碳、纳米管和纳米金刚石)的电化学性质进行了全面综述。Fujigima等[125]对金刚石的电化学进行了综述。BeGuin和Frackwiak[126]对电化学储能和转化的碳材料进行了总结,Pumera讨论了碳纳米管[122]和石墨烯[118]的电催化活性。通常,通过"缺陷"和"碳-氧表面功能"进行的电催化是一个矛盾的课题,有许多对立的观点[122,124,127]。

特别是在碳纳米管中,金属杂质的影响是至关重要的,因为这些金属是合成碳纳米管所需的催化剂的残余物。它们从普通样品中完全除去是非常困难的。否则,碳纳米管的电化学活性被假设为类似于其他类石墨的碳,尽管也有人声称"固有的"活性仅针对碳纳米管。Pumera[122]和 Banks[123]等提出了关于纳米管固有催化活性的一个重要讨论。

石墨烯和石墨烯相关的材料,如氧化石墨烯和还原氧化石墨烯(参见式(3.21))最近引起了科学界的极大关注,包括电化学家[57-58,118]。本体石墨烯的电催化活性有望接近单晶石墨和高度有序的热解石墨(HOPG),HOPG 是一种 sp^2 型碳。因此,HOPG 允许单独寻址基本平面,即晶体学符号中的(0001)面,以及与其垂直的边缘平面(即,$(10\bar{1}0)$、$(1\bar{1}00)$、$(01\bar{1}0)$)。边缘平面显然是充满缺陷的,因此电化学性能更为活跃。无缺陷石墨烯与基面 HOPG 的相似性进一步得到证实,这是因为石墨烯的电化学响应与石墨烯[128]多层组装中的层数无关。据报道,异质电子转移速率常数(参见式(3.11))对于边缘平面 HOPG 为 0.01 cm/s,而对于基底平面 HOPG 为 10^9 cm/s,对于石墨烯[128]更小。具体而言,在含有 $[Co(bpy)_3]^{3+/2+}$ 氧化还原介质的 DSC 的实际电解质溶液中,基面 HOPG 的性能是非常差的[111]。

这不连贯的 HOPG 图片表面最近被 Lai 等[127]质疑。他发明了一种新的技术,称为扫描电化学电池显微术(SECCM)。用这种方法,他们发现在基底面 HOPG 上惊人的电子转移速率常数达到大于 0.5 cm/s。这些值实际上与 Marcus 理论预测的值(大于 1 cm/s)相当。此外,Lai 等[127]声称缺陷,即基面台阶位置,仅显示出活性的轻微增加,缺陷处的局部电流通过仅有 2%~3% 的提高。因此,这项工作[127]与通常接受的关于可忽略的基底平面 HOPG 或石墨烯的电催化活性以及缺陷的催化作用的观点之间存在着强烈的对比[123,128]。在"普通"宏观电化学实验中,从杂质、吸附和表面阻抗方面讨论了这些差异,但是需要进一步的工作来解决这些冲突。

在 DSC 电极上电催化反应的另一个密切相关的普遍问题是在太阳能电池的寿命期间,它们的活性是否可能改变? 理想的情况是,DSC 在诸如温度、空气湿度等可变环境条件下经过数年的操作,不会由于老化而导致阴极的活性损失。已知这种老化(也称为电催化剂中毒)发生在各种用于 DSC 阴极的材料,如 I-介导 DSC 中的 Pt[46,50,110]和金属硒化物[50],以及共介导 DSC 中的 Pt[42]和石墨烯[41-42,111]阴极。然而,中毒背后的化学反应在所有情况下都是未知的[41-42,46,50,110](一些研究者注意到铂在 DSC 中使用的某些电解质溶液中的溶解[129],但这很难完全解释电催化剂老化等多方面问题)。

Sapp 等[44]首次报道了 Co-介导系统中碳电极的不稳定性。在 2002 年,也就是高效介导 DSC 的共介体出现之前[29,33,37],这些研究者发现金、玻璃状碳或石墨纳米颗粒电极对 Co(Ⅲ/Ⅱ)偶联具有良好的电催化活性,但铂对相同反应的电催化活性却很差。石墨纳米颗粒的活性损失归因于电极操作期间活性层的机械损伤[44]。这些发现也被 Kavan 等[41-42]采用石墨烯(GNP)复制出来。GNP 的活性层在机械上是不稳定的,因此从载体上分离的纳米碳原子层不仅造成电化学活性的损失,而且在 DSC 中造成较高的暗电流,从而导致较低的开路电压(参见 3.3.3.4 节进一步讨论)。使用 GNP 与氧化石墨烯或单独使用机械上更稳定的氧化石墨烯的复合材料可以使老化和暗电流最小化[111]。

3.3.3.3　I-介导 DSC

在 I_3^-/I^- 还原反应的电催化活性方面,可能没有其他的对电极材料能比得上 Pt@FTO,同时它还有高光学透明度[27,110]。虽然阴极上铂的必需量非常低,大约 $10\sim100\mu g/cm^2$[47,104-105,130],但是用更便宜的材料代替铂仍存在挑战。替代非碳材料的包括导电聚合物[131-133]或聚合物/Pt 或聚合物/碳复合材料[105,134]。Au、Cu_2S 和 RuO_2 等材料也偶尔提到[104,117,135]。随后,报道了高活性氮化镍[136]和 CoS[137],后者允许在塑料衬底上制造光学透明的对电极。最近 Gong 等[50]发现硒化钴对 I_3^-/I^- 具有显著的电催化活性,而用 $Co_{0.85}Se@FTO$ 阴极比用 Pt-FTO 阴极的 DSC 电催化性能要好。Wu 等[138]系统地筛选了各种过渡金属的碳化物、氮化物和氧化物,指出碳化钒(VC)的良好性能,特别是在电催化剂嵌入介孔碳的情况。在另一项研究中,Wu 等[139]证明了碳化钼和碳化钨的高活性,在 DSC 中优于铂阴极[139]。

碳是继铂之后被广泛研究的 DSC 阴极材料。这项研究是由 Kay 和 Grätzel[103]使用石墨/炭黑混合物触发的。随后,人们研究了各种碳材料,如硬碳球[106]、活性炭[107]、胶体石墨[140]、炭黑[141]、介孔碳[49,142]、纳米碳[48]、石墨烯[110,142-149]、氮掺杂石墨烯[150]、MoS_2-石墨烯纳米复合材料[151]、石墨烯-活性炭复合材料[152]、石墨烯/聚合物复合材料[153-154]、单壁碳纳米管[155-156]、多壁碳纳米管(MWNT)[156-160]、氮掺杂纳米管[161]、电纺纳米纤维[162]和炭黑/TiO_2复合材料[45]。多壁碳纳米管也用在导电聚合物[157]和 TiN[108]复合材料组装中。然而,在后一种情况下,由于在合成过程中,TiN 与氧氮化钛可能失配,TiN 的存在需要进一步的证明[163]。我们还可以注意到锡作为电解质添加剂[164]和 TiO_2 添加剂[165]的有益效果。Wu 等[166]提出了对 I-介导的 DSC 的阴极进行 9 种不同碳材料的系统筛选。他们测试了以下材料:介孔碳、活性炭、炭黑、导电碳、碳染料、碳纤维、碳纳米管、废弃打印机墨粉和富勒烯(C_{60})。这项研究证实,接近 Pt 的活性对于某些碳材料是可行的。

为了获得与铂相同的活性,碳基对电极必须具有足够高的表面积。这一要求证实了 I_3^-/I^- 氧化还原反应的活性中心数目与碳电极面积[45,105,109,123]成比例的直观假设。尽管如此,仅有很少的报道说明的碳电极优于 Pt[107]。对于 MWCNT 阴极[109,159,160,167],也发现了与 Pt 类似的活性,尽管对于 MWCNT 的高活性是否来自样品中残留的金属或金属氧化物催化剂颗粒存在争论(参见 3.3.3.4 节)[109,159,168]。偶尔,我们也可以找到关于光学半透明 MWCNT 膜在 DSC 阴极[158]中使用的报告。在此特定情况下,报告了 7.59% 的转换效率,但没有与 Pt 阴极进行比较。

I-介导 DSC 的石墨烯阴极

鉴于在基平面(0001)[45,105,109]上 I_3^- 的活性位点数量有限,完美石墨烯似乎不是 DSC 阴极的正确候选物。然而,小尺寸的石墨烯纳米片,例如,通过热退火的 GO,性能更好[112,144-145]。富含缺陷的石墨烯基材料似乎比 MWCNT 更适合作为透明 DSC 阴极,因为碳质骨架中 π 电子的活性中心量更大(我们假设 MWCNT 内管对电化学活性没有贡献,但吸收光)。Zhang 等[144]报道了一种用于 DSC 的石墨烯纳米片阴极,但太阳能转换效率仅为 0.71%~2.94%。类似的研究还有 Choi 等[145],他们报道了石墨烯阴极的性能相当差,但石墨烯与 MWCNT 的复合材料显示出强化的活性,在 DSC 中给予 3% 的太阳能转换效率。

Roy Mayhew 等[112]利用功能化石墨烯片、FGS 进一步升级了石墨烯基材料的工作(他们的 FGS 材料接近通过热处理制备的还原的氧化石墨烯)。与早先的报道[112,144-145]相比,这些作者在具有 FGS@ FTO 阴极的太阳能电池中获得了良好的太阳能转换效率(5%)(具有 Pt@ FTO 阴极的参考太阳能电池显示出 5.5% 的效率)。他们还呈现出塑料支撑(聚酯树脂)碳质阴极,显示出 3.8% 的效率[112]。然而,没有一个 FGS 电极看起来是光学透明的。FGS 的催化活性与碳质骨架中的氧量相关,直到电导率成为性能控制的某一极限[112]。关于用 I-介导 DSC 的石墨烯阴极的后续研究基本上证实了很难达到与 Pt 相当的性能[56,113,148-149,166,169-175],对于 I-介导 DSC 中石墨烯对电极已有文献报道[149]。

只有少数报告明确地介绍了基于石墨烯的光学透明阴极[110,146,151,154,174-175]或碳纳米管阴极[161]。用石墨烯纳米片(GNP)在 FTO[110]上进行系统工作。GNP 是一种商业产品,由几片石墨烯组成,其总厚度约为 5 nm(范围为 1~15 nm),颗粒直径小于 2 μm。这个研究解释了电极的光学吸光度(GNP@ FTO)与交换电流密度 j_0(或 $1/R_{CT}$;参见式(3.10))成正比。该规则清楚地说明了催化活性与碳质材料的物理面积成比例的假设。这证实了

GNP 膜的光学密度与石墨烯纳米粒子的量成正比。Velten 等[176]报道了 I_3^-/I^- 电解质溶液与几层石墨烯纳米带特别接触的可逆光致漂白。

图 3.11 所示为具有透明 GNP@ FTO 阴极的实际 I-介导 DSC 的性能。在这里,太阳能电池分别为 GNP@ FTO 或 Pt@ FTO 阴极提供 5% 或 6.89% 的效率。显然,该电池的主要问题是阴极 R_{CT} = 308 $\Omega \cdot cm^2$,这是 U_{OC} 附近电位性能差的原因[110]。有趣的是,GNP@FTO 在离子液体电解液中对 I_3^-/I^- 氧化还原反应的电催化活性明显好于传统的有机溶剂电解液中的电催化活性。后者的溶液(编码 Z946)为 1 mol/L,1,3-二甲基咪唑碘化物+0.15 mol/L 碘+0.5 mol/L 正丁基苯并-咪唑+0.1 mol/L 胍硫氰酸盐溶解在 3-甲氧基丙腈中。选择离子液体介质(编码 Z952)为 1,3-二甲基咪唑碘化物+1-乙基-3-甲基咪唑碘化物+1-乙基-3-甲基咪唑四氰酸酯+碘+N-丁基苯并咪唑+硫氰酸胍(摩尔比 12/12/16/1.67/3.33/0.67)。与 Z946 电解质[110]相比,Z952 电解质的电催化活性用 j_0 或 $1/R_{CT}$(参见式(3.10)表示)是 Z946 的 5~6 倍。

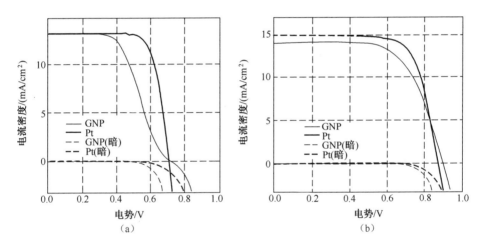

图 3.11 染料敏化太阳能电池在全光照下的暗电流和光照下的电流密度-电压特性(AM 1.5)
（阴极是由石墨烯纳米片(GNP,黑色曲线)或 Pt(蓝色曲线)制造的)
(a)N-719 敏化二氧化钛光阳极和 I_3^-/I^- 作为氧化还原介质(电解质溶液 Z946-详见正文,
在 550nm 波长下,GNP 薄膜的光传输率为 87%。L. Kavan et al. ACS Nano 5,165(2011));
(b)Y123 敏化 TiO2 光阳极和[Co(bpy)3]$^{3+/2+}$(bpy 是 2,20 联吡啶)作为氧化还原介质。
(在 550nm 波长下,GNP 薄膜的光传输率为 66%。Kavanet al. Nano Letters 11,5501(2011))

有人可能认为,在 Z946 和 Z952 中,电活性物质的浓度是不同的,并且不同的交换电流 j_0 被期望简单地跟随不同的浓度,因为它被式(3.11)量化。然而,使用上述实际电解质组成计算 $c_{ox}^{1-\alpha} c_{red}^{\alpha}$ 表明,Z952/Z946 中的交换电流比仅为

1.75。因此,发现 Z952 中 j_0 增强的因素不是简单的浓度效应。离子液体介质[110]中电催化活性显著提高的原因尚不清楚,但我们可以注意到,最近还发现另一种碳质材料 LPAH[172]在无溶剂电解质方面有非常类似的改进。

LPAH 是一种"大有效表面积多环芳烃"[172]用于 DSC 的"真"碳质(无 FTO)阴极的构建。该材料生长在氢电弧放电的容器中用于合成纳米管。采用两亲性三嵌段共聚物 P123,在石墨表面沉积 LPAH 膜。该阴极在塑料电解质介导的 DSC 中表现出优异的性能。虽然在引用的论文[172]中没有明确指出什么是"塑料电解质",但是可以假设使用了掺有 N-甲基-N-丁基吡咯碘化物的琥珀腈塑料晶体。在该介质中,LPAH@石墨阴极明显优于 Pt@FTO。相应的 DSC 对 LPAH@石墨或 Pt@FTO 阴极的效率分别为 8.63% 或 7.15%。令人惊讶的是,在相同条件下,LPAH@FTO 仅提供了 7.50% 的效率[172]。除了纯石墨烯,石墨烯与导电聚合物的复合材料也被测试用作 DSC 中的催化对电极,已有相关的综述文章供参考[154]。

3.3.3.4　Co-共介导 DSC

用 $Co^{3+/2+}$ 氧化还原偶联代替 I_3^-/I^- 作为 DSC 介体是根据前者的不同且易于调节的氧化还原电位而合理设计的(参见 3.1.1.2 节和图 3.1)。这项开创性的工作是由 Nusbaumer 等在 2001 年进行的[177],但在接下来的 10 年中没有显著的进展。其原因是,在太阳全光照射下,初始共介导器件的性能很差,太阳能转换效率为 2.2%[177]。原因之一是电解液中的 TiO_2 导电带电子与 Co(III)物种的快速复合,这被认为比与 I_3^-(参见式(3.2))的复合快得多。

在 2010 年,Feldt 及其合作者[33]的研究向前迈出了重要的一步,它表明通过适当的染料敏化剂分子工程可以将复合减到最小。更具体地说,他们用纯有机三苯胺基染料取代了传统的鲁比吡啶增敏剂。他们研究的(编码为 D35)的染料与 $[Co(bpy)_3]^{3+/2+}$ 氧化还原介质提供了太阳能的转换效率 6.7%(AM 1.5)和卓越的 $U_{OC}=0.92$ V[33]的性能。不过,对于含有经过 D35 敏化 TiO_2 的 I_3^-/I^- 介质的太阳能电池来说,通过适当调整电解液组成,也可以使用类似的 U_{OC},以达到传导带移位和电子寿命增加的目的[33]。

在 2011 年,Yella 等[29]用同样的 $[Co(bpy)_3]^{3+/2+}$ 氧化还原介质并与具有供体-π-桥-受体(D-π-A)一般结构基序的新型锌卟啉染料相结合,得到了迄今为止最好的太阳能电池,这种染料具有更好的光谱响应,能捕获高达 750 nm 波长的太阳光(D35 染料只对大约 620 nm 波长有活性)。D-π-A 结构设计也涉及另一种类似于 D35 的染料(编码 Y123,图 3.12)[34],但是具有更宽的吸收带。

Y123 作为锌卟啉染料的共敏化剂进一步提高了其在 550 nm 附近的响应,

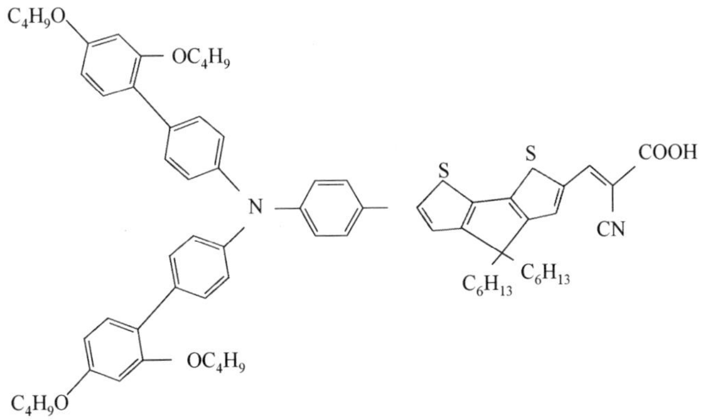

图 3.12　Y123 染料的结构公式

(化学名称:3-[6-[4-[双(20,40-二己氧基联苯-4-酰基)氨基]苯基]-4,4-二己基环丙基
-[2,1-b:3,4-b]二噻吩-2-酰基]-2 氰酸。在结构、三苯胺是供体(D),
二噻吩类是 π 桥,CN(COOH)是受体(A))

即接近太阳光谱的峰值,并且这种组合为 DSC 提供了 12.3% 的太阳能转换效率记录[29]。

大多数共介导太阳能电池,包括冠军电池(12.3%)[29]仍然依赖于 Pt@ FTO 阴极[29,33-37,44],偶尔也使用导电聚合物(PEDOT 或 PProDOT),结果很有趣[30,32,37]。然而,由于 $Co^{3+/2+}$ 氧化还原偶与多种联吡啶、三吡啶和菲咯啉配体形成配合物,其电化学反应缓慢且不可逆,因此铂对电极在共介导 DSC 中的应用颇具争议[44]。另外,这些化合物在金电极上以及在石墨或类玻璃碳电极上表现出快速的电化学动力学[44,178]。Feldt 等[33]报道了 Pt(以 j_o 或者 $1/R_{CT}$ 表示,参见式(3.10))对配体上具有大取代基的共联吡啶的电催化活性进一步降低。这些作者在他们的开创性论文[33]中预测"可选择、廉价的电极材料将变得实用。"

另一种阴极材料(Pt 除外)在 Co 共介导 DSC 中的首次应用是由 Sapp 等证明的[44]。他们结合不同的多聚吡啶介质与金溅射在 FTO 上。然而,他们使用经典的 Ru-联吡啶敏化剂(N3),这就是它们的效率只有大约 1% 的原因。碳阴极采用共同介导的 DSC 在 2010 年第一次由同一研究组制备出来[178]。但是,由于钌联吡啶(N3 或 Z907)的敏化剂使用不当,效率仅为 1.2%。这一特定工艺使用的是丝网印刷的碳墨对电极[178]。

基于石墨烯阴极的 Co-介导的 DSC

基于石墨烯对电极在 Co-介导的 DSC 应用是由 Kava 等在 2011 年提出

的[42]。他们利用了相同的光学透明的 GNP 电极,该电极先前在 I⁻介导的 DSC 中进行了测试,并取得了中等成功[110](参见 3.3.3.3 节和图 3.11)。该电极对于使用[Co(bpy-pz)₂]³⁺/² (参见上面的化学式)的共介导 DSC 具有高活性[42]。Y123 敏化光阳极的太阳能电池由于该介质的氧化还原电位较高,提供了在 1V 以上的 U_{OC}。Yum 等[37]的平行研究证实,独立于对极材料(Pt、GNP 或 PProDOT)[37,42]可以在这些太阳能电池中实现 U_{OC}>1 V。

用 Y123 敏化光阳极对 DSC 中的铂和石墨烯阴极进行比较试验,Pt@ FTO 和 GNP@ FTO 的效率分别为 8.1%和 9.3%[42]。这一发现与分别用于 Pt@ FTO 和 GNP@ FTO 阴极的 4.7 Ω · cm² 和 0.7 Ω · cm² 的 R_{CT} 值发现(参见式 (3.10))一致[42]。与 Pt@ FTO 和 PPRODOT@ FTO 的相类似的比较研究分别提供了 9.52%和 10.08%的太阳能转化效率[37]。同样,与所报告的对于导电聚合物[37]的 20 个较小的 R_{CT} 值(参见式(3.10))的因数是一致的。我们应该注意到,由于在所引用的文章[37,42]中使用的光阳极的不同性质,具有 Pt 阴极的两个参考电池的实际效率不匹配。然而,相对比较证实了无 Pt 阴极,即石墨烯和 PPRODOT 两者的有益性能。具有 GNP@ FTO 阴极的电池性能优于具有 Pt@ FTO 的电池,特别是在粒子填充因子和较高照明强度时的效率,但是对于基于 GNP 的器件,暗电流也有轻微增加,这降低了在较小光强度时的效率和 U_{OC}[42]。

没有明确讨论 PProDOT 阴极[32,37,131]在共介导 DSC 中的光学性质,但 GNP 阴极是光学透明的(类似于 Pt@ FTO)[41-42]。一个系统的研究证实了一个经验规则的存在,这也是从 I-介质系统知道的(见 3.3.3.3 节和文献[110])。这个规则表示电极的光吸收率与交换电流密度(j_0)或 1/R_{CT} 成线性关系。然而,[Co(bpy-pz)₂]³⁺/²⁺偶在 GNP 电极上的交换电流比在同一电极上的 I₃⁻/I⁻偶的交换电流大约 25 倍或 160 倍(取决于所使用的参考电解质,离子液体或经典电解质溶液;参见 3.3.3.3 节[42,110]。这再次证实了 $Co^{3+/2+}$ 反应的催化活性中心的浓度与 GNP 的物理表面积成线性关系,尽管在所有情况下电催化的机理都不清楚(参见 3.3.3.2 节)。

[Co(bpy-pz)₂]³⁺/²⁺复合物对 GNP 影响的研究是对[Co(bpy)₃]³⁺/²⁺介体的相应研究,该介体在冠军[12.3%]电池[29]中表现出来。Kavan 等[41]证实,这种复合物在 GNP 电极上的速度非常快。他们估计在 550 nm 波长下具有 85%透射率的 GNP 电极的 R_{CT} 为 0.08 Ω · cm²。(这个电极实际上满足了 Trancik 等概述的所有基准参数[109];参考 3.3.3 节,尽管它需要 FTO 作为电极载体。)

具有 Y123 敏化 TiO₂光阳极、[Co(bpy)₃]³⁺/²⁺介质和 GNP@ FTO 阴极的太阳能电池优于具有 Pt@ FTO 阴极的太阳能电池,特别是在填充因子和较高光照强度下的转换效率方面[41]。图 3.11(b)显示了在 AM 1.5 照明下的相应的电流—电压特性。GNP@ FTO 阴极的改进是电催化活性较高 j_0 或小电流的效果明显。对于 Pt@ FTO 阴极,高照度下的光电流随时间衰减,但是对于 GNP-FTO 阴极,由于尚不清楚的原因,光电流是稳定的[41]。然而,对于基于 GNP 的设备,暗电流再次显著增加,对于[Co(bpy-pz)$_2$]$^{3+/2+}$ 介导的 DSC[42](见上文)也是如此。这种暗电流降低了开路电压和效率(参见图 3.11),特别是在较小的光强度下[41-42]。

GNP@ FTO 和 Pt@ FTO 阴极(参见图 3.11)的暗电流差异难以理解,因为暗电流应该由从纳米晶 TiO$_2$ 膜流入氧化还原电解质的电子流控制,而不是由对电极处的电子流控制。对[Co(bpy-pz)$_2$]$^{3+/2+}$ 络合物[41]和 I$_3^-$/I$^-$[110] 介导体系的 DSC 特性的检查证实,在具有 GNP-FTO 阴极的电池中,U_{OC} 附近的暗电流总是较大。几位研究者[111,113]提出了一个假设,即从阴极分离的石墨烯纳米片可以通过电解质传输到 TiO$_2$ 光电阳极,在那里沉积并随后催化非预期复合反应[式(3.2)]。

Roy Mayhew 等最近提出了石墨烯阴极用于 Co-DSC 的进一步升级[113]。他们实际上采用了类似于 Kavan 等的策略[41-42,110],即他们重新采用了其先前开发的用于 I-介导的系统的阴极,即多孔 FGS 电极[112](见 3.3.3.3 节)。他们进一步优化了他们的 FGS 电极的组成;与早期工作[112]的主要区别在于,新的电极是由黏合剂(乙基纤维素、多氯乙烯型共聚物和环氧乙烷)配制的,这些黏合剂仅在中温下部分热解,热处理后残渣的重量大致为原重量的 20%[113]。该残渣作为 FGS 颗粒的间隔物,改善了复合材料的结构稳定性和表面积,尽管残渣本身没有显著的催化活性[113]。同样,在 FTO[179]上,含 20% GNP 的钙、热解聚丙烯腈的复合材料对[Co(bpy)$_3$]$^{3+/2+}$ 具有较好的电催化活性,$R_{CT} \approx 1\ \Omega \cdot cm^2$ 对[Co(bpy)$_3$]$^{3+/2+}$ 具有较好的电催化活性,且稳定性优于纯 GNP 镀层,与具有 Pt@ FTO 阴极的 DSC 相比,使用该阴极的染料敏化太阳能电池还具有更高的效率和填充因子[179]。

含未热解残渣的 FGS 复合材料在 3 种完全不同的 DSC 中具有广泛的适用性,这 3 种 DSC 以介质区分开来:①经典的 I$_3^-$/I$^-$ 电解质溶液与 N719 敏化光阳极界面;②最先进的共介质[Co(bpy)$_3$]$^{3+/2+}$ 与 D35 敏化光阳极接合;③与 D35 接合的含硫介质(5-巯基-1-甲基四唑及其二聚体)[25]。FGS 复合材料是 3 种型号 DSC 中 Pt@ FTO 的通用替代品,提供:①相同的性能(I-DSC,6.8% 对 6.8%)或②稍微更好的性能(Co-DSC,4.5% 对 4.4%)或相当好的性能(S-DSC,3.5% 对 2.0%)[113]。在最近的有关硫醇盐/二硫化物氧化还原介质的研究中,

Liu 等[180]证实了肼还原的 GO 的高活性,其 DSC 效率为 6.55%(Pt 阴极 DSC 为 3.22%)。

受成功的 FGS 复合材料热解技术[113]的启发,Kavan 等[111]利用石墨烯氧基(GO)作为黏结剂或催化组分的来源,开发了一种新型复合材料。石墨烯纳米片(GNP)在其早期著作[41-42,110]中已经研究过,其作为阴极催化剂具有高活性,但不幸的是不溶于任何溶剂,并且它们不能很好地粘附到 FTO。另一方面,单层氧化石墨烯(GO)可溶于水,GO/GNP 混合水溶液对絮凝也相当稳定[111]。

GO 的两亲性源于在稠环芳香骨架上存在氧化官能团。GO 可以充当表面活性剂,它使人们能够在水中制备碳纳米管和纳米管/富勒烯-C_{60}混合物的胶体溶液[74]。同样的表面活性剂辅助溶解也可能发生在 GO/GNP 混合物[111]中。此外,由 GO 或 GO/GNP 混合物在 FTO 玻璃上沉积的溶液由于 GO 中的亲水官能团与 FTO 的羟基化表面的密切相互作用而具有坚固性和耐磨性。纯 GO 的膜催化活性不高,但可通过肼化学还原或在惰性气氛下简单煅烧来活化[111]。后一种处理方法使人想起上述报告[113]所述的 FGS-复合材料的热活化,它也同样适用于 GO/GNP 复合材料的活化[111]。

该 GO/GNP 制造方法为染料敏化太阳能电池提供了改进的光学透明阴极[111]。与纯石墨烯纳米片膜相比,GO 或 GO/GNP 基电极具有更好的机械稳定性和电化学稳定性,但对[Co(bpy)$_3$]$^{3+/2+}$的电催化活性没有显著下降。GO 基电极与纯 GNP 电极相比,老化引起的活性损失较小[111]。在染料敏化太阳能电池中,以 Y123 敏化 TiO_2 阳极和[Co(bpy)$_3$]$^{3+/2+}$为氧化还原介质[111]研究了含 GO 薄膜的性能。图 3.13 所示为热激活时纯氧化石墨烯阴极的代表性数据(编码 GO-HT)和 Pt@FTO 进行比较。采用 GO-HT@FTO 阴极的太阳能电池的效率与采用 Pt@FTO 阴极的太阳能电池的效率类似[111]。具体地说,图 3.13 所示的太阳能电池在 0.095 太阳光照(AM 1.5)下,GO-HT 和 Pt 的效率分别为 10.1%和 10.0%。类似地,在 1 太阳光照(AM 1.5)下,GO-HT 和 Pt 的相应效率分别为 8.8%和 9.0%(见图 3.13 和文献[111])。

系统地筛选具有不同光透射率(总碳负荷)和不同 GO/GNP 比的 GO/GNP 复合材料的研究指出含有 GO 和 GNP 分别为组分 50%(质量分数)为最佳材料[111]。实际薄膜电极(550nm 波长的光传输率为 90%)的电荷传输电阻 R_{CT1} = 0.23 $\Omega \cdot cm^2$ 和 R_{CT2} = 0.38 $\Omega \cdot cm^2$ 是所有 GO/GNP 复合材料的最佳值(请注意,如图 3.9 所示,复合材料的 EIS 不能与等效电路相匹配,因为光谱可以分别区分两个电极组件)。然而,使用 GO/GNP 复合阴极的 DSC 的太阳能测试预期对具有如此高活性的阴极之间个体差异不太敏感。测试结果所发现的偏差是统

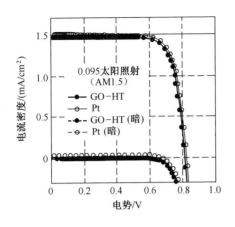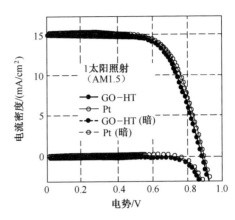

图 3.13　染料敏化太阳能电池的电流-电压特性

(采用 Y123 敏化 TiO_2 光电阳极和 $[Co(bpy)_3]^{3+/2+}$(bpy 是 2,20 联吡啶)作为氧化还原介质,
在 0.095% 太阳光照下(a)和全太阳光照下(b)。阴极由热处理氧化石墨烯(GO-HT 黑曲线)
或 Pt(蓝色曲线)制成。在 550 nm 波长下,GO-HT 薄膜的透光率为 86%。L. Kavan et al.
ACS Applied Materials & Interfaces 4,6999(2012). Copyright(2012)American Chemical Society)

计上的,而不是系统的,没有明确的趋势,除了对于稍大的电流,对于大多数具有
GO 基阴极的 DSC 来说,电压较小[111]。

　　此外,具有 GO 基阴极的太阳能电池不再表现出暗电流增强的问题,这在以
前被认为是 GNP 电极的缺点之一[41,42,110]。如果我们将其与图 3.11 进行比
较,图 3.13 中也可以看到 GO-HT 基太阳能电池中暗电流的阻挡。暗电流的减
少可以通过改进膜结构以及 GO 基膜与 FTO 的坚固结合来解释,这避免了碳质
颗粒从电极支撑物[41,113]上剥离。同样的效应也导致了 GO-HT 和 GO/GNP 的
缓慢老化,这与纯 GNP 阴极的老化引起的活性损失是相类似的[41,42,111]。

3.3.3.5　硫 S-介导 DSC

　　碳电极对基于有机硫分子的还原剂有很好的电催化活性。2010 年,
Graetzel 等[25]介绍了一种基于二硫化物/硫代乙酸酯,T_2/T^- 的氧化还原梭,其
中 T^- 是 5-巯基-1-甲基四唑,T_2 是其二聚体,即双(1-甲基四唑-5-基)二硫化
物(图 3.14)。

　　这种配有经典的 Pt@FTO 阴极的 DSC 提供了 6.4% 的太阳能转换效率,这
是当时无碘体系中的最高值[25]。随后,对于采用 PEDOT 作为对极的相似
DSC,报告了 7.9% 的效率[181]。其他基于二硫化物、多硫化物、硫脲、半胱氨酸
等的有机硫化合物也在 DSC 中进行了测试,但是 T_2/T^- 偶联或其乙基同系
物[180]通常表现出最佳的性能[27-28,32,181-182]。

图 3.14　T^-：5-巯基-1-甲基四唑和 T_2：双(1-甲基四唑-5-基)二硫的结构式

Wu 等[182] 报道了在硫介导 DSC 中,石墨对极比 Pt@ FTO 阴极更有效。对于由垂直排列的单壁碳纳米管[183]、炭黑[184] 和炭黑与 PEDOT[185] 的复合材料制成的对电极,也得出了相同的结论。

Roy Mayhew 等[113] 比较 FGS 在具有部分热解有机黏合剂(结合 T_2/T^- 和另外两个模型系统,即 I_3^-/I^- 和 $[Co(bpy)_3]^{3+/2+}$) 的复合材料中的活性(参见 3.3.3.4 节)。他们得出结论,FGS 复合材料是 D35 敏化剂在所有 3 种模型 DSC 中 Pt@ FTO 的通用替代物。D35 敏化剂提供:①相同的性能(I-介导 DSC,6.8% 对 6.8%)或②稍微更好的性能(Co-介导 DSC,4.5% 对 4.4%)或相当更好的性能(S-介导 DSC,3.5% 对 2%)[113]。

最近,Liu 等[180] 以 5-巯基-1-乙基四唑/双(1-乙基四唑-5-基)二硫化物,即 T_2/T^- 的乙基同系物,与炭黑混合作为 DSC 的对极材料,测试了肼还原氧化石墨烯(rGO),发现其显著的太阳能转化效率为 6.55%(对比用于铂阴极的 DSC 转换效率为 3.22%)。在 S-介导的 DSC 以及使用其他氧化还原梭的 DSC 的文献中,效率最高提高两倍。这使得一个可行的前景是,在实际的太阳能电池中,铂最终可以用基于纳米碳的更便宜的对电极材料代替。

3.4　结　　论

本章说明了染料敏化太阳能电池与碳科学之间的天然联系,特别是 DSC 与现代纳米碳之间的天然联系。在太阳能电池中,不仅在 DSC 中,而且在类似 BHJ 电池和固态光伏器件中,实现纳米碳的应用是具有众多挑战的重要科学学科。由于这些问题的范围很广,本综述是有选择性的,而不是全面的。

一个重要且似乎接近实际应用的主题,是在最先进的 CO-介导的太阳能电池使用石墨烯为材料的催化阴极。Co-介导的 DSC 本身的历史代表了关于太阳能电池发展的一个有价值的教训,并且 Co-介导的电池研究的 10 年也给一般科学和哲学输入了丰富源泉。

另一个与 DSC 研究密切相关的“常青故事”是讨论碳表面的电化学电荷转

移和电催化活性。同样,这个学科从 DSC 领域延伸到电化学和材料科学的许多其他分支,已经历了 20 年的令人感兴趣的科学努力,但同时也产生了相反的主张和相互冲突的讨论。因此,针对目前存在的矛盾,对碳的电催化问题仍然有待于进一步的研究。

此外,还有一些新颖的想法,如全碳太阳能电池、纳米碳基敏化剂、纳米金刚石等,仍需加以探索以决定它们是否有潜力产生新的太阳能转换技术平台。电化学家和碳专家们的共同努力必将在 DSC 领域带来新的发现。

参 考 文 献

1. Grätzel M(2001)Nature 414:338

2. O'Regan B, Grätzel M(1991)Nature 353:737

3. Hagfeldt A, Boschloo G, Sun L, Kloo L, Pettersson H(2010)Chem Rev 110:6595

4. Kalyanasundaram K(2010)Dye sensitized solar cells. CRC, Boca Raton

5. Gong J, Liang J, Sumathy K(2012)Renew Sustain Energy Rev 16:5848

6. Gerischer H(1990)Electrochim Acta 35:1677

7. Wrington MS(1979)Acc Chem Res 12:303

8. Finklea HO(1988)In:Finklea HO(ed)Semiconductor electrodes. Elsevier, Amsterdam, pp 44-145

9. Bard AJ(1980)Science 207:139

10. Fujishima A, Honda K(1972)Nature 238:37

11. Hamnett A, Dare-Edwards MP, Wright RD, Seddon KR, Goodenough JB(1979)J PhysChem 83:3280

12. Clark WDK, Sutin N(1977)J Am Chem Soc 99:4676

13. Anderson S, Constable EC, Dare-Edwards MP, Goodenough JB, Hamnett A, Seddon KR, Wright RD (1979)Nature 280:571

14. Desilvestro J, Grätzel M, Kavan L, Moser J, Augustynski J(1985)J Am Chem Soc 107:2988

15. Bach U, Lupo D, Comte P, Moser J, Weissortel F, Salbeck J, Spreitzer H, Grätzel M(1998)Nature 395:583

16. Bai Y, Cao Y, Zhang J, Wang M, Li R, Wang P, Zakeeruddin SM, Grätzel M(2008)Nat Mater 7:626

17. Berger T, Monllor-Setoca D, Jankulovska M, Lana-Villarreal T, Gomez R(2012)Chemphyschem13:2824

18. Froeschl T, Hoermann U, Kubiak P, Kucerova G, Pfanzelt M, Weiss CK, Boehm RJ, Husing N, Kaiser U, Landfester K, Wohlfahrt_Mehrens M(2012)Chem Soc Rev 41:5313

19. Kavan L(2012)Chem Rec 12:131

20. Kavan L(2012)Int J Nanotechnol 9:652

21. Kavan L(2010)In:Kalyanasundaram K(ed)Dye-sensitized solar cells. CRC, Boca Raton, pp 45-81

22. Pelouchova H, Janda P, Weber J, Kavan L(2004)J Electroanal Chem 566:73

23. Vlachopolous N, Liska P, Augustynski J, Grätzel M(1988)J Am Chem Soc 110:1216

24. Hamann TW(2012)Dalton Trans 41:3111

25. Wang M, Chamberland N, Breau L, Moser J, Humphry-Baker R, Marsan B, Zakeeruddin SM, Grätzel M

(2010) Nat Chem 2:385

26. Daeneke T, Kwon TH, Holmes AB, Duffy NW, Bach U, Spiccia L (2011) Nat Chem 3:211

27. Hamann TW, Ondersma JW (2011) Energy Environ Sci 4:370

28. Cong J, Yang X, Kloo L, Sun L (2012) Energy Environ Sci 5:9180

29. Yella A, Lee HW, Tsao HN, Yi C, Chandiran AK, Nazeeruddin MK, Diau EWG, Yeh CY, Zakeeruddin SM, Grätzel M (2011) Science 334:629

30. Tsao HN, Burschka J, Yi C, Kessler F, Nazeeruddin MK, Grätzel M (2011) Energy EnvironSci 4:4921

31. Hardin BE, Snaith HJ, McGehee MD (2012) Nat Photonics 6:161

32. Ahmad S, Bessho T, Kessler F, Baranoff E, Frey J, Yi C, Grätzel M, Nazeeruddin MK (2012) Phys Chem Chem Phys 14:10631

33. Feldt SM, Gibson EA, Gabrielsson E, Sun L, Boschloo G, Hagfeldt A (2010) J Am Chem Soc132:16714

34. Tsao HN, Yi C, Moehl T, Yum J-H, Zakeeruddin SM, Nazeeruddin MK, Grätzel M (2011) ChemSusChem 4:591

35. Zhou D, Yu Q, Cai N, Bai Y, Wang Y, Wang P (2011) Energy Environ Sci 4:2030

36. Liu J, Zhang J, Xu M, Zhou D, Jing X, Wang P (2011) Energy Environ Sci 4:3021

37. Yum J-H, Baranoff E, Kessler F, Moehl T, Ahmad S, Bessho T, Marchioro A, Ghadiri E, Moser JE, Nazeeruddin MK, Grätzel M (2012) Nat Commun 3:631

38. Lee MM, Teuscher J, Miyasaka T, Murakami TN, Snaith HJ (2012) Science 338:643

39. Kavan L, Grätzel M, Gilbert SE, Klemenz C, Scheel HJ (1996) J Am Chem Soc 118:6716

40. Laskova B, Zukalova M, Kavan L, Chou A, Liska P, Wei Z, Bin L, Kubat P, Ghadiri E, Moser JE, Grätzel M (2012) J Solid State Electrochem 16:2993

41. Kavan L, Yum J-H, Grätzel M (2011) Nano Lett 11:5501

42. Kavan L, Yum J-H, Nazeeruddin MK, Grätzel M (2011) ACS Nano 5:9171

43. Gibson EA, Smeigh AL, Pleux LL, Hammarstrom L, Odobel F, Boschloo G, Hagfeldt A (2011) J Phys Chem C 115:9772

44. Sapp SA, Elliot M, Contado C, Caramori S, Bignozzi CA (2002) J Am Chem Soc 124:11215

45. Murakami TN, Ito S, Wang Q, Nazeeruddin MK, Bessho T, Cesar I, Liska P, Humphry-Baker R, Comte P, Pechy P, Grätzel M (2006) J Electrochem Soc 153:A2255

46. Hauch A, Georg A (2001) Electrochim Acta 46:3457

47. Chen CM, Chen CH, Wei TC (2010) Electrochim Acta 55:1687

48. Ramasamy E, Lee WJ, Lee DY, Song JS (2007) Appl Phys Lett 90:173103

49. Wang G, Xing W, Zhou S (2009) J Power Sources 194:568

50. Gong F, Wang H, Xu X, Zhou G, Wang ZS (2012) J Am Chem Soc 134:10953

51. Dai L, Chang DW, Baek JB, Lu W (2012) Small 8:1166

52. D'Souza F, Ito O (2012) Chem Soc Rev 41:86

53. Guldi D M, Sgobba V (2011) Chem Commun 47:606

54. Moule A J (2010) Curr Opin Solid State Mater Sci 14:123

55. Po R, Carbonera C, Bernardi A, Tinti F, Camaioni N (2012) Solar Energy Mater Solar Cells100:97

56. Dubacheva GV, Liang CK, Bassani DM (2012) Coord Chem Rev 256:2628

57. Guo S, Dong S (2011) Chem Soc Rev 40:2644

84

58. Sun Y, Wu Q, Shi G (2011) Energy Environ Sci 4:1113

59. Zhu H, Wei J, Wang K, Wu D (2009) Solar Energy Mater Solar Cells 93:1461

60. Yu G, Gao J, Hummelen JC, Wudl F, Heeger AJ (1995) Science 270:1789

61. Liang Y, Xu Z, Xia J, Tsai ST, Wu Y, Li G, Ray C, Yu L (2010) Adv Mater 22:E135

62. Sun Y, Welch GC, Leong WL, Takacs CJ, Bazan GC, Heeger AJ (2012) Nat Mater 11:44

63. Li G, Zhu R, Yang Y (2012) Nat Photonics 6:153

64. Hu L, Hecht D S, Gruner G (2010) Chem Rev 110:5790

65. Kavan L, Dunsch L (2007) Chemphyschem 8:974

66. Kavan L, Dunsch L (2011) Chemphyschem 12:47

67. Bindl D J, Wu M Y, Prehn FC, Arnold MS (2011) Nano Lett 11:455

68. Ren S, Bernardi M, Lunt R R, Bulovic V, Grossman JC, Gradecak S (2011) Nano Lett11:5316

69. Bindl D J, Safron N S, Arnold M S (2010) ACS Nano 10:5657

70. Bissett M, Barlow A, Shearer C, Quinton J, Shapter JG (2012) Carbon 50:2431

71. Becerril HA, Mao J, Liu Z, Stoltenberg RM, Bao Z, Chen Y (2008) ACS Nano 2:463

72. Miao X, Tongay S, Petterson MK, Berke K, Rinzler AG, Appleton BR, Hebard AF (2012) Nano Lett 12:2745

73. Klinger C, Patel Y, Postma HWC (2012) PLoS One 7:e37806

74. Tung V C, Huang J H, Tevis I, Kim F, Kim J, Chu C W, Stupp S I, Huaong J (2011) J Am ChemSoc 133:4940

75. Bernardi M, Lohrman J, Kumar PV, Kirkeminde A, Ferralis N, Grossman JC, Ren S (2012) ACS Nano 6:8896

76. Yan X, Cui X, Li B, Li LS (2010) Nano Lett 10:1869

77. Lim CHYX, Zhong YL, Janssens S, Nesladek M, Loh KP (2010) Adv Funct Mater 20:1313

78. Zhong YL, Midya A, Ng Z, Chen ZK, Daenen M, Nesladek M, Loh KP (2008) J Am ChemSoc 130:17218

79. Neo C Y, Ouyang J (2013) Carbon 54:48

80. Chen T, Qiu L, Cai Z, Gong F, Yang Z, Wang Z, Peng H (2012) Nano Lett 12:2568

81. Zhang L, Shi E, Ji C, Li Z, Li P, Shang Y, Li Y, Wei J, Wang K, Zhu H, Wu D, Cao A (2012) Nanoscale 4:4954

82. Guo W, Xu C, Wang X, Wang S, Pan C, Lin C, Wang ZL (2012) J Am Chem Soc 134:4437

83. Kim K S, Zhao Y, Jang H, Lee SY, Kim JM, Kim KS, Ahn JH, Kim P, Choi JY, Hong BH(2009) Nature 457:706

84. Nair RR, Blake B, Grigorenko AN, Novoselov KS, Booth TJ, Stauber T, Peres NMR, Geim AK (2008) Science 320:1308

85. Li X, Cai W, An J, Kim S, Nah J, Yang D, Piner R, Velamakanni A, Jung I, Tutuc E, Banerjee SK, Colombo L, Ruoff RS (2009) Science 324:1312

86. Wang X, Zhi L, Muellen K (2008) Nano Lett 8:323

87. Zhang M, Fang S, Zakhidov AA, Lee S B, Aliev A E, Williams C D, Atkinson K R, Baughman R H (2005) Science 309:1215

88. Lee KS, Lee Y, Lee J Y, Ahn J H, Park J H (2012) ChemSusChem 5:379

89. Chen T, Hu W, Song J, Guai GH, Li C M (2012) Adv Funct Mater 22:5245

90. Kamat PV, Tvrdy K, Baker DR, Radich JG (2010) Chem Rev 110:6664

91. Nath NCD, Sarker S, Ahammad AJS, Lee JJ (2012) Phys Chem Chem Phys 14:4333

92. Jang Y H, Xin X, Byun M, Jang Y J, Lin Z, Kim DH (2012) Nano Lett 12:479

93. Tang Y B, Lee C S, Xu J, Liu Z T, Chen Z H, He Z, Cao YL, Yuan G, Song H, Chen L, Luo L, Cheng H M, Zhang WJ, Bello I, Lee ST (2010) ACS Nano 4:3482

94. Yang N, Zhai J, Wang D, Chen Y, Jiang L (2010) ACS Nano 4:887

95. Chen J, Li B, Zheng J, Zhao J, Zhu Z (2012) J Phys Chem C 116:14848

96. Paolucci D, Franco MM, Iurlo M, Marcaccio M, Prato M, Zerbetto F, Penicaud A, Paolucci F(2008) J Am Chem Soc 130:7393

97. Dang X, Yi H, Ham MH, Qi J, Yun DS, Ladewski R, Strano MS, Hammond PT, Belcher AM(2011) Nat Nanotechnol 6:377

98. Kyaw AKK, Tantang H, Wu T, Ke L, Wei J, Demir HV, Zhang Q, Sun XW (2012) J Phys D:Appl Phys 45:165108

99. Durantini J, Boix PP, Gervaldo M, Morales GM, Otero L, Bisquert J, Barea EM (2012)J Electroanal Chem 683:43

100. Fan J, Liu S, Yu J (2012) J Mater Chem 22:17027

101. Song J, Yin Z, Yang Z, Amaladass P, Wu S, Ye J, Zhao Y, Deng WQ, Zhang H, Liu XW(2011) Chem Eur J 17:10832

102. Neo CY, Ouyang J (2013) J Power Sources 222:161

103. Kay A, Grätzel M (1996) Solar Energy Mater Solar Cells 44:99

104. Papageorgiou N (2004) Coord Chem Rev 248:1421

105. Murakami TN, Grätzel M (2008) Inorg Chim Acta 361:572

106. Huang Z, Liu X, Li K, Li D, Luo Y, Li H, Song W, Chen L, Meng Q (2007) Electrochem Commun 9:596

107. Imoto K, Takahashi K, Yamaguchi T, Komura T, Nakamura J, Murata K (2003) Solar Energy Mater Solar Cells 79:459

108. Li G, Wang F, Jiang Q, Gao X, Shen P (2010) Angew Chem Int Ed 49:3653

109. Trancik JE, Barton SC, Hone J (2008) Nano Lett 8:982

110. Kavan L, Yum J—H, Grätzel M (2011) ACS Nano 5:165

111. Kavan L, Yum J—H, Grätzel M (2012) ACS Appl Mater Interfaces 4:6999

112. Roy-Mayhew JD, Bozym DJ, Punckt C, Aksay A (2010) ACS Nano 10:6203

113. Roy-Mayhew JD, Boschloo G, Hagfeldt A, Aksay IA (2012) ACS Appl Mater Interfaces4:2794

114. Liberatore M, Petrocco A, Caprioli F, La Mesa C, Decker F, Bignozzi CA (2010) Electrochim Acta 55:4025

115. Nelson JJ, Amick TJ, Elliott CM (2008) J Phys Chem C 112:18255

116. Tsao HN, Comte P, Yi C, Grätzel M (2012) Chemphyschem 13:2976

117. Papageorgiou N, Maier WE, Grätzel M (1997) J Electrochem Soc 144:876

118. Pumera M (2010) Chem Soc Rev 39:4146

119. Ambrosi A, Bonanni A, Sofer Z, Cross JS, Pumera M (2011) Chem Eur J 17:10763

120. Chua CK, Sofer Z, Pumera M (2012) Chem Eur J 18:13453

121. Velten J, Mozer AJ, Li D, Officer D, Wallace G, Baughman RH, Zakhidov AA (2012) Nanotechnology 23:085201

122. Pumera M (2009) Chem Eur J 15:4970

123. Banks CE, Davies TJ, Wildgoose GG, Compton RG (2005) Chem Commun 829

124. McCreery RL (2008) Chem Rev 108:2646

125. Fujishima A, Einaga Y, Rao TN, Tryk DA (2005) Diamond electrochemistry. Elsevier, Tokyo

126. Beguin F, Frackowiak E (2009) Carbons for electrochemical energy storage and conversionsystems. Taylor & Francis, New York

127. Lai SCS, Patel AN, McKelvey K, Unwin PR (2012) Angew Chem Int Ed Engl 51:5405

128. Goh MS, Pumera M (2010) Chem Asian J 5:2355

129. Olsen E, Hagen G, Lindquist SE (2000) Solar Energy Mater Solar Cells 63:267

130. Liberatore M, Decker F, Burtone L, Zardetto V, Brown TM, Reale A, Di Carlo A (2009) J Appl Electrochem 39:2291

131. Ahmad S, Yum J-H, Butt HJ, Nazeeruddin MK, Grätzel M (2010) Chemphyschem 11:2814

132. Ahmad S, Yum J-H, Xianxi Z, Grätzel M, Butt HJ, Nazeeruddin MK (2010) J Mater Chem20:1654

133. Tian H, Yu Z, Hagfeldt A, Kloo L, Sun L (2011) J Am Chem Soc 133:9422

134. Hong W, Xu Y, Lu G, Li C, Shi G (2008) Electrochem Commun 10:1555

135. Zhang Q, Zhang Y, Huang S, Huang X, Luo Y, Meng Q, Li D (2010) Electrochem Commun12:327

136. Jiang QW, Li GR, Liu S, Gao XP (2010) J Phys Chem C 114:13397

137. Wang M, Anghel AM, Marsan B, Cevey Ha NL, Pootrakulchote N, Zakeeruddin SM, Grätzel M(2009) J Am Chem Soc 131:15976

138. Wu M, Lin X, Wang L, Guo W, Qi D, Peng X, Hagfeldt A, Grätzel M, Ma T (2012) J AmChem Soc 134:3419

139. Wu M, Lin X, Hagfeldt A, Ma T (2011) Angew Chem Int Ed 50:3520

140. Veerappan G, Bojan K, Rhee SW (2011) ACS Appl Mater Interfaces 3:857

141. Liu Y, Jennings JR, Parameswaran M, Wang Q (2011) Energy Environ Sci 4:564

142. Hsieh CT, Yang BH, Lin JY (2011) Carbon 49:3092

143. Choi H, Kim H, Hwang S, Han Y, Jeon M (2011) J Mater Chem 21:7548

144. Zhang DW, Li XD, Chen S, Li HB, Sun Z, Yin XJ, Huang SM (2010) In: Chu PK (ed)Proceeding of the 3rd international nanoelectronics conference (INEC). IEEE, Hong Kong, pp 610-611

145. Choi H, Kim H, Hwang S, Choi W, Jeon M (2010) Solar Energy Mater Solar Cells 95:323

146. Wan L, Wang S, Wang X, Dong B, Xu Z, Zhang X, Bing Y, Peng S, Wang J, Xu C (2011)Solid State Sci 13:468

147. Xu Y, Bai H, Lu G, Li C, Shi G (2008) J Am Chem Soc 130:5856

148. Zhang DW, Li XD, Li HB, Chen S, Sun Z, Yin XJ, Huang SM (2011) Carbon 49:5382

149. Wang H, Hu YH (2012) Energy Environ Sci 5:8182

150. Xue Y, Liu J, Chen H, Wang R, Li D, Qu J, Dai L (2012) Angew Chem Int Ed Engl 51:12124

151. Lin JY, Chan CY, Chou SW (2013) Chem Commun 49:1440

152. Wu MS, Zheng YJ (2013) Phys Chem Chem Phys 15:1782

153. Hong W, Xu Y, Lu G, Li C, Shi G (2008) Electrochem Commun 10:1555

154. Sun Y, Shi G (2013) J Polym Sci, Part B: Polym Phys 51:231

155. Suzuki K, Yamaguchi M, Kumagai M, Yanagida S (2003) Chem Lett 32:28

156. Mei X, Cho JC, Fan B, Ouyang J (2010) Nanotechnology 21:395202

157. Fan B, Mei X, Sun K, Ouyang J (2008) Appl Phys Lett 93:143103

158. Ramasamy E, Lee WJ, Lee DY, Song JS (2008) Electrochem Commun 10:1087

159. Lee WJ, Ramasamy E, Lee DY, Song JS (2009) ACS Appl Mater Interfaces 1:1145

160. Seo SH, Kim SY, Koo BK, Cha SI, Lee DY (2010) Langmuir 26:10341

161. Tantang H, Kyaw AKK, Zhao Y, Park MBC, Tok AIY, Hu Z, Li LJ, Sun XW, Zhang Q(2012) Chem A-sian J 7:51

162. Joshi P, Zhang L, Chen Q, Galipeau D, Fong H, Qiao Q (2010) ACS Appl Mater Interfaces2:3572

163. Zukalova M, Prochazka J, Bastl Z, Duchoslav J, Rubacek L, Havlicek D, Kavan L (2010)Chem Mater 22:4045

164. Lee CP, Lin LY, Vittal R, Ho KC (2011) J Power Sources 196:1665

165. Lee CP, Lin LY, Tsai KW, Vittal R, Ho KC (2011) J Power Sources 196:1632

166. Wu M, Lin X, Wang T, Qiu J, Ma T (2011) Energy Environ Sci 4:2308

167. Zhu G, Pan L, Lu T, Liu X, Lv T, Xu T, Sun Z (2011) Electrochim Acta 56:10288

168. Sljukic B, Banks CE, Compton RG (2006) Nano Lett 6:1556

169. Guai GH, Song QL, Guo CX, Lu ZS, Chen T, Ng CM, Li CM (2012) Solar Energy 86:2041

170. Lee JS, Ahn HJ, Yoon JC, Jang JH (2012) Phys Chem Chem Phys 14:7938

171. Yeh MH, Sun CL, Su JS, Lin JY, Lee CP, Chen CY, Wu CG, Vittal R, Ho KC (2012) Carbon 50:4192

172. Lee B, Buchholz DB, Chang RPH (2012) Energy Environ Sci 5:6941

173. Choi H, Kim H, Hwang S, Han Y, Jeon M (2011) J Mater Chem 21:7548

174. Kim H, Choi H, Hwang S, Kim Y, Jeon M (2012) Nanoscale Res Lett 7:53

175. Choi H, Hwang S, Bae H, Kim S, Kim H, Jeon M (2011) Electron Lett 47:281

176. Velten JA, Carreterro-Gonzales J, Castillo-Martinez E, Bykova J, Cook A, Baughman RH,Zakhidov AA (2011) J Phys Chem C 115:25125

177. Nusbaumer H, Moser J, Zakeeruddin SM, Nazeeruddin MK, Grätzel M (2001) J Phys Chem B 105:10461

178. Ghamouss F, Pitson R, Odobel F, Boujtita M, Caramori S, Bignozzi CA (2010) Electrochim Acta 55:6517

179. Morgan S, Yum JH, Hu Y, Graetzel M (2013) J Mater Chem. doi:10.1039/c3ta01635h

180. Liu G, Li X, Wang H, Rong Y, Ku Z, Xu M, Liu L, Hu M, Yang Y, Han H (2013) Carbon 53:11

181. Burschka J, Brault V, Ahmad S, Breau L, Nazeeruddin MK, Marsan B, Zakeeruddin SM,Grätzel M (2012) Energy Environ Sci 5:6089

182. Wu H, Lv Z, Chu Z, Wang D, Hou S, Zou D (2011) J Mater Chem 21:14815

183. Hao F, Dong P, Zhang J, Zhang Y, Loya PE, Hauge RH, Li J, Lou J, Lin H (2012) Sci Rep 2:368

184. Wang L, Wu M, Gao Y, Ma T (2011) Appl Phys Lett 98:221102

185. Zhang J, Long H, Mirrales SG, Bisquert J, Fabergat-Santiago F, Zhang M (2012) Phys Chem Chem Phys 14:7131

第4章 碳纳米管超分子化学

Gildas Gavrel, Bruno Jousselme, Arianna Filoramo, and Stéphane Campidelli

本章的目的是详述碳纳米管的超分子功能化实例。在纳米技术中,非共价键因为在 π 共轭系统中没有引入 sp^3 缺陷就可以作用和操纵纳米管而成为未来应用的解决方法。因而,纳米管具有了光学性能和电学性能。在本章的开始,主要介绍了在分散纳米管的过程中表面活性剂的应用和在分散领域的应用。然后着重报道了几个基于 π 键与派生键处理纳米管的例子。在最后部分,重点回顾了光电活性聚合物包裹纳米管侧壁。在聚氟基聚合物上尤其给予了特殊关注,并展示了它们在分离直径和手性纳米管方面的应用。

4.1 引 言

由于具备独特的性能,碳纳米管是一类非常特殊的且仍然在开展着广泛研究的材料。然而,碳纳米管的加工和它们的综合应用仍然被一些内在缺点所限制,如团聚和样品的纯度、难加工及纳米管的低溶解性。当然,纳米管产物中也存在数量上不可忽略的无定形碳和金属催化剂残留物。杂质的数量明显取决于用于制备纳米管的技术,并且同一种纳米管在批与批之间也能发生改变。而且,碳纳米管的一个样品由多种不同长度、不同直径和不同性能的纳米管组成。例如,SWCNT 可以是金属性或者半导体性,依赖于它们的结构(如取决于石墨烯片层是如何卷起成空管的)。因此,过去对碳纳米管的纯化、分离和功能化给予了极大的关注,现在这些研究领域仍然非常活跃。

碳纳米管的功能化技术提供了宝贵的机会,可以依据应用要求把碳纳米管的性能与那些其他类型的材料性能相结合。为了在碳纳米管上增加新的功能,已经探索出两种常用的途径:①对纳米管上的 sp^2 构架的共价键功能化或者通过对碳纳米管的氧化处理产生的氧化功能团的衍生作用;②通过在纳米管和其他化学物质之间的超分子交互作用形成的非共价键功能化。

本章详细描述了最近的碳纳米管功能化技术,尤其是通过非共价键实现碳纳米管功能化的主要途径的探索,同时,也将讨论它们的实际应用。

4.2 碳纳米管杂化

许多不同的用于碳纳米管功能化的合成方案已经被优化。基本上,不管非共价键还是共价键的途径都能被采用,这两种方法的不同在于超分子化学不妨碍或者非常微弱地妨碍了碳纳米管上的 π 电子体系。而不像广泛的共价官能化,这是因为将 sp^2 转化为 sp^3,从而破坏了 π 共轭。

4.2.1 碳纳米管和表面活性剂

在接下来的章节中并不给出一个详尽的已经用于碳纳米管分散的表面活性剂清单。而是仅选择性地提供一些纳米管分散和个性化的例子,并讨论纳米管周围的分子团体,来阐述它们在纳米管分散方面的应用。

4.2.1.1 单壁碳纳米管的悬浮

就像前面提到的,SWCNT 是半导体型或者金属型依赖于它们的原子结构构型(直径和手性),这种独特的特征和它们纳米尺度范围的直径使得它成为未来微电子学的理想选择。然而,SWCNT 样品显示出不可忽视的分布状态,不管是在直径上还是在手性特征上。另外,它们还有团聚成束的趋势(归因于管与管之间的强范德华力)。这些事实代表了碳纳米管应用的重要论点。按时间顺序,最早需要解决的问题是团聚的存在。这种成束的状态扰乱了对它们电性能的研究,也使得在大小、类型或者手性方面分离纳米管的研究复杂化,最后,排除了考虑单分子状态应用的可能性。

最早报道的单根 SWCNT 是用有机溶剂提供一种化学改性纳米管的制备方法[1-4]。在这些例子中,通过化学改性的方法有利于解聚。然而,化学腐蚀使管壁的 sp^2 石墨烯点阵产生了缺陷,并且部分地破坏了它们突出的电子性能[5]。与之相反,通常可以确认,采用表面活性剂对解聚纳米管是一种有效的、不带腐蚀作用的方法。这种观点认为表面活性剂可以通过超分子的相互作用分散纳米管并且成功地延缓了团聚,同时保留(或者仅轻微改变)了它们的电性能[6]。前的研究表明,十二烷基硫酸钠的阴离子(SDS)或者非离子型三硝基甲苯(TX100)在水中能形成稳定的单壁碳纳米管胶状悬浮液[7]。然而,对各种各样表面活性剂的分散效率的更系统的研究仅开始于 2003 年,这些研究大部分关注于激光烧蚀[8]、HiPco[8,9]和 CoMoCat[10]的 SWCNT。

Islam 等[8]报道了特殊性能的十二烷基苯磺酸钠(NaDBS)表面活性剂来延缓 SWCNT 的高度团聚。在细节问题上,他们用 HiPco 纯化的纳米管商业悬浊

90

液作为对比样比较了各种各样表面活性剂的效率。为制作这种悬浮液他们所用的表面活性剂的浓度总是超过临界浓度(cmc),为此采用了一个简单的在超声水浴中(12 W,55 kHz,20 h)处理的步骤。然后,他们通过肉眼观察溶液里的絮凝产物,并且通过 AFM 成像硅表面的沉积产物来检查团聚情况和溶液的稳定性。值得注意的是,AFM 技术有一些局限性使图像分析不能决定性地排除小束纳米管的存在(归因于顶端去卷积效应)[11]。依照他们的报道,NaDBS 能提供最好的结果,能在稳定悬浮液中将 SWCNT 的浓度提高到 20 mg/mL,而对于其他表面活性剂浓度范围不超过 0.1~0.5 mg/mL。

Moore 等[9]在阴离子、阳离子、非离子表面活性剂和聚合物水溶液中研究了 HiPCO(质量分数 2%)悬浮纳米管的能力。为完成他们的悬浮,他们在超速离心法之后还采用高剪切力搅拌和超声,移入其他容器中的溶液用 UV-vis-NIR 光谱、光致发光光谱、拉曼光谱和低温电子显微镜(cryo-TEM)进行了分析。研究者注意到这些分析技术的联合使用提供了一个不存在集束的确切证据(如光致发光光谱出现一个典型的单独的半导体性 SWCNT 的特征信号[6])。他们的结果显示,对于所有的被测试的表面活性剂或聚合物而言,最终纳米管的浓度在 10~20 mg/mL 范围内变化。

在同一时期,Matarredona 等[10]在 NaDBS 表面活性剂存在下,调查了 CoMoCat 碳纳米管的化学前处理对相互间作用的影响。他们的研究建立在纳米管表面带电量随着周围媒介 pH 值的不同而不同(零电荷点或 PZC 效应)的基础上,并且受纳米管纯化处理方法的影响。他们在最后一个步骤,通过 HF 处理或者 NaOH 碱溶液处理,净化了 CoMoCat 样品。正如期望的那样,纯化后的样品表现出不同的 PCZ 特性(可能归因于在纳米管壁上存在氟或者钠)。目的是通过在不同 pH 值下开展的试验,研究表面活性剂与纳米管杂化体系之间的库仑作用。他们的试验说明,这种库仑作用是受限的,库仑力仅在极端 pH 值的情况下发挥作用。

这 3 篇论文报道了关于在纳米管管壁上的表面活性剂的超分子组织的不同的分子构象和分散机制。多数人认可的机制是表面活性剂在水溶液中分散 SWCNT 主要是通过疏水/亲水作用。表面活性剂的疏水部分吸附在管壁上而亲水部分与水结合。疏水链上存在的芳香环被认为由于 π-π 堆积加强了与纳米管管壁之间的作用力。对于非离子型表面活性剂和聚合物,Moore 及其合作者认为延缓纳米管团聚的能力与亲水官能团的大小有关(增强了空间稳定性)。当然,对于离子型表面活性剂,这种特性一般认为和它们的带电离子的静电排斥有关联。事实上,有不同种类的机理被提及,并且这点仍然是有争议的话题。这种机理方案包括封装型圆柱形胶囊[6,10,12]、吸附型半球形胶囊(也称半胶囊)[8,13]和随机吸附[14]等,实验上,表面活性剂的作用机理可以通过 HR-TEM[13]、小角中子散射(SANS)[14]和最近出现的 cryo-TEM[12]进行研究。试验数据表明,如图 4.1 所示,结果与位置相一致,而具体是圆柱形胶囊(图 4.1(a))[12]、半球形胶囊(图 4.1(b))[13]或者随机吸附(图 4.1(c))[14],则依赖于制作悬浮液的试验方案。

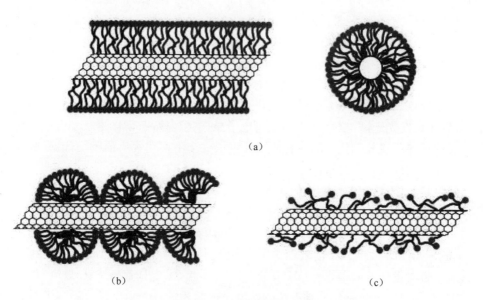

(a)

(b)   (c)

图 4.1　表面活性剂在单壁碳纳米管上的组织

(a)在圆柱形胶束中封装;(b)半球形胶束的吸附;(c)随机组织。

在有些情况下,报道了同样的表面活性剂的两种不同的行为。事实上,对 SDS,Richard 等[13]报道的是半球形构造,而 Yurekli 等[14]发现了随机吸附的特征。尽管有这种明显矛盾的试验情况,但数值模拟均可帮助我们去理解和解释这种不同[15,16]。数值模拟表明,表面活性剂分子的动态平衡存在三种状态:①在溶液中孤立存在;②在溶液中以胶囊形式存在;③吸附在 SWCNT 上。仿真结果表明,这对低浓度的表面活性剂尤其真实而重要。例如,Calvaresi 等[15]报道了在表面活性剂的所有浓度下,对纳米管的覆盖开始于 SWCNT 和溶液中预先形成的胶囊的碰撞。在非常低的表面活性剂浓度下,胶囊与 CNT 直接的交互作用是动态的微弱的,提高表面活性剂的浓度,胶囊开始吸附并覆盖 SWCNT。因此可以预料,胶囊在 SWCNT 表面是随机铺覆的,并且在其表面保持动态的平衡,直到表面活性剂浓度的提高。仿真模拟表明,它开始自组装成稳定的超分子(半胶囊);然后,在更高的浓度下,半胶囊被圆柱形胶囊取代。这些结果集中体现在 Matarredona 等[10]的浓度依赖观点。他们报道了两种稳定的状态,即表面活性剂的随机正向吸附和整齐的侧向吸附。这些结果也被 Wallace 等[17]的结果所证实。最近,基于 Pang 等[18]的报道,通过模糊分子动力学计算表面 SWCNT 周围的表面活性剂结构是由浓度来决定的。值得注意的是,在 Calvaresi 的论文中,纳米管是一个简单的孤立圆柱体,手性因素没有考虑在内,然而实际上这个参数能够影响表面活性剂的构型和交互作用。

近期的几篇论文研究了单头表面活性剂、双头表面活性剂和二聚表面活性剂(双疏水段和双极化端部),并研究了它们的结构与 SWCNT 上的稳定性之间的关系[17,19,20]。因此,2011 年 Fontana 及其合作者[19]在表面活性剂/纳米管的比例为 4~7 倍时指出了二聚表面活性剂(N-[p-(n-十二烷基苄基)]-N,N,N-三甲基铵[pDOTABr]衍生物)的脱落,并且稳定 SWCNT 悬浮液的能力低于常规的表面活性剂,例如 CTAB、SDS 或 SDBS,这是因为浓度彻底低于它们的临界胶束浓度(CMC)值。这种类型的表面活性剂对 SWCNT 良好的分散能力归因于它们较高的电荷容量,它们较强的吸附能力和它们在 SWCNT 表面上紧凑的阵列。事实上,这种紧凑排列结构表明,只有氨基头部暴露在水溶液中,反之芳香环和两个烷基链与纳米管本体通过 π-π 堆垛和范德华力形成交互作用。

最近,有几篇论文报道更加深入地研究了在选用不同批次的纳米管时所观察到的分散性差异。已经注意到,即使当采用标准的同样的处理工艺用于分散时,由于 SWCNT 批次不同,在悬浮液中观察到不同的分散结果。尤其是,小直径的 HiPCO 比大直径的纳米管出现较高的溶解度和可分散性[21-22]。仿真结果预测,与大直径的 SWCNT 相比,小直径的 SWCNT 具有较弱的范德华力,因此表现为它们更容易被解聚和分散[23-24]。另外,小直径的纳米管允许表面活性剂头部形成较高的组装密度和头部之间较低的静电排斥力[25]。应注意,表面活性剂的浓度对某一特殊批次的纳米管是一种重要而且有效的分散剂,但可能对另一批就不是。

生物分子也被用于制备高分散质量的 SWCNT 悬浮液,尤其值的注意的是 DNA。在 2003 年,Zheng 及其合作者报道了单链 DNA 分子呈螺旋形包裹在 SWCNT 周围[26]。他们认为,DNA 核上的芳香环结构以 π-π 交互作用堆叠在纳米管壁上,并且亲水的主链扭曲的磷酸糖保证了纳米管形成水悬浮液。另外,当碱基堆积与下面的 SWCNT 晶格结构相匹配时,ssDNA 的柔韧性允许分子存在低能量构造。研究者也注意到,以束为基础的序列存在的差异:与聚胸腺嘧啶相比,聚腺嘌呤或聚胞核嘧啶序列悬浮纳米管的效果较差。这些特征表明,ssDNA/SWCNT 的交互作用依赖于 DNA 序列和 SWCNT 的结构,这也被仿真的文献所证实[27-29]。这些有趣的 ssDNA 低聚物增溶 SWCNT 的试验结果也被 Vogel

等[30]报道。他们证明,短的 d(GT)₃/d(AC)₃混合物比长的 d(GT)ₙ/d(AC)ₙ混合物或者孤立的 d(GT)ₙ低聚物对纳米管的分散效果更好。

考虑到将来纳米管的分离,理解并控制纳米管和表面活性剂的交互作用是非常重要的。一旦纳米管的个体特性在溶液中达成,分类处理就能实现。根据长度[31-35]、直径[33-34,36-42]、手性[43-49]、金属态/半导体态[36,39,50-54]、左手[55-57]等特征进行分类的不同方法被文献报道。文献中最普遍的做法是在悬浮或者包覆单独的纳米管时利用表面活性剂结构的不同。这种方法的基础是密度梯度超速离心(DGU)技术。DGU 是一个在生物化学里被广泛用于分离蛋白质和核酸的方法。在超速离心处理过程中,被包覆的 SWCNT 移往密度梯度介质直到它们到达相应的等密度点(在这个点上它们的浮力密度与周围介质的浮力密度相等)[39]。因而,利用具备不同浮力密度的介质,目标可在梯度方向上实现分离(突破了超速离心法在密度连续介质中的局限性)。因此,准确理解表面活性剂/纳米管的交换作用最优化是至关重要的,并且原则上,依靠它们的结构以及包裹在纳米管周围的表面活性剂的细微差异,能实现这个处理过程。图 4.2所示为 DGU 处理过程的示意图[58]。首先,通过超声解聚法制备 SWCNT/表面活性剂悬浮液(图 4.2(a)),通过常规的超速离心法去除大的纳米管束(图 4.2(b)),去除上层液(图 4.2(c));其次,通过超速离心法的梯度制备分出了几层密度梯度介质,每层密度梯度介质的上部浓度较低。SWCNT 的悬浮液在两层之间(图 4.2(d))。通过扩散形成线性密度梯度(图 4.2(e));最后, DGU 实现了 SWCNT 在超速离心池的空间分布(如图 4.2(f)所示),也可由 DGU 离心池的真实照片图 4.2(g)来说明。

通过这项技术获得的一个重要成果被 Hersam 团队报道[39]。在他们的文献中,他们获得了胆酸钠包覆 CoMoCat 催化剂的 SWCNT 的结构与密度的关系,即允许它们根据直径和能带带隙来排列,如图 4.3 所示。对 DGU 技术来说,常用光学制剂(60%浓度碘克沙醇水溶液)作为密度梯度介质。

对于采用 DGU 技术排列的纳米管来说,胆酸钠是常用的表面活性剂,这是因为它具有在纳米管上形成紧密填充结构的能力[59];然而,表面活性剂的混合物(SDS、SDBS、SC 和其他胆汁盐)也能使用[39,60-63]。尤其是,Maruyama 及其合作者通过采用脱氧胆酸钠(DOC)和 SDS 的混合物,研究了在分离过程中表面活性剂的影响[62-63]。分离的原理主要是基于在 SWCNT 管壁上的两种表面活性剂的相互间的亲和力以及包覆其上后在密度上的不同,他们证实了在纳米管上两种表面活性剂(SDS 和 DOC)行为的不同。事实上,SDS 优先与金属基纳米管发生作用,提供了电子型的分离[64],而 DOC 则倾向于和小直径的近手性纳米管形成稳定的结构,在直径上的分离产生诱导作用。而且,由于在纳米管管壁上这

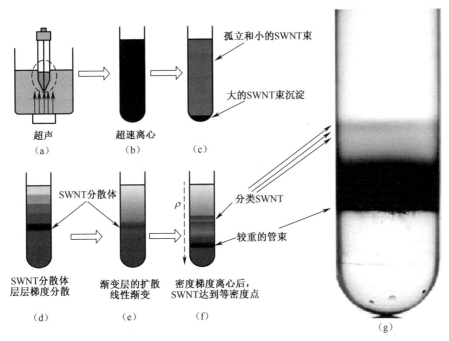

图 4.2　由 DGU(a–f)分类的 SWCNT 示意图和显示 DGU(g)
后分离 SWCNT 的试管图片[58]

些表面活性剂不同的包裹方式,最终的 SDS 和 DOC 微胶束表现出不同的密度,
于是在密度梯度介质中才有了不同的移动。通过小心选择 SDS/DOC 的比例,
作者能提高分离效果,并获得了 s-SWCNT 各种窄的直径分布比例,简化了 DGU
前的精馏程序。

　　科研工作者们也探索了另一种基于离子交换色谱(IEX)获得纳米管排布的
策略。离子交换色谱是一项常用于分离离子和极性分子的技术,它涉及两个主
要的步骤:首先分子可逆吸附在带相反电荷的树脂上;然后通过改变 pH 值或提
高溶液中盐离子的浓度实现解吸附。在本章中,针对 SWCNT 特殊的识别,DNA
序列的设计变得尤其重要,这是因为 DNA 磷酸盐的主链结构。SWCNT-DNA 混
合物是负电荷的,它们在束内的行为依赖于它们的线性电荷密度。SWCNT-
DNA 混合物的有效净电荷主要依赖于以纳米管为轴的磷酸盐主链结构上的线
性电荷密度(ssDNA 如何排列取决于 SWCNT)。注意,有效净电荷也受纳米管
的电特性影响(电荷映像/极化效应)。对金属型纳米管来说,DNA 主链结构上
的负电荷通过纳米管上的电荷图像诱导了正影像,结果是线性净电荷被减少到
什么程度仅取决于预先包裹的 DNA 主链结构。相反,对半导体型纳米管,与其

周围的水相比,纳米管较低的极化度导致线性有效净电荷提高。

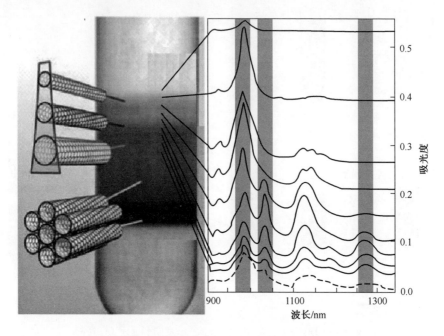

图 4.3　使用密度梯度超速离心按直径和能带隙分类的
SC 封装的 CoMoCat SWCNT(0. 7~1. 1nm)的示例[39]

　　这些特性被用于分馏 ssDNA/纳米管溶液,最终的纳米管是通过光吸收来表征,光吸收被认为可清晰地表征每一个特殊的(n,m)纳米管。为了研究这种结果,Zheng 及其合作者[47]系统地探查了 ssDNA 库,并确定短的 DNA 序列就能实现 SWCNT 简单的手性分离,如图 4.4 所示。他们观察到,能成功实现 SWCNT 手性分离的 DNA 序列均表现出周期性的嘌呤嘧啶模式。他们证实,这些嘌呤嘧啶模式通过氢键能形成二维薄膜,进而形成排列规整的三维束(选择性包拢在纳米管上),如图 4.4 右边所示。

4.2.2　π 堆积作用

　　π 共轭分子与纳米管管壁上的 sp² 结构展现出较强的交互作用,在早期,因芳香族分子固有的功能特性被用于在水溶液或有机媒介中分散碳纳米管。由于通过有机化学和芳香族分子聚合物的多选择性的巨大可能,多种化合物被合成,并用于在纳米管上引入新的功能团。在接下来的章节,将介绍最近文献报道的一些例子。

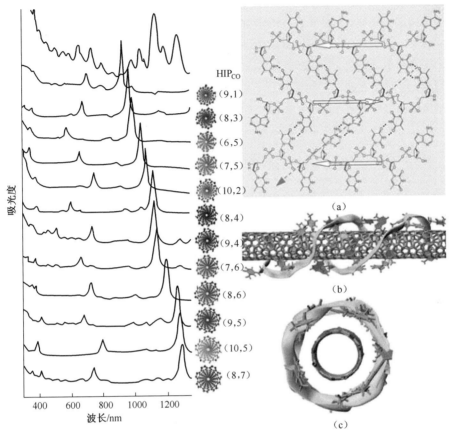

图 4.4 左:按手性(颜色)和起始的 HIP_{CO} 混合物(黑色)

分类的半导体 SWCNT 的紫外-可见-近红外吸收光谱[47]

(a)由 3 条反平行 ATTTATTT 链形成的二维 DNA 片结构的拟议组织;

(b),(c)通过卷起以前的二维 DNA 片形成的(8,4)碳纳米管的 DNA 桶的示意图。

4.2.2.1 芘衍生物

在 Nakashima 团队最初的报道中,他们公开了一种纳米管功能化的新方法。他们证实在芳香族化合物大家庭中包括了一种含极性端的多核衍生物比如菲和芘都能在水溶液中使 SWCNT 形成稳定的悬浮液[65-66]。在这个体系中,芘的一部分来保证能与纳米管管壁的交互作用,而三甲铵型极性端部能保证其在水中的稳定性。很快 1-(三甲基铵乙酰基)芘溴化物被普遍用于在纳米管上锚接非极性分子如卟啉或噻吩衍生物(图 4.5(a),(b))[67-70]。这种发色团/纳米管混合物表现出有趣的光物理特性,在电化学电池里作为光活性物质可用于检测电流的产生。

在 SWCNT/芘$^+$/卟啉$^{8-}$复合物体系中(图4.5(a)),在不断变化的研究中,荧光性和瞬时吸收表现出急速的杂化电子传输,创造了固有的长寿命周期自由基离子对。通过在不同波长下的分析,分别获得新形成的离子对状态 H_2P^{8-} 和 ZnP^{8-} 的寿命分别为 $0.65~\mu s$ 和 $0.4~\mu s$[68],在 SWCNT/芘$^+$/MP^{8-}(M = H$_2$ 或 Zn)体系中,卟啉与 SWCNT 的结合,产生了有利的电荷分离特性,有望用于解释光活性电极的表面催化。

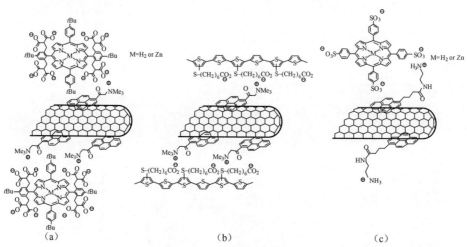

图4.5 带正电的芘和带负电的发色团(a)~(c)之间静电作用形成的超分子供体/受体组件的示例

利用静电驱动层层自组装(LBL)技术,通过 SWCNT/芘$^+$/卟啉$^{8-}$和 SWCNT/芘$^+$/聚噻吩$^-$实现了半透明的 ITO 电极。光电化学电池最终是用 Pt 电极连接改性 ITO 电极来构造的。在照明上,电子传输发生在卟啉或聚噻吩和纳米管之间。电子注入 ITO 层,然后传输到 Pt 电极上。通过牺牲电极里的抗坏血酸钠,氧化了的给电子体在基态到还原态转换。对卟啉系统可使得单色光转换内部效率达到8.5%[71],对三明治型一层和八层 SWCNT/芘/聚噻吩,单色光转换内部效率分别为1.2%和9.3%[70]。

通过类似的方式,Sandanayaka 等[72]描述了阴离子四硫苯基卟啉钠盐作为阳性核锚定在 SWCNT 上,如图4.5(c)所示。这种混合物的光物理特性被表征,在这种超分子系统中,也观察到从卟啉到纳米管的光诱导电荷转移。

这也说明,在核与发色团之间的电荷转化是可能的。确实,Guldi 及其合作者描述了负极化的芘(芘$^-$)锚定着正极化的卟啉对碳纳米管的功能化,如图4.6所示。SWCNT 与芘$^-$之间的交互作用通过吸收光谱来研究。由于 π 系统的交互作用,在 200~400 nm 范围内的芘$^-$转化的最大值移动了大约 2 nm。图4.6

（b）表明，阳离子四–N–甲基吡啶在纳米管上的组装包含 1–芘丁酸[72]。

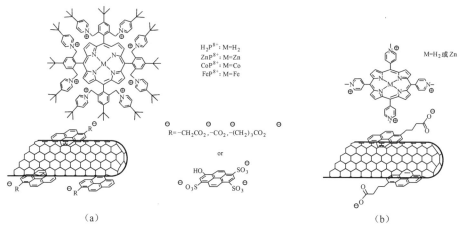

图 4.6　带负电荷的芘和带正电荷的卟啉 SWCNT

　　阳极化的核也被用于组装 DNA 和碳纳米管。文献里的两个最近的例子应该被提及，一是包覆有 1–芘甲胺盐酸盐的 SWCNT 被沉积在排列有 λ–DNA 的硅表面上，如图 4.7（a）所示[74]。二是包覆有 1–（乙酰三甲基铵）溴化芘的 SWCNT 在溶液中被用于组装 300nm 长的双束 DNA，如图 4.7（b）所示[75]。在后面的例子里，就会说明，这种杂化组装是可逆的过程，DNA 能自动地从 SWCNT 上分离，通过增加负极化核，对控制组装和解组装应用来说开创了新的前景。

　　在前面的例子里，静电相互作用被用于建立超分子系统，来增加碳纳米管的新功能。此外，也报道了与过渡金属之间基于主–客配位作用或者轴向配位作用的不同途径。例如，在溶液中，咪唑基的一部分被用于和卟啉锌（ZnP）或者萘菁（ZnNc）衍生物形成轴向配位作用，获得了带咪唑环的核衍生物与 SWCNT 的悬浮液，如图 4.8 所示[76-77]。光物理测试了 ZnP 和 ZnNc 供体的荧光淬灭的效率，结果显示发色团的光激发导致供体单元的单电子氧化，同时发生 SWCNT 的单电子还原。试验也被引导在存在电子和空穴介质（双己基–联吡啶双阳离子和 1–苄基–1,4–二羟基锡胺）的情况下。在较高产率下观察到自由基阳离子（$HV^{\bullet+}$）的积聚，提供了额外的证据证明发生光引发电荷分离。

　　关于铵阳离子与苯并–18–冠–6–醚的特殊认知，被用于在纳米管上固定卟啉和富勒烯[78-79]。为实现纳米管和卟啉的混合，SWCNT 开始利用核衍生物分散在 DMF 中，其中以铵阳离子为轴和卟啉配位，包含了 1 个或 4 个苯并–18–冠–6–醚部分，如图 4.8（c）所示。然后，通过提供更多的配合物单元，期望能由

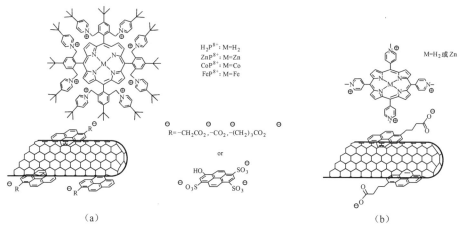

99

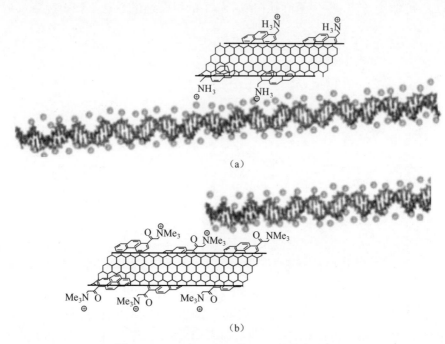

图 4.7　SWCNT/芘与双链 DNA 的结合示例

于协同耦合效应形成更稳定的组装体。对稳定态和解聚物的研究表明,单激发状态的卟啉的高效淬火归因于在卟啉和碳管之间的极化子传输[78]。同样的策略被用于合成 SWCNT-芘铵和含 18-冠-6-醚部分的富勒吡咯烷,如图 4.8(d)所示。这时在 532 nm 观察到光激发效应,即光诱导下发生了从纳米管到富勒烯的电子传输。对(6,5)和(7,6)富集的 SWCNT 进行了相同的研究(如具有商业应用价值的 CoMoCat-SWCNT)表明,ZnP-SWCNT 杂化物(图 4.8(c))用于光电化学电池时,具有高达 12%的催化指数的光电转换效率[80]。

　　Stoddart 和 Grüner 报道了利用 β 环糊精改性芘类修饰 SWCNT 实现基于碳纳米管场发射晶体管(CNT-FET)的传感器制备[81-83]。一个 SWCNT 可以看成是由一张石墨烯卷制而成的中空管,在 SWCNT 上所有的碳原子都和环境紧密相连,使得纳米管成为一种难以置信的敏感材料。在过去的 10 年中,SWCNT 被广泛的研究并用于制备场发射晶体管和传感器[84-87]。

　　利用 CNT-FET 的敏感特性和 β 环糊精与金刚烷之间的可识别特性,作者制备了化学探测器(图 4.9(a))和气体传感器(图 4.9(b))。在这种情况下,传感器的电子反应允许探测到这个复杂事实,即 CNT-FET 向负电极的传输特性和迁移率极大地依赖于有机分子和芘-环糊精之间复杂的结构参数(K_s)[81]。

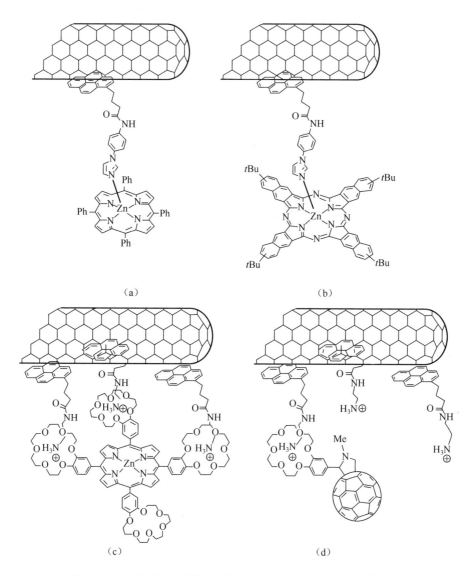

图 4.8　基于铵离子/冠醚自组装的与锌卟啉(a)、萘并氰基锌(b)、
SWCNT 卟啉(c)和 SWCNT 富勒烯杂化物(d)轴向络合的 SWCNT-芘超分子组件

在第二种情况下,这种器件被用作可调光传感器去检测出荧光金刚烷改性钌配合物。作者把 CNT-FET 的传输特性归因于从芘–环糊精/Ru 配合物到 SWCNT 之间的极子传输[82]。

芘–环糊精修饰纳米管也被用于形成 SWCNT 水凝胶。通过 SWCNT 上的 β 环糊精/芘–环糊精杂化物与十二烷基链改性丙烯酸的主–客配位,这种 SWCNT

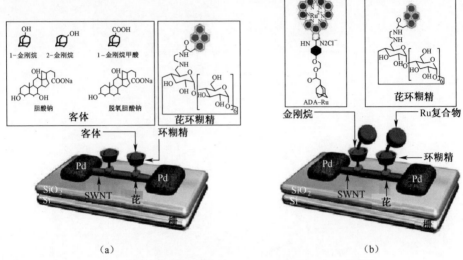

图 4.9　用芘–环糊精修饰的 CNT-FET 器件的示意图[83]

(a)化学传感器;(b)光电传感器。

大分子水凝胶通过增加竞争性 β-CD 客体(如金刚烷基衍生物)完成凝胶到溶胶的转变[89]。最近报道提出了一种互补方法,如 SWCNT/金刚烷改性芘与 β 环糊精系钌配合物的组装[90]。研究了基于纳米管与 DNA 质体组装的大分子的冷凝能力,与钌配合物一起作为荧光探头用于非病毒遗传因子传递系统,通过细胞去监控 DNA 的吸收。

　　关于碳纳米管附加的新组成或者新功能也能被直接表明,可通过附加的芘分子间的共价形成机制被直接阐明。在过去的 5 年里,许多关于芘改性的例子大部分用于光感应电极传输或传感器领域,如卟啉[91-93]、酞菁类[94-97]、四硫化碳[98-101]、噻吩类[102]、二茂铁[103]、富勒烯[104-105]、偶氮苯和其他生色团[106-109]、螺旋吡喃类[110-111]、量子点(QD)[112]、糖核酮类[113]或者葡萄糖胺[114]等。

　　Jousselme 和 Artero 报道了多壁碳纳米管(MWCNT)与镍基化合物催化剂(包含 4 个芘部分)的功能特性(图 4.10)[115]。恰似包含高度分散的铂粒子的商业催化剂,在质子交换膜燃料电池(PEMFC)中固定在纳米管上的双磷化氢镍催化剂对氢氧化物和质子还原是有效的。另外,这个体系还对限制铂基电子催化剂应用的一氧化碳(CO)具有较好的耐受性。这成为用于 PEM 器件的非贵金属电子催化剂材料的一个重要技术成就。

　　既然无序自组装是实现碳纳米管功能化的重要途径,那么制备共价亚芘衍生物的优点是可以更好地控制最终结构。明显的不足是缺少多样性:每一个新

102

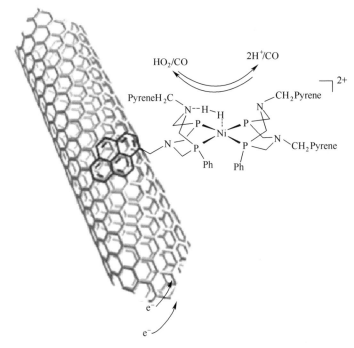

图 4.10　功能化镍配合物修饰的多壁碳纳米管的氢析出和吸收机制[115]

芘衍生物必须独立制备并和纳米管结合在一起。

为了解决这个问题,可使用商业上可购买的活性芘(1-吡咯丁酸琥珀酰亚胺酯),首先分散或功能改性碳纳米管;然后,包含胺基团的活性分子被共价吸附于活性羧基基团。这种方法可成功在纳米管壁上吸附双分子(如蛋白质、酶、抗原、DNA 适体)[116-120]或者 QD[121]。这种方法令人感兴趣的应用是在纳米管上轻易固定双分子用于实现生物传感器。

4.2.2.2　其他芳香环化合物

文献中报道了几种用其他芳香环化合物如蒽[122-123]、菲[66]、芘衍生物[124]和六苯并苯[125]等来分散碳纳米管的例子。一般情况下,这些化合物与芘相比,对纳米管的功能化效率较低。一个提高纳米管分散和手性选择的方法是通过合成可以随纳米管侧壁弯曲的特殊芳香结构来实现[126]。

几年前,Feng 等[127]描述了一种碳纳米管与二萘嵌苯衍生物(N,N′-二苯乙二醛-3,4,9,10-苝四羧酸二酰胺)的结合体。这种纳米复合物作为活性膜检测用于光电流产生。最近,基于二萘嵌苯二酰亚胺的表面活性剂变得很热门。尤其是 Hirsch 课题组报道了用二萘嵌苯衍生物对 SWCNT 的高效分离[128-131]。以二萘嵌苯为核,表面包覆其增溶效果的水溶性钮科姆(Newkome)树枝状分子

(图 4.11(a))[132]。以二萘嵌苯二酰亚胺为基础的表面活性剂是一类特殊的化合物,因为它们有两个重要的特征:①对纳米管良好的分散能力;②优异的电子受体特征。在一系列光物理和电化学光谱试验中利用二萘嵌苯二酰亚胺衍生物有两个第一代树枝基团来探测在纳米管和二萘嵌苯之间的极子传输特性[133]。

类似地,Reich 和 Haag 课题组报道了一个含聚甘油二萘嵌苯树枝状衍生物作为亲水端和 HiP$_{CO}$ SWCNT 之间新的能量传输模式,如图 4.11(b)所示[134]。这个二萘嵌苯分子作为表面活性剂被用于在水中高效分散 SWCNT。在吸附有二萘嵌苯单元的激发过程上,可以观察到纳米管吸收峰,证实了从二萘嵌苯到纳米管的能量激发传输,如图 4.11(c)所示。

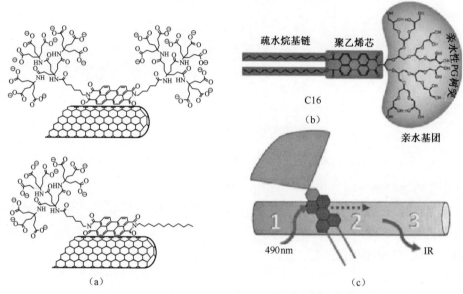

图 4.11 SWCNT 与表面活性剂作用结构与原理示意图[134]

(a)用于 SWCNT 分散的基于亚乙烯的表面活性剂的示例;(b)亚乙烯酰亚胺二酯的化学结构;
(c)亚乙烯表面活性剂与纳米管之间的能量转移过程的示意图。

4.2.2.3　卟啉及其衍生结构

芳香大环如卟啉或者酞菁类也可用于纳米管的分散。尤其是,几个课题组证实了除氟卟啉[148-149]之外,单体[135-143]或聚卟啉[144-147]能通过 π 键在纳米管上堆积。文献中也报道了一些关于单体酞菁类及其衍生物在纳米管上堆积的例子[141,150-153]。

在 2005 年,Chichak 等[154]报道了用超分子卟啉聚合物对 SWCNT 的功能化处理。超分子卟啉聚合物以自发络合的 5,15-双(4-吡啶)-卟啉顺式钯复合物

104

为基础,如图4.12所示。虽然,不管是卟啉还是它的钯配合物都能在水中有效分散纳米管,在SWCNT上,超分子聚合物给予了稳定的分散。超分子结构的电子效应在纳米管场发射晶体管器件中被证实。使用同样的卟啉,他们通过检测在主体/受体系统中光诱导电子跃迁证实了SWCNT/卟啉−FET能作为光探测器[155]。

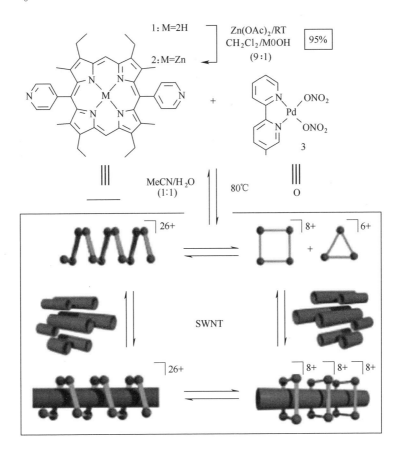

图4.12　在SWCNT周围形成超分子结构的例子[154]

最近,Komatsu和他的团队发展了一个高效利用纳米管侧壁与卟啉之间π键的应用[55-56,156-158]。他们展示了SWCNT的手性分离,而不是利用特定的卟啉衍生物简单地在直径上进行分离[39]。随着不同基团形成非平衡稳定的复合物,这种复合物可以通过离心法而实现快速分离。手性双卟啉的"光镊"包含1,3-亚苯基、2,6-吡啶或者3,6-咔唑烯桥联等被发现缠绕在左手或右手螺旋纳米管上,如图4.13所示。理论计算表明,在光镊和两个对映异构体之间关联焓的

105

差异是 0.22 kcal/mol[56]。之后通过提供多余的 SWCNT，双卟啉可以从纳米管上释放出来。纳米管溶液的圆二色性(CD)揭示的归因于镊子的 Cotton 效应被认为来自于纳米管的手征特性。

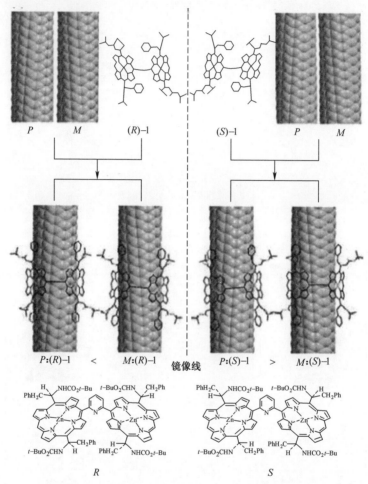

图 4.13　使用 R 和 S 卟啉镊子选择手性(6,5)-单壁碳纳米管的示意图[56]

同时，该课题组更进一步的对它们的手性纳米光镊进行了优化设计，以同时辨别 SWCNT 的手性特征和直径[159]。在这个例子中，不对称的卟啉亚基通过菲间隔基被键合。两个卟啉形成的二面角对于从 CoMoCat-SWNT 中去除少见的(6,5)-SWCNT 是有效的。通过碳纳米管的 CD 特性分析，只有(6,5)-SWCNT显示有 Cotton 效应，表明单一的(6,5)-SWCNT 对映体是通过光镊分子识别富集的。基于同样的目标和采用相似的路径，Komatsu[160]课题组和 Hirsch[161]课题组利用芘或芘的一部分与纳米管的 π 键作用，设计了新的纳米光镊，包括咔

106

唑啉或 m-苯间隔基。

4.2.2.4 胶束膨胀

在 2008 年,Ziegler 和他的合作者展示了这种以表面活性剂稳定的 SWCNT 水溶性悬浮液中非水溶性有机溶剂的凝聚,引起碳纳米管的吸收峰和荧光光谱中的溶剂化显色移动,如图 4.14 所示[162]。他们把这种影响归因于胶束上憎水性核上有机溶剂的迁移,那么这种胶束可通过溶剂增强,此外,在大多数表面活性剂上观察到的一旦溶剂被去除,这些化学迁移是可逆性,表明围绕在 SWCNT 上的表面活性剂的结构将恢复到它早先的结构形式。

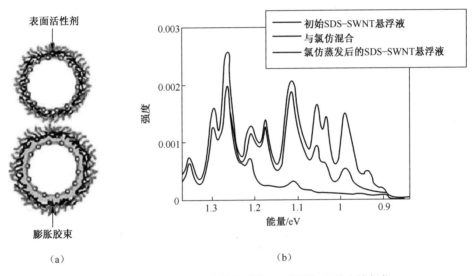

图 4.14   SWCNT 胶束疏水核的膨胀(a)以及加入并去除氯仿
SDS 涂层 SWCNT 悬浮液的近红外荧光光谱(b)[162]

除了对纳米管的荧光特性有影响,通过提供适量的有机溶剂,这类胶束为在纳米管周围固定憎水性分子提供了独特的可能性以便去创造新的非共价纳米杂化物[163]。

尤其是,利用 Ziegler 提供的方法,Roquelet 等[140] 报道了通过胶束溶胀法用四苯基卟啉(TTP)功能化碳纳米管。他们证明可在胶束内合成可控和稳定的 SWCNT/卟啉复合物,指出在胶束核内插入卟啉分子有机溶剂所发挥的关键作用,图 4.15 所示为这个功能化过程。在 SWCNT 悬浮液中加入 TTP 的双氯甲烷溶液(步骤 1),这种非水溶液携带卟啉分子进入胶束内(步骤 2),然后,有机溶剂通过超声处理由热能蒸发,导致卟啉分子与纳米管壁紧密结合(步骤 3)。通过稳态和瞬态的吸收和辐射光谱表征了这种集合产物的光物理特性[140,164-167]。

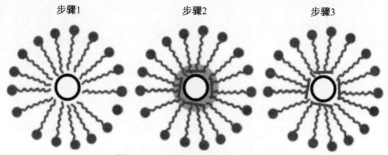

步骤1   步骤2   步骤3

图 4.15　胶束溶胀法的示意图

(碳纳米管呈黑色圆形,周围是表面活性剂分子,呈

灰色(步骤 1)。加入卟啉(红色棒状物)在二氯甲烷中呈蓝色的溶液(步骤 2)。

去除溶剂后,得到功能性纳米管杂化物(步骤 3))

4.2.3　聚合物及其包覆

在接下来的章节里,我们重点关注纳米管与导电和光电活性聚合物的联系。这里暂不考虑纳米管复合材料在增强领域的应用,这是个研究的热点领域但是超出了本章的论述范围。可以注意到,通常用于增强领域的聚合物主要包括聚丙烯酸酯、聚苯乙烯、聚乙烯等一般情况下不是用于碳纳米管分选或者光电器件。对纳米管复合材料领域感兴趣的读者,可以参阅相关文献[168-169]。

总的来说,关于碳纳米管与导电聚合物结合的文献报道给出了两种混合策略:一种是直接将纳米管与溶于有机溶剂的聚合物超声混合,超声的次数不得不严格控制,因为在这种苛刻的条件下纳米管和聚合物一样能被破坏成小碎片;第二种方法是在纳米管存在的情况下进行单体聚合。注意,这种方法趋向于在纳米管周围形成聚合物聚集体,因此与第一种方法相比,碳纳米管/聚合物聚集体轮廓不分明。

用聚合物代替表面活性剂实现纳米管功能化的优势是聚合物降低了胶束形成的熵增,并且与小分子相比,聚合物具有值得关注的较高的相互作用。同前面讨论的 DNA 和表面活性剂一样,对聚合物来说,除韧性、硬度和憎水性外,链的化学结构连同聚合物与纳米管之间的电子吸引力是造成相互作用的直接原因。

聚间苯撑乙烯(PmPV)是人们发现的第一个可缠绕纳米管的 π 共轭聚合物[170-173]。归因于 m-亚苯基键合以及烷氧基增容官能团的互斥作用,PmPV 主链采用一种螺旋结构以适应在纳米管侧壁上的缠绕,实现纳米管/PmPV 复合材料的动力来自于具有电导率的聚合物光吸收特性和纳米管内的极子移动的交互作用,如在 PmPV 内加入 MWCNT,聚合物的电导率提高 8 个数量级[171]。对 SWCNT,研究表明,PmPV(或聚(对苯乙炔)-PPV 共聚物)可以被用于从 HiPCO

SWCNT 混合物中有选择地分离(11,6)、(11,7)和(12,6)纳米管[174-175],这些纳米管的直径分别为 1.19nm、1.25nm 和 1.24nm,纳米管的直径越小越易于被离心法去除。相比之下,研究也表明,在 PmPV 中引入水溶性基团(如磺酸盐)将大大提高小直径纳米管的直径均一性($d \approx 0.8nm$)[176]。对这种现象的解释是聚合物主链和 SWCNT 之间 π-π 作用以及缠绕在纳米管上聚合物的构造不同。实际上,考虑到聚合物构造上的增溶取代物的影响,在 PmPV 中包含憎水的烷氧基官能团,p-亚苯基环是自由旋转的,直到在 SWCNT 表面平行排列,这样提高了孔隙大小。因而,聚合物有这种选择性缠绕大直径 SWCNT 的趋势。相反,对于水溶性 PmPV,聚合物的构造被存在的与水具有很强交互作用的亲水性官能团所限制,使聚合物形成直径 1nm 的孔洞以限制憎水性官能团。

用 m-吡啶代替 m-亚苯基对 PmPV 的主链改性成为聚(2,6-吡啶亚乙烯基-2,5-二辛基-P-苯亚乙烯基)共聚物(PPyPV)。这种聚合物可以有效地包裹和高效分散碳纳米管。用 PmPV 或 PPyPV 包覆 SWCNT 制备的场效应晶体管在 I/V 表征中显示出光控效应,通过纳米管可以整流或放大电流[177]。类似地,通过乙醇、叠氮化合物、硫醇或间二硫苯环 C-5 位上的氨基酸官能团等改性的PmPV 衍生物被设计和合成出来。这些聚{(5-烷氧基-m-苯撑乙烯基)-co-[(2,5-二正氧基-p-苯撑)-乙烯基]}共聚物衍生物(PAmPV)也能在有机溶剂中分散 SWCNT。这些聚合物上的官能团可以用来沿着纳米管壁接枝拟轮烷分子机器,目的在于构造分子开关和驱动器阵列[178]。

聚苯乙炔(PPA)在结构上等同于聚苯乙烯,只是 CH_2—CH_2 饱和官能团被替换成 CH=CH 官能团。这种聚合物的多烯主链可以在纳米管上缠绕。第一个纳米管/PPA 杂化物的例子是在 MWCNT 存在的情况下苯乙炔单体的原位聚合。这个处理过程可在一般有机溶剂中如三氯甲烷、甲苯和四氢呋喃中形成稳定的MWCNT 悬浮液[179]。后来,不管是用芘[180]或者用二茂铁[181]官能团改性 PPA都被单独合成出来,然后吸附在 MWCNT 或者 SWCNT 上。这种 PPA/纳米管杂化物表现出良好的光限幅特性、发光行为和高效的光引发极子传输特性。最近,研究表明,在碳纳米管和咔唑或芴功能化的聚苯乙炔之间的主-客体作用导致了 MWCNT 在有机溶剂的分散效果增强[182]。

总结一下,归因于它们特殊的结构,PmPV、PPyPV 和 PPA 聚合物能在纳米管上缠绕以提高在有机溶剂中的高效分散。归因于纳米管的电特性与这些聚合物的光特性的结合,这些纳米管/聚合杂化物开启了令人感兴趣的实现光电器件的途径。

部分规整的、缠绕在 SWCNT 上的聚-3-烷基噻吩(PT)通常作为 P 型材料用在有机太阳能电池器件[183-189]。利用隧道扫描电镜,Goh 等[184]展示了单层部分规整的聚-3-乙基噻吩(P3HT)以与 SWCNT 轴线成 48°(±4°)地被吸附在 SWCNT 上。最近,Nichola 课题组证明 P3HT 可被用于分离 SWCNT,如图 4.16 所示。此外,纳米管的存在提高了聚噻吩的结晶度,引起光学带隙的降低,提高了聚合物的载体流动性[185]。这也说明,应用光致发光研究发生在 P3HT 与 SWCNT 之间的高效能量转换而不是极子传输,可以解释 P3HT-SWCNT 太阳能电池相对差的性能。尽管如此,增加过量的 P3HT 导致长寿命的极子独立状态[186]。为了提高极子分离特性以及 SWCNT-P3HT 杂化物的光伏特性,解决方案是在纳米管和聚噻吩之间增加一个隔离层。聚芴共苯并噻二唑(F8BT)这类聚合物具有的能量等级(HOMO-LUMO 状态和能隙)使得从 P3HT 到纳米管之间允许电子传输、阻止空穴传输[190]。

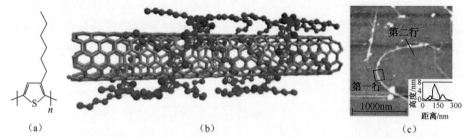

图 4.16　P3HT 的化学结构(a)和包裹在(6,5)SWCNT 周围的 P3HT 的示意图(b)以及涂有 P3HT 的孤立纳米管的 AFM 图像(c)(插图:图像上标记的 AFM 切片高度,第一行(黑色)和第二行(红色))[186]

　　相比可以很容易地缠绕纳米管的聚噻吩,Chen 等[191]证实短而刚性的聚合物如聚对苯乙炔(PPE)可沿纳米管长轴规整排列。替代 PPE 烷氧基增溶链上甲基端基官能团的磺酸钠生成的聚[2,5-双(3-磺酸丙氧基)-1,4-乙炔基苯撑-alt-1,4-乙烯基苯]钠盐(PPES)可以提升由苯乙炔包覆的 SWCNT 在水溶性介质中的溶解性。相比之下,前期的研究集中在关于 p-苯乙炔基聚合物可沿 SWCNT 轴向排列,线型和构造受限的共轭 PPES 聚合物缠绕在 SWCNT 形成自组装的螺旋超结构上,如图 4.17 所示[192]。阴离子型 PPES/SWCNT 杂化物通过静电作用被组装在带正电的预图案表面。图案化特征被发现具有低电阻值的导电性[193]。没有给出数据来解释 PPE 和 PPES 之间的不同。然而,一种解释可以认为两种聚合物均缠绕在纳米管,但是与 P3HT 相比具有更小的角度。对于短的聚合物链,这种缠绕没有被清晰地观察到。如果参考 Pang 的文献[174,176],可以发现另一种解释:这个团队报道了增溶性官能团对 P*m*PV 聚合物构造的影响。事实上,不同的构造能在纳米管侧壁上引起不同的结构形式。

110

(a)

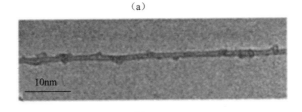

10nm

(b)

图 4.17　PPES/SWCNT 杂化示意图(a)和 TEM 图像(b)[192]

与短的 PPE 链类似,文献报道了刚性的 Zn-卟啉共轭聚合物在 SWCNT 上的线型自组装[144,146-147]。在卟啉的内消旋位置连接 1,3-丁二烯桥的这种聚合物使纳米管的脱落成为可能,这种纳米管/卟啉杂化物在 UV 到近红外展现一个宽的吸收峰,在光电池中作为光捕获系统的潜在应用是可以预见的。

最近,PPES 上的苯环被萘取代,生成聚[2,6-{1,5-双(3-磺酸丙氧基)}萘]乙炔钠盐(PNES),被用于在水溶性或有机介质中分散 SWCNT。得到了 SWCNT/PNES 杂化物在有机溶剂中的溶解度。多亏了使用催化剂(如冠醚 18C6)的相转移,才能合成聚合物的钠反离子[194-195]。高效的 SWCNT 特性通过稳态电子吸收光谱、AFM 和 TEM 被表征和证实。

场效应晶体管构造中,在单独的 SWCNT 表面电化学沉积聚吡咯(PPy)被用于研究 SWCNT/PPy 复合物的电子特性[196]。这个纳米器件展示的薄而稳定的 PPy 涂层在金属型纳米管和半导体型纳米管的导电系数,可归于在生长过程中纳米管与吡咯的共价接枝。其他的导电聚合物如聚苯胺(PANI)[197-201]或者聚-3,4-亚乙基二氧基噻吩多苯乙烯磺酸盐(PEDOT:PSS)[202-208]与碳纳米管混合以改性聚合物的电导率用于热电或光伏应用。在我们可知的范围内,关于这些复合物如 PmPV、PPE、PT 或聚芴(PFO)的形态研究还没有被关注。

在利用聚合物进行 SWCNT 选择性分散领域,已经证实,PFO 和它的共聚衍生物能在某一手性角度或者直径上选择性缠绕 SWCNT 依赖于这些聚合物的化学结构[48-49,209-212]。同时,Gao 等[213]关于甲苯中 PFO-SWCNT 的理论分析表明,PFO 与纳米管之间的相互影响受制于烷基齐平机制(以优先的螺旋缠绕方式在纳米管周围锁定聚合物链),如图 4.18(a)所示。另外,作者也强调了在较少受限的 PFO-SWCNT 体系比如 PFO-(8,6)纳米管中,聚合物吸附过程中芴-

纳米管之间的微弱作用。在 PFO 主链上(图 4.18(b))的其他芳香部分比如苯、蒽、贫电子的苯并噻二唑或者富电子的 N,N'-二苯基-N,N'-二(对丁氧基苯基)-1,4-二氨基苯部分的相互作用允许纳米管和聚合物之间的交互作用发生细微调整。

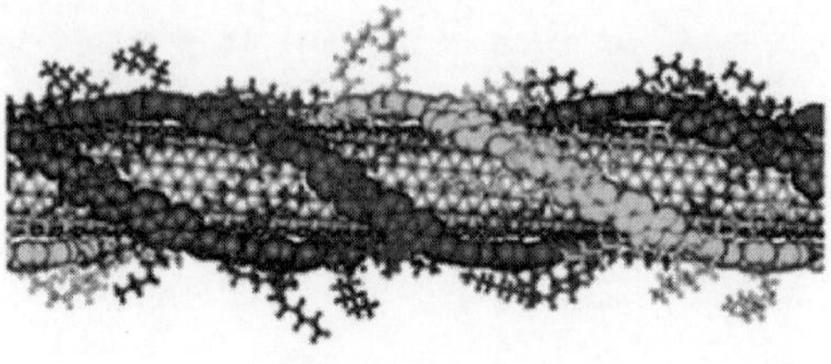

(a)

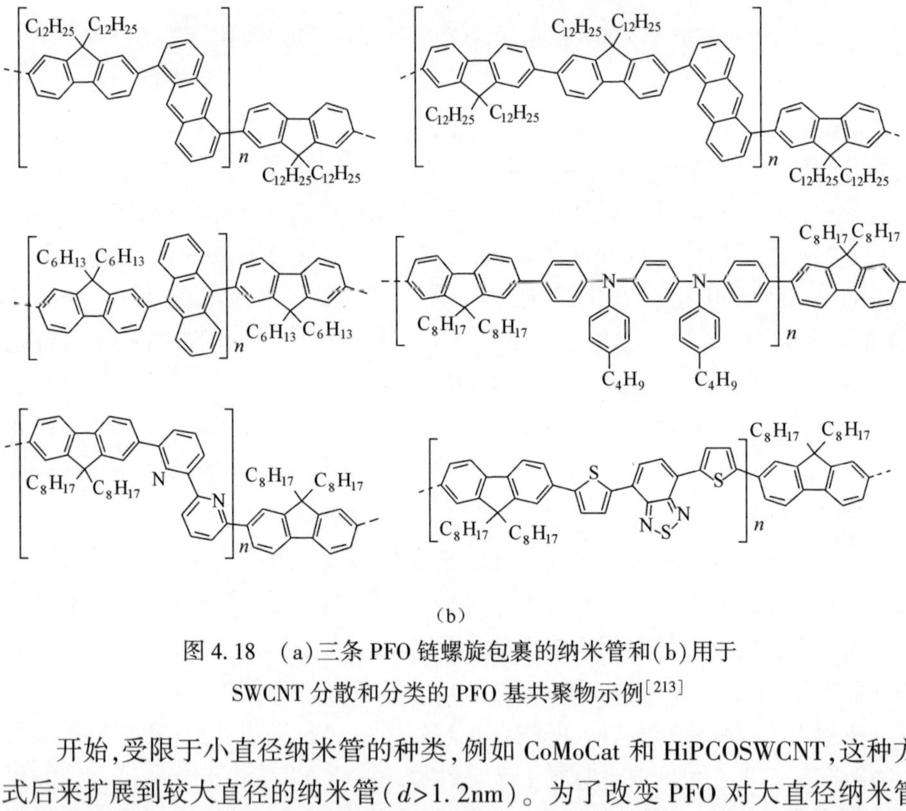

(b)

图 4.18 (a)三条 PFO 链螺旋包裹的纳米管和(b)用于
SWCNT 分散和分类的 PFO 基共聚物示例[213]

开始,受限于小直径纳米管的种类,例如 CoMoCat 和 HiPCOSWCNT,这种方式后来扩展到较大直径的纳米管($d>1.2\text{nm}$)。为了改变 PFO 对大直径纳米管的选择性,Berton 等[214]在聚芴主链上混合了萘、蒽或蒽醌。蒽-1,5-二烷基的直径选择性结合聚芴的强手性选择能力,可以在激光消融法制备的纳米管混合物中选取大直径 SWCNT。同样地,Mistry 等[219]在 PFO 中引入 $2,2'$-联吡啶和 $9,10$-蒽。这些聚合物对大直径纳米管展现出很强的选择性。另外,PFO 蒽展示了分离特定手性分散的近手性半导体SWCNT(如(n,m)SWCNT,$n-m=3q+2$)的特殊能力。通过芴基聚合物筛选的这种高纯度半导体纳米管使纳米管用于高效场效应管[220-221]和光伏应用成为可能[222-223]。

在2011年,在说明了选择识别和溶解特定手性(n,m)SWCNT合理的方法之后[215],Nakashima团队描述了选择性萃取右手和左手s-SWCNT对映异构体,通过整合手性联萘酚(R-BN或S-BN)的不同部分成芴基聚合物,如图4.19所示[216]。这个共聚体能获得右手或左手半导体SWCNT对映异构体,在$(6,5)$-和$(7,5)$-富手性。通过圆二色性,可见光-近红外吸收和光致发光谱对分离后的材料进行了研究。

左手半导体
SWNT

右手半导体
SWNT

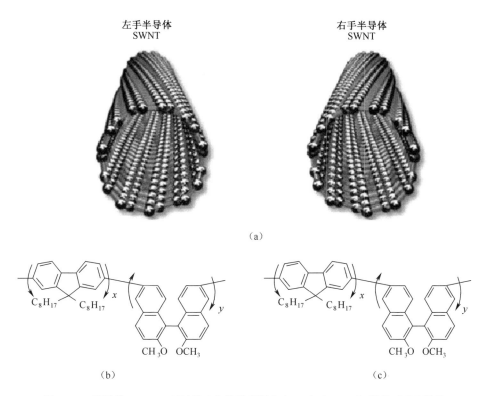

(a)

(b)

(c)

图4.19 半导体SWCNT对映体(a)的示意图和$(PFO)_x(R-BN)_y$结构式(b)以及
$(PFO)_x(S-BN)_y$结构式(c)[216]

在2010年,Imahori报道了他们通过偶氮苯部分的光异构化导致的聚合物构造的变化来解释偶氮基聚合物存在时SWCNT的溶解性,这篇论文是用纳米管被聚合物缠绕后的刺激响应性来解释这种现象的第一例[224]。这个问题对纳米管分类尤为重要。例如,事实上,PFO在分离后是极难从纳米管上去除的。

113

为了解决这个问题,Mayor 和 Kappes 报道包含不同比例的芴和邻硝基苄基醚光催化共聚物[225]。这种聚合物能选择性缠绕特定的(n,m)SWCNT,经光辐射几分钟后,苄基醚部分能很容易地去除,导致纳米管的沉积。同年,Wang 等[226]描述了以包含四甲基-、四苯基或二甲基二苯基二硅烷官能团的芴主链为基础的可降解聚合物的合成。这种四甲基二硅烷基共聚物被发现可用于选择$(8,7)$、$(9,7)$和$(9,8)$SWCNT。经过分类,在氟氢酸的水溶液中通过纳米管/聚合杂化物 Si-Si 键可被断开,结果不含芴的半导体纳米管可被用于场效应管的制造。

4.3 结 论

碳纳米管的超分子化学领域的研究有上千篇文献,不可能对这个领域的所有方面都有所评论,这里讨论的例子均是从最近的文献中选取的。我们试图对关于碳纳米管非共价键功能化研究有个总的概述。在这一章里,我们主要的目的是在纳米管功能化的不同技术和它们的潜在应用方面给读者以有用的信息。

当它们的碳环被功能化后,CNT 的多样化应用将有更进一步的提升。除此之外,最近发展的纳米管分离技术和分离的 SWCNT 商业化应用表现出实质性突破。获得特定的具有物理和化学特性的(n,m)SWCNT 样品在不久的将来将成为可能。事实上,这也是我们首次能理解 SWCNT 作为分子展现出的各向同性和反应性。

参 考 文 献

1. Thess A, Lee R, Nikolaev P, Dai H, Petit P, Robert J, Xu C, Lee H Y, Kim S G, Rinzler A G, Colbert D T, Scuseria G E, Tomanek D, Fischer J E, Smalley R E (1996) Science 273:483

2. Bockrath M, Cobden D H, McEuen P L, Chopra N G, Zettl A, Thess A, Smalley R E (1997) Science 275:1922

3. Martel R, Schmidt T, Shea H R, Hertel T, Avouris P (1998) Appl Phys Lett 73:2447

4. Chen J, Hamon M A, Hu H, Chen Y, Rao A M, Eklund P C, Haddon R C (1998) Science 282:955. Avouris P (2002) Acc Chem Res 35:1026

5. Avouris P(2002) Acc Chen Res 35:1026

6. O'Connell MJ, Bachilo SM, Huffman C B, Moore V C, Strano M S, Haroz E H, Rialon K L, Boul P J, Noon W H, Kittrell C, Ma J, Hauge RH, Weisman R B, Smalley RE (2002) Science297:593

7. Liu J, Rinzler A G, Dai H, Hafner JH, Bradley R K, Boul P J, Lu A, Iverson T, Shelimov K, Huffman C B, Rodriguez-Marcias F, Shon Y, Lee TR, Colbert DT, Smalley R E (1998) Science 280:1253

8. Islam M F, Pojas E, Bergey D M, Johnson AT, Yodh AG (2003) Nano Lett 3:269

114

9. Moore V C, Strano M S, Haroz E H, Hauge R H, Smalley R E (2003) Nano Lett 3:1379

10. Matarredona O, Rhoads H, Li Z, Harwell J H, Balzano L, Resasco DE (2003) J Phys Chem B107:13357

11. Markiewicz P, Goh MC (1994) Langmuir 10:5

12. Nativ-Roth E, Regev O, Yerushalmi-Rozen R (2008) Chem Commun 2037

13. Richard C, Balavoine F, Schultz P, Ebbesen T W, Mioskowski C (2003) Science 300:775

14. Yurekli K, Mitchell C A, Krishnamoorti R (2004) J Am Chem Soc 126:9902

15. Calvaresi M, Dallavalle M, Zerbetto F (2009) Small 5:2191

16. Angelikopoulos P, Gromov A, Leen A, Nerushev O, Block H, Campbell EEB (2010) J Phys Chem C 114:2

17. Wallace E J, Sansom MSP (2009) Nanotechnology 20:045101

18. Pang J, Xu G (2012) Comput Mater Sci 65:324

19. Di Crescenzo A, Germani R, Del Canto E, Giordani S, Savelli G, Fontana A (2011) Eur J Org Chem 5641

20. Lee H, Kim H (2012) J Phys Chem C 116:9327

21. Duque J G, Parra-Vasquez ANG, Behabtu N, Green MJ, Higginbotham AL, Price BK, Leonard A D, Schmidt HK, Lounis B, Tour J M, Doorn SK, Cognet L, Pasquali M (2010) ACS Nano 4:3063

22. McDonald TJ, Engttrakul C, Jones M, Rumbles G, Heben MJ (2006) J Phys Chem B 110:25339

23. Tangney P, Capaz R B, Spataru C D, Cohen M L, Louie S G(2005) Nano Lett 5:2268

24. Kamal C, Ghanty T K, Banerjee A, Chakrabarti A (2009) J Chem Phys 131:164708

25. Tummala N R, Striolo A (2009) ACS Nano 3:595

26. Zheng M, Jagota A, Semke E D, Diner B A, McLean R S, Lustig S R, Richardson R E, Tassi NG(2003) Nat Mater 2:338

27. Johnson R R, Johnson ATC, Klein ML (2008) Nano Lett 8:69

28. Wang Y (2008) J Phys Chem C 112:14297

29. Johnson R R, Kohlmeyer A, Johnson ATC, Klein ML (2009) Nano Lett 9:537

30. Vogel S R, Kappes M M, Hennrich F, Richert C (2007) Chem Eur J 13:1815

31. Duesberg G S, Muster J, Krstic V, Burghard M, Roth S (1998) Appl Phys A 67:117

32. Arnold K, Hennrich F, Krupke R, Lebedkin S, Kappes MM (2006) Phys Status Solidi B-Basic Solid State Phys 243:3073

33. Heller D A, Mayrhofer R M, Baik S, Grinkova Y V, Usrey M L, Strano MS (2004) J Am Chem Soc 126:14567

34. Vetcher AA, Srinivasan S, Vetcher I A, Abramov SM, Kozlov M, Baughman RH, Levene SD(2006) Nano-technology 17:4263

35. Strano M S, Zheng M, Jagota A, Onoa G B, Heller D A, Barone P W, Usrey M L (2004) Nano Lett 4:543

36. Zheng M, Jagota A, Strano M S, Santos A P, Barone P W, Chou SG, Diner BA, Dresselhaus M S, McLean R S, Onoa GB, Samsonidze GG, Semke ED, Usrey M L, Walls DJ (2003) Science 302:1545

37. Doorn S K, Strano M S, O'Connell M J, Haroz EH, Rialon KL, Hauge RH, Smalley RE (2003) J Phys Chem B 107:6063

38. Arnold M S, Stupp S I, Hersam M C (2005) Nano Lett 5:713

39. Arnold M S, Grenn A A, Hulvat JF, Stupp SI, Hersam MC (2006) Nat Nanotechnol 1:60

40. Crochet J, Clemens M, Hertel T (2007) J Am Chem Soc 129:8058

41. Hennrich F, Arnold K, Lebedkin S, Quintilla' A, Wenzel W, Kappes MM (2007) Phys StatusSolidi B Basic Solid State Phys 244:3896

42. Nair N, Kim W-J, Braatz RD, Strano MS (2008) Langmuir 24:1790

43. Wei L, Wang B, Goh TH, Li L J, Yang Y, Chan-Park MB, Chen Y (2008) J Phys Chem B112:2771

44. Zheng M, Semke ED (2007) J Am Chem Soc 129:6084

45. Ju S Y, Doll J, Sharma I, Papadimitrakopoulos F (2008) Nat Nanotechnol 3:356

46. Kim SN, Kuang Z, Grote JG, Farmer BL, Naik RR (2008) Nano Lett 8:4415

47. Tu X, Manohar S, Jagota A, Zheng M (2009) Nature 460:250

48. Nish A, Hwang J Y, Doig J, Nicholas RJ (2007) Nat Nanotechnol 2:640

49. Chen F, Wang B, Chen Y, Li LJ (2007) Nano Lett 7:3013

50. Krupke R, Hennrich F, von Löhneyesen H, Kappes MM (2003) Science 301:344

51. Krupke R, Hennrich F, Weber HB, Kappes MM, von Löhneyesen H (2003) Nano Lett 3:1019

52. Krupke R, Hennrich F, Kappes MM, von Löhneyesen H (2004) Nano Lett 4:1395

53. Krupke R, Linden S, Rapp M, Hennrich F (2006) Adv Mater 18:1468

54. Tanaka T, Jin H, Miyata Y, Fuji S, Suga H, Naitoh Y, Minari T, Miyadera T, Tsukagoshi K, Kataura H (2009) Nano Lett 9:1497

55. Peng X, Komatsu N, Bhattacharya S, Shimawaki T, Aonuma S, Kimura T, Osuka A (2007) Nat Nanotechnol 2:361

56. Peng X, Komatsu N, Kimura T, Osuka A (2007) J Am Chem Soc 129:15947

57. Gosh S, Bachilo S M, Weisman R B (2010) Nat Nanotechnol 5:443

58. Bonaccorso F, Hasan T, Tan PH, Sciascia C, Privitera G, Di Marco G, Gucciardi PG, Ferrari AC (2010) J Phys Chem C 114:17267

59. Lin S, Blankschtein D (2010) J Phys Chem C 114:15616

60. Green A A, Hersam M C (2008) Nano Lett 8:1417

61. Blackburn J L, Barnes T M, Beard MC, Kim Y H, Tenent RC, McDonald TJ, To B, Coutts TJ, Heben MJ (2008) ACS Nano 2:1266

62. Zhao P, Einarsson E, Xiang R, Murakami Y, Maruyama S (2010) J Phys Chem C 114:4831

63. Zhao P, Einarsson E, Lagoudas G, Shiomi J, Chiashi S, Maruyama S (2011) Nano Res 4:623

64. Niyogi S, Densmore CG, Doorn SK (2009) J Am Chem Soc 131:1144

65. Nakashima N, Tomonari Y, Murakami H (2002) Chem Lett 638

66. Tomonari Y, Murakami H, Nakashima N (2006) Chem Eur J 12:4027

67. Guldi D M, Rahman GMA, Jux N, Tagmatarchis N, Prato M (2004) Angew ChemInt Ed 43:5526

68. Ehli C, Rahman GMA, Jux N, Balbinot D, Guldi DM, Paolucci F, Marcaccio M, Paolucci D, Melle-Franco M, Zerbetto F, Campidelli S, Prato M (2006) J Am Chem Soc 128:11222

69. Sgobba V, Rahman GMA, Guldi D M, Jux N, Campidelli S, Prato M (2006) Adv Mater 18:2264

70. Rahman GMA, Guldi D M, Cagnoli R, Mucci A, Schenetti L, Vaccari L, Prato M (2005) J Am Chem Soc 127:10051

71. Guldi D M, Rahman GMA, Prato M, Jux N, Qin S, Ford WT (2005) Angew Chem Int Ed 44:2015

72. Sandanayaka ASD, Chitta R, Subbaiyan NK, D'Souza L, Ito O, D'Souza F (2009) J Phys Chem C 113:13425

116

73. Guldi DM, Rahman GMA, Jux N, Balbinot D, Hartnagel U, Tagmatarchis N, Prato M (2005) J Am Chem Soc 127:9830

74. Xin H, Wooley AT (2003) J Am Chem Soc 125:8710

75. Chung C-L, Gautier C, Campidelli S, Filoramo A (2010) Chem Commun 6539

76. Chitta R, Sandanayaka AD, Schumacher AL, D'Souza L, Araki Y, Ito O, D'Souza F (2007) J Phys Chem C 111:6947

77. Das SK, Subbaiyan NK, D'Souza F, Sandanayaka ASD, Kakahara T, Ito O (2011) J Porphyr Phthalocyanines 15:1033

78. D'Souza F, Chitta R, Sandanayaka ASD, Subbaiyan NK, D'Souza L, Araki Y, Ito O (2007) Chem Eur J 13:8277

79. D'Souza F, Chitta R, Sandanayaka ASD, Subbaiyan NK, D'Souza L, Araki Y, Ito O (2007) J Am Chem Soc 129:15865

80. Sandanayaka ASD, Subbaiyan NK, Das SK, Chitta R, Maligaspe E, Hasode T, Ito O, D'Souza F (2011) Chem Phys Chem 12:2266

81. Zhao Y-L, Hu L, Stoddart JF, Gruüner G (2008) Adv Mater 20:1910

82. Zhao Y-L, Hu L, Grüner G, Stoddart JF (2008) J Am Chem Soc 130:16996

83. Zhao Y-L, Stoddart JF (2009) Acc Chem Res 42:1161

84. Avouris P, Chen Z, Perebeinos V (2007) Nat Nanotechnol 2:605

85. Avouris P, Freitag M, Perebeinos V (2008) Nat Photonics 2:341

86. Allen BL, Kichambare PD, Star A (2007) Adv Mater 19:1439

87. Grüner G (2006) Anal Bioanal Chem 384:322

88. Rekharsky MV, Inoue Y (1998) Chem Rev 98:1875

89. Ogoshi T, Takashima Y, Yamaguchi H, Harada A (2007) J Am Chem Soc 129:4878

90. Yu M, Zu S-Z, Chen Y, Liu Y-P, Han B-H, Liu Y (2010) Chem Eur J 16:1168

91. Kavakka JS, Heikkinen S, Kilpeläinen I, Mattila M, Lipsanen H, Helaja J (2007) Chem Commun 519

92. Satake A, Miyajima Y, Kobuke Y (2005) Chem Mater 17:716

93. Maligaspe E, Sandanayaka ASD, Hasode T, Ito O, D'Souza F (2010) J Am Chem Soc 132:8158

94. Bartelmess J, Ballesteros B, de la Torre G, Kiessling D, Campidelli S, Prato M, Torres T, Guldi DM (2010) J Am Chem Soc 132:16202

95. Ince M, Bartelmess J, Kiessling D, Dirian K, Martínez-Díaz MV, Torres T, Guldi DM (2012) Chem Sci 3:1472

96. Klyatskaya S, Galán Mascarós JR, Bogani L, Hennrich F, Kappes M, Wernsdorfer W, Ruben M (2009) J Am Chem Soc 131:15143

97. Urdampilleta M, Klyatskaya S, Cléziou J-P, Ruben M, Wernsdorfer W (2011) Nat Mater10:502

98. Herranz MA, Ehli C, Campidelli S, Gutiérrez M, Hug GL, Ohkubo K, Fukuzumi S, Prato M, Martín N, Guldi DM (2008) J Am Chem Soc 130:66

99. Ehli C, Guldi DM, Herranz MA, Martín N, Campidelli S, Prato M (2008) J Mater Chem18:1498

100. Canevet D, Pérez del Pino A, Amabilino DB, SalléM (2011) Nanoscale 3:2898

101. Wurl A, Goossen S, Canevet D, SalléM, Pérez EM, Martín N, Klinke C (2012) J Phys Chem C 116:20062

102. Klare JE, Murray IP, Goldberger J, Stupp SI (2009) Chem Commun 3705

103. Le Goff A, Moggia F, Debou N, Jégou P, Artero V, Fontecave M, Jousselme B, Palacin S(2010) J Electroanal Chem 641:57

104. Guldi DM, Menna E, Maggini M, Marcaccio M, Paolucci D, Paolucci F, Campidelli S,Prato M, Rahman GMA, Schergna S (2006) Chem Eur J 12:3975

105. D'Souza F, Sandanayaka ASD, Ito O (2010) J Phys Chem Lett 1:2586

106. Zhou X, Zifer T, Wong BM, Krafcik KL, Léonard F, Vance AL (2009) Nano Lett 9:1028

107. Huang C, Wang RK, Wong BM, McGee DJ, Léonard F, Kim YJ, Johnson KF, Arnold MS,Eriksson MA, Gopalan P (2011) ACS Nano 5:7767

108. Vijaykumar C, Balan B, Kim M-J, Takeuchi M (2011) J Phys Chem C 115:4533

109. Cicchi S, Fabbrizzi P, Ghini G, Brandi A, Foggi P, Marcelli A, Righini R, Botta C (2009)Chem Eur J 15:754

110. Guo X, Huang L, O'Brien S, Kim P, Nuckolls C (2005) J Am Chem Soc 127:15045

111. Setaro A, Bluemmel P, Maity C, Hecht S, Reich S (2012) Adv Funct Mater 22:2425

112. Hu L, Zhao Y-L, Ryu K, Zhou C, Stoddart JF, Grüner G (2008) Adv Mater 20:939

113. Wu P, Chen X, Hu N, Tam UC, Blixt O, Zettl A, Bertozzi CR (2008) Angew Chem Int Ed 47:5022

114. Sudibya HG, Ma J, Dong X, Ng S, Li L-J, Liu X-W, Chen P (2009) Angew Chem Int Ed 48:2723

115. Tran PD, Le Goff A, Heidkamp J, Jousselme B, Guillet N, Palacin S, Dau H, Fontecave M,Artero V (2011) Angew Chem Int Ed 50:1371

116. Chen RJ, Zhang Y, Wang D, Dai H (2001) J Am Chem Soc 123:3838

117. Besteman K, Lee J-O, Wiertz FGM, Heering HA, Dekker C (2003) Nano Lett 3:727

118. Li C, Curreli M, Lin H, Lei B, Ishikawa FN, Datar R, Cote RJ, Thompson ME, Zhou C (2005)J Am Chem Soc 127:12484

119. Maehashi K, Katsura T, Kerman K, Takamura Y, Matsumoto K, Tamiya E (2007) Anal Chem79:782

120. Ramasamy RP, Luckarift HR, Ivnitski DM, Atanassov PB, Johnson GR (2010) Chem Commun 6045

121. Landi BJ, Evans CM, Worman JJ, Castro SL, Bailey SG, Raffaelle RP (2006) Mater Lett 60:3502

122. Sandanayaka ASD, Takaguchi Y, Uchida T, Sako Y, Morimoto Y, Araki Y, Ito O (2006) Chem Lett 35:1188

123. Zhang J, Lee J-K, Wu Y, Murray RW (2003) Nano Lett 3:403

124. Mateo-Alonso A, Ehli C, Chen KH, Guldi DM, Prato M (2007) J Phys Chem A 111:12669

125. Voggu R, Rao KV, George SJ, Rao CNR (2010) J Am Chem Soc 132:5560

126. Steinberg BD, Scott LT (2009) Angew Chem Int Ed 48:5400

127. Feng W, Fuji A, Ozaki M, Yosino K (2005) Carbon 43:2501

128. Backes C, Schmidt CD, Hauke F, Böttcher C, Hirsch A (2009) J Am Chem Soc 131:2172

129. Backes C, Schmidt CD, Rosenlehner K, Hauke F, Coleman JN, Hirsch A (2010)Adv Mater 22:788

130. Oelsner C, Schmidt C, Hauke F, Prato M, Hirsch A, Guldi DM (2011) J Am Chem Soc 2011:4580

131. Backes C, Hauke F, Hirsch A (2011) Adv Mater 23:2588

132. Newkome GR, Nayak A, Behera RK, Moorefield CN, Baker GR (1992) J Org Chem 57:358

133. Ehli C, Oelsner C, Guldi DM, Mateo-Alonso A, Prato M, Schmidt CD, Backes C, Hauke F,Hirsch A (2009) Nat Chem 1:243

118

134. Ernst F, Heek T, Setaro A, Haag R, Reich S (2012) Adv Funct Mater 22:3921

135. Murakami H, Nomura T, Nakashima N (2003) Chem Phys Lett 378:481

136. Chen J, Collier CP (2005) J Phys Chem B 109:7605

137. Rahman GMA, Guldi DM, Campidelli S, Prato M (2006) J Mater Chem 16:62

138. Tanaka H, Yajima T, Matsumoto T, Otsuka Y, Ogawa T (2006) Adv Mater 18:1411

139. Kauffman DR, Kuzmych O, Star A (2007) J Phys Chem C 111:3539

140. Roquelet C, Lauret J-S, Alain-Rizzo V, Voisin C, Fleurier R, Delarue M, Garrot D, Loiseau A, Roussignol P, Delaire JA, Deleporte E (2010) Chem Phys Chem 11:1667

141. Morozan A, Campidelli S, Filoramo A, Jousselme B, Palacin S (2011) Carbon 49:4839

142. D'Souza F, Das SK, Sandanayaka ASD, Subbaiyan NK, Gollapalli DR, Zandler ME, Wakahara T, Ito O (2012) Phys Chem Chem Phys 14:2940

143. Peng H, Qin H, Li L, Huang Y, Peng J, Cao Y, Komatsu N (2012) J Mater Chem 22:5764

144. Cheng F, Adronov A (2006) Chem Eur J 12:5053

145. Ozawa H, Yi X, Fujigaya T, Niidome Y, Asano T, Nakashima N (2011) J Am Chem Soc 133:14771

146. Sprafke JK, Stranks SD, Warner JH, Nicholas RJ, Anderson HL (2011) Angew Chem Int Ed 50:2313

147. Stranks SD, Sprafke JK, Anderson HL, Nicholas RJ (2011) ACS Nano 5:2307

148. Cheng F, Zhang S, Adronov A, Echegoyen L, Diederich F (2006) Chem Eur J 12:6062

149. Chen F, Zhu J, Adronov A (2011) Chem Mater 23:3188

150. Wang X, Liu Y, Qiu W, Zhu D (2002) J Mater Chem 12:1636

151. Ma A, Lu J, Yang S, Ng KM (2006) J Clust Sci 17:599

152. Wang J, Blau WJ (2008) Chem Phys Lett 465:265

153. Bartelmess J, Ehli C, Cid J-J, García-Iglesias M, Vázquez P, Torres T, Guldi DM (2011) Chem Sci 2:652

154. Chichak KS, Star A, Altoé MVP, Stoddart JF (2005) Small 4:452

155. Hecht DS, Ramirez RJA, Briman M, Artukovic E, Chichak KS, Stoddart JF, Grüner G (2006) Nano Lett 6:2031

156. Peng X, Komatsu N, Kimura T, Osuka A (2008) ACS Nano 2:2045

157. Wang F, Matsuda K, Rahman AFMM, Kimura T, Komatsu N (2011) Nanoscale 3:4117

158. Liu G, Yasumitsu T, Zhao L, Peng X, Wang F, Bauri AK, Aonuma S, Kimura T, Komatsu N (2012) Org Biomol Chem 10:5830

159. Wang F, Matsuda K, Rahman AFMM, Peng X, Kimura T, Komatsu N (2010) J Am Chem Soc 132:10876

160. Rahman AFMM, Wang F, Matsuda K, Kimura T, Komatsu N (2011) Chem Sci 2:862

161. Backes C, Schmidt CD, Hauke F, Hirsch A (2010) Chem Asian J 6:438

162. Wang RK, Chen W-C, Campos DS, Ziegler KJ (2008) J Am Chem Soc 130:16330

163. Chen W-C, Wang RK, Ziegler KJ (2009) ACS Appl Mater Interfaces 1:1821

164. Roquelet C, Garrot D, Lauret J-S, Voisin C, Alain-Rizzo V, Roussignol P, Delaire JA, Deleporte E (2010) Appl Phys Lett 97:141918

165. Garrot D, Langlois B, Roquelet C, Michel T, Roussignol P, Delalande C, Deleporte E, Lauret J-S, Voisin C (2011) J Phys Chem C 115:23283

166. Roquelet C, Vialla F, Diederichs C, Roussignol P, Delalande C, Deleporte E, Lauret J-S, Voisin C

(2012) ACS Nano 6:8796

167. Roquelet C, Langlois B, Vialla F, Garrot D, Lauret J-S, Voisin C (2013) Chem Phys 413:45

168. Chae HG, Liu J, Kumar S (2006) Carbon nanotube-enabled materials. In: O'Connell MJ (ed) Carbon nanotubes properties and applications. CRC Taylor and Francis, Boca Raton, p 213

169. Spitalsky Z, Tasis D, Papagelis K, Galiotis C (2010) Prog Polym Sci 35:357

170. Coleman JN, Dalton AB, Curran S, Rubio A, Davey AP, Drury A, McCarthy B, Lahr B, Ajayan PM, Roth S, Barklie RC, Blau WJ (2000) Adv Mater 12:213

171. Curran SA, Ajayan PM, Blau WJ, Carroll DL, Coleman JN, Dalton AB, Davey AP, Drury A, McCarthy B, Maier S, Stevens A (1998) Adv Mater 10:1091

172. Star A, Stoddart JF, Steuerman D, Diehl M, Boukai A, Wong EW, Yang X, Chung S-W, Choi H, Heath JR (2001) Angew Chem Int Ed 40:1721

173. Curran S, Davey A P, Coleman J N, Dalton A B, McCarthy B, Maier S, Drury A, Gray D, Brennan M, Ryder K, de la Chapelle ML, Journet C, Bernier P, Byrne HJ, Carroll DL, Ajayan PM, Lefrant S, Blau W (1999) Synth Met 103:2559

174. Yi W, Malkovskiy A, Chu Q, Sokolov A P, Colon ML, Meador M, Pang Y (2008) J Phys Chem B 112:12263

175. Chen Y, Malkovskiy A, Wang X-Q, Lebron-Colon M, Sokolov AP, Perry K, More K, Pang Y (2012) ACS Macro Lett 1:246

176. Chen Y, Xu Y, Perry K, Sokolov AP, More K, Pang Y (2012) ACS Macro Lett 1:701

177. Steuerman DW, Star A, Narizzano R, Choi H, Ries RS, Nicolini C, Stoddart JF, Heath JR (2002) J Phys Chem B 106:3124

178. Star A, Liu Y, Grant K, Ridvan L, Stoddart JF, Steuerman DW, Diehl MR, Boukai A, Heath JR (2003) Macromolecules 36:553

179. Tang B Z, Xu H Y (1999) Macromolecules 32:2569

180. Yuan W Z, Sun J Z, Dong YQ, Häussler M, Yang F, Xu HP, Qin AJ, Lam JWY, Zheng Q, Tang BZ (2006) Macromolecules 39:8011

181. Yuan W Z, Sun J Z, Liu J Z, Dong Y, Li Z, Xu HP, Qin A, Häussler M, Jin JK, Zheng Q, Tang BZ (2008) J Phys Chem B 112:8896

182. Zhao H, Yuan W Z, Mei J, Tang L, Liu XQ, Yan M, Shen X Y, Sun J Z, Qin A J, Tang B Z (2009) J Polym Sci Part A Polym Chem 47:4995

183. Ikeda A, Nobusawa K, Hamano T, Kikuchi K (2006) Org Lett 8:5489

184. Goh RGS, Motta N, Bell JM, Waclawik ER (2006) Appl Phys Lett 88:053101

185. Schuettfort T, Snaith HJ, Nish A, Nicholas RJ (2010) Nanotechnology 21:025201

186. Stranks SD, Weisspfennig C, Parkinson P, Jonston MB, Herz LM, Nicholas RJ (2011) Nano Lett 11:66

187. Caddeo C, Melis C, Colombo L, Mattoni A (2010) J Phys Chem C 114:21109

188. Lee HW, Yoon Y, Park S, Oh JH, Hong S, Liyanage LS, Wang H, Morishita S, Patil N, Park YJ, Park JJ, Spakowitz A, Galli G, Gygi F, Wong PHS, Tok JBH, Kim JM, Bao Z (2011) Nat Commun 2:541

189. Dabera GDMR, Jayawardena KDGI, Prabhath MRR, Yahya I, Tan YY, Nismy N A, Shiozawa H, Sauer M, Ruiz-Soria G, Ayala P, Stolojan V, Adikaari AADT, Jarowski P D, Pichler T, Silva SRP (2013) ACS Nano 7:556

120

190. Stranks SD, Yong C–K, Alexander–Webber J A, Weisspfennig C, Johnston M B, Herz L, Nicholas RJ (2012) ACS Nano 6:6058

191. Chen J, Liu HY, Weimer WA, Halls MD, Waldeck DH, Walker GC (2002) J Am Chem Soc 124:9034

192. Kang YK, Lee OS, Deria P, Kim SH, Park TH, Bonnell DA, Saven JG, Therien MJ (2009) Nano Lett 9:1414

193. Cheng F, Imin P, Maunders C, Botton G, Adronov A (2008) Macromolecules 41:2304

194. Deria P, Sinks LE, Park TH, Tomezsko DM, Brukman MJ, Bonnell DA, Therien MJ (2010) Nano Lett 10:4192

195. Rosario–Canales MR, Deria P, Therien MJ, Santiago–Avilés JJ (2012) ACS Appl MaterInterfaces 4:102

196. Liu XL, Ly J, Han S, Zhang DH, Requicha A, Thompson ME, Zhou CW (2005) Adv Mater 17:2727

197. Huang JE, Li XH, Xu JC, Li HL (2003) Carbon 41:2731

198. Jiménez P, Maser WK, Castell P, Martínez MT, Benito AM (2009) Macromol RapidCommun 30:418

199. Sainz R, Small WR, Young NA, Valles C, Benito AM, Maser WK, in het Panhuis M (2006) Macromolecules 39:7324

200. Cochet M, Maser W K, Benito A M, Callejas M A, Martínez MT, Benoit JM, Schreiber J, Chauvet O (2001) Chem Commun 1451

201. Zengin H, Zhou W S, Jin J Y, Czerw R, Smith D W, Echegoyen L, Carroll DL, Foulger SH, Ballato J (2002) Adv Mater 14:1480

202. Carroll D L, Czerw R, Webster S (2005) Synth Met 155:694

203. Kim D, Kim Y, Choi K, Grulan JC, Yu C (2010) ACS Nano 4:513

204. Li J, Liu J–C, Gao C–J (2010) J Polym Res 17:713

205. Moon J S, Park J H, Lee T Y, Kim Y W, Yoo J B, Park C Y, Kim J M, Jin K W (2005) Diam Relat Mat 14:1882

206. Fan BH, Mei X G, Sun K, Ouyang J Y (2008) Appl Phys Lett 93:143103

207. Jalili R, Razal J M, Wallace GG (2012) J Mater Chem 22:25174

208. Sim J–B, Yang HH, Lee M–J, Yoon J–B, Choi S–M (2012) Appl Phys A 108:305

209. Hwang J–Y, Nish A, Doig J, Douven S, Chen C–W, Chen L–C, Nicholas RJ (2008) J Am Chem Soc 130:3543

210. Nish A, Hwang J–Y, Doig J, Nicholas R J (2008) Nanotechnology 19:095603

211. Gao J, Kwak M, Wildeman J, Herrmann A, Loi MA (2011) Carbon 49:333

212. Gao J, Annema R, Loi M A (2012) Eur Phys J B 85:246

213. Gao J, Loi M A, Figueiredo de Carvalho E J, dos Santos MC (2011) ACS Nano 5:3993

214. Berton N, Lemasson F, Tittmann J, Stürzl N, Heinrich F, Kappes MM, Mayor M (2011) Chem Mater 23:2237

215. Ozawa H, Fujigaya T, Song S, Suh H, Nakashima N (2011) Chem Lett 40:470

216. Akazaki K, Toshimitsu F, Ozawa H, Fujigaya T, Nakashima N (2012) J Am Chem Soc 134:12700

217. Lemasson F, Berton N, Tittmann J, Hennrich F, Kappes MM, Mayor M (2012) Macromolecules 45:713

218. Gerstel P, Klumpp S, Hennrich F, Altintas O, Eaton TR, Mayor M, Barner–Kowollik C, Kappes MM (2012) Polym Chem 3:1966

219. Mistry K S, Larsen B A, Blackburn JL (2013) ACS Nano. 10.1021/nn305336x

121

220. Izard N, Kazaoui S, Hata K, Okazaki T, Saito T, Iijima S, Minami N (2008) Appl Phys Lett 92:243112

221. Bisri S Z, Gao J, Derenskyi V, Gomulya W, Iezhokin I, Gordiichuk P, Herrmann A, Loi MA(2012) Adv Mater 24:6147

222. Bindl D J, Safron N S, Arnold M S (2010) ACS Nano 4:5657

223. Bindl D J, Arnold M S (2013) J Phys Chem C 117:2390

224. Umeyama T, Kawabata K, Tezuka N, Matano Y, Miyato Y, Matsushige K, Tsujimoto M,Isoda S, Takano M, Imahori H (2010) Chem Commun 46:5969

225. Lemasson F, Tittmann J, Hennrich F, Stürzl N, Malik S, Kappes MM, Mayor M (2011)Chem Commun 47:7428

226. Wang W Z, Li W F, Pan X Y, Li C M, Li L J, Mu YG, Rogers JA, Chan-Park MB (2011)Adv Funct Mater 21:1643

第5章 富勒烯封端双稳态轮烷

Aurelio Mateo-Alonso

本章主要概述了不同类型的富勒烯封端双稳态轮烷及其转换/切换/开关机制和它们的潜在应用,重点介绍了富勒烯驱动分子梭。

5.1 引　　言

双稳态轮烷或分子梭是机械互锁的部件/组件,其呈现由轴(或螺纹)穿过的环形部件(或大环)。在轴的两端存在两个笨重的止动器,可防止脱开并确保大环保持互锁[1-4]。由于大环只是机械地结合到螺纹上,所以它可以沿着轴的不同部分定位,称为工作站。对于双稳态的轮轴烷,轴具有两个不同的工作站,大环可以在其中切换。

C_{60}[5]由于它的大尺寸而被引入这种类型的体系结构中作为阻塞器。然而,最重要的是,C_{60}也可以作为光/电活性组分,因为C_{60}具有非常有用的性质,可以应用于不同的领域,如光伏、非线性光学等。事实上,大环分子的重新定位已经用于在分子水平上调节富勒烯的光电子性质。这意味着大循环的重新定位可以用于设计多响应材料,并且这种响应可以用于监视宏观世界的亚分子运动。此外,C_{60}止动器还被用作能够同时监测和诱导宏循环的位置的单元。富勒烯阻挡剂的所有这些不同应用将通过具体实例加以说明。

综上所述,本章旨在概述不同类型的富勒烯阻塞双稳态轮烷,它们的开关机制和潜在的应用,特别关注富勒烯驱动的分子梭。本章中的信息可以在覆盖富勒烯互锁结构的整个光谱的几次回顾中扩展[6-8]。

5.2 溶剂调控合成轮烷

2003年报道了第一种富勒烯双稳态轮烷[9],其基础是 Leigh 型[2,10]溶剂可切换分子梭,如图 5.1 所示。线程轮烷 1 具有两个站:一个酰胺站和一个烷基站。在溶剂中低氢键碱度,如 $CHCl_3$,大环位于顶部。二酰胺通过 4 个氢键之间的酰胺 NH 的大环和丝线上酰胺的羰基化合物,如图 5.1 中 1A 所示。相反,在具有高氢键碱度的溶剂,如二甲基亚砜(DMSO),溶剂与大环和二酰胺相互作用,因此,大环分解氢键结合位点和开关以便位于烷基站的顶部,如图 5.1 中 1B 所示。这种类型的双稳态轮烷的一个重要特征是大环沿螺纹的位置可以通过光谱学来区分,特别是通过观察 C_{60} 的三重态–三重态吸收特性,如图 5.1 中 1B 所示,当位于烷基链的顶部时,似乎受到大循环(图 5.1 中 1A 所示)的近距离影响而恢复。

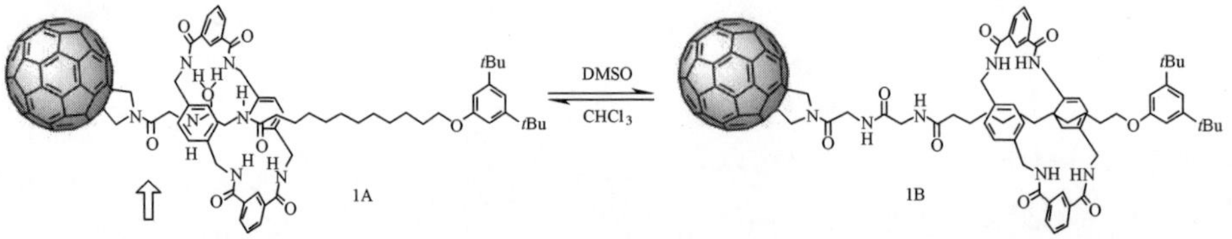

图 5.1　溶剂调控分子转换

为了合成具有可切换行为但产率较高的轮烷 1,设计和合成了轮烷 2,如图 5.2 所示。从结构角度来看,轮烷 2 具有与轮烷 1 完全相同的特征:C_{60} 阻塞剂、紧邻富勒烯的二酰胺、烷基站和螺纹另一端的第二阻塞剂。以类似的方式,在具有低氢键碱性的溶剂中,例如 $CHCl_3$,如图 5.2 中 2A 所示,大环通过氢键互补性位于二酰胺的顶部。最令人惊讶的是,在具有高氢键碱性的溶剂(如DMSO)中,大环向相反方向切换,如图 5.2 中 2B 所示。这种"反向"穿梭行为归因于在二酰胺站和大循环之间存在额外的酰胺,这在方案 1 中用箭头表示。这是在溶剂化条件。在轮烷 1 中,接近 3 个连续溶剂化酰胺对 C_{60} 不允许大环更接近富勒烯。在轮烷 2 的情况下,额外的酰胺缺失。C_{60} 塞子是由于通向 C_{60} 途径的溶剂化程度较低,因此可被大环路访问,对于大循环是可访问的。在这种情况下,解采样后的大环可以向前或向后移动,但是它更喜欢切换到 C_{60},因为它可以通过 π–堆叠交互与 C_{60} 交互。这个系统具有重要的意义,因为富勒烯阻挡剂可以用作单元或站来诱导大循环的位移。

图 5.2　反向分子转换

124

在这个阶段,重要的是要证明富勒烯也可以用来诱发大循环的大振幅位移。设计第三代分子梭,其中二酰胺站位于螺纹的另一端,远离 C_{60},通过长三甘醇间隔物,如图 5.3 所示[12]。在这种新型的轮烷中,通过大环与二酰胺站之间的氢键识别,在低氢键碱度溶剂中,大环位于另一端的联苯塞附近(3A)。然而,在干扰氢键例如 DMSO 的溶剂中宏观循环沿胎面重新定位到 π–堆叠到另一端的富勒烯(3B)。轮烷 3 的附加产物是由于宏周期与 C_{60} 阻断器直接相互作用,因此可以通过稳态发射容易地监测宏周期[12,13]。大循环的位置也可以用来调制富勒烯的非线性光学响应[14]。

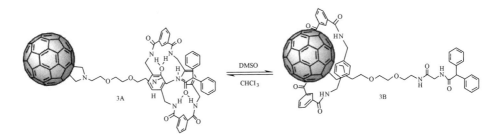

图 5.3　溶剂调控富勒烯驱动分子转换

这种大振幅富勒烯驱动的分子梭已经被用作制备供体–受体系统的支架[15-17]。事实上,两个二茂铁电子给体已经被引入到大循环中,从而产生了一个可调的给体–受体系统,如图 5.4 所示[15]。通过改变溶剂改变大环位置,二茂铁电子给体与 C_{60} 电子受体之间的相对距离充分变化,从而改变辐照时的电子转移动力学,这由 4A 和 4B 中光诱导自由基对的不同寿命所反映。

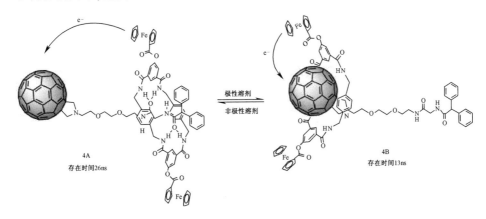

图 5.4　电子给体–受体分子转换

5.3　电化学调控合成轮烷

溶剂切换是一个非常强大的方法,因为它确保了溶液中两种状态的完整结构特征。然而,发展分子梭的实际应用是没有用的。在一个以电为动力的社会里,电子似乎是一种更加实用的载体,它允许这些分子成分的运动与当前技术相联系。C_{60}是优良的电子受体,最多可被 6 个电子选择性还原,并具有容易获得的还原电位[18]。这种负电荷的稳定性来源于低的重组能和确保电子高度离域的非常大的 π 系统[19]。

轮烷 3 也可以通过利用 C_{60} 的电化学性质进行电化学切换(方案 5)[12]。这可以通过循环伏安法来实现和监测。利用循环伏安法与循环伏安特性曲线,估算了不同氧化还原态下 3A 和 3B 之间的平衡常数。使用如图 5.5 中所述的平方方案机制来模拟相应的伏安图。在低氢键碱性溶剂中,如四氢呋喃(THF),通过氢键识别,大环优先位于二酰胺站;这在中性态(3a)中被 $K_{eq} = 10^{-2}$ 所反映。当用一个电子还原 C_{60} 以产生自由基时,平衡向 3B 移动,但是大环仍然优先位于二肽站(3A)之上,如 $K_{eq} = 10^{-1}$ 所反映。富勒烯与第二电子的还原提供了富勒烯二阴离子。在这种氧化还原状态下,平衡更趋向于 3b,计算了 $K_{eq} = 1$。这意味着,要么是宏周期在 3A 和 3B 之间不断切换,要么是 3A 的 50% 和 3B 的 50%。用第三电子还原 C_{60} 塞子提供三阴离子。在这种氧化还原状态下,通过大环与带负电荷的富勒烯之间的强相互作用,平衡完全向 3B 移动,从而稳定富勒烯上存在的负电荷。这种相互作用足够强,以克服 4 个氢键,如 $K_{eq} = 8$ 所反映的。

以间苯二甲酰胺为基础的大环(3)与二硝基苯胺降解的大环(5)的交换导致更高的位置辨别,这归因于大环由于存在 N 原子而极化,如图 5.6 所示[20]。以类似的方式,轮烷 5 在不同的氧化还原状态的平衡常数通过结合循环伏安法和使用图 5.6 中提出的平方方案机制模拟相应的伏安图来估计。第一种差异在中性状态下很明显,其中当比较轮烷 5 和轮烷 3 时,观察到平衡常数的 10 倍差异。然而,大环仍然优先位于二酰胺站(5A)的顶部。当富勒烯还原为自由基阴离子时,计算出 $K_{eq} = 1$,对应于 5A 和 5B 的等摩尔分布。富勒烯还原成二阴离子使平衡完全向 5B($K_{eq} = 10$)移动。当富勒烯还原为三阴离子时,得到 $K_{eq} = 80$,这是迄今为止观察到的富勒烯驱动的分子梭的最高值。

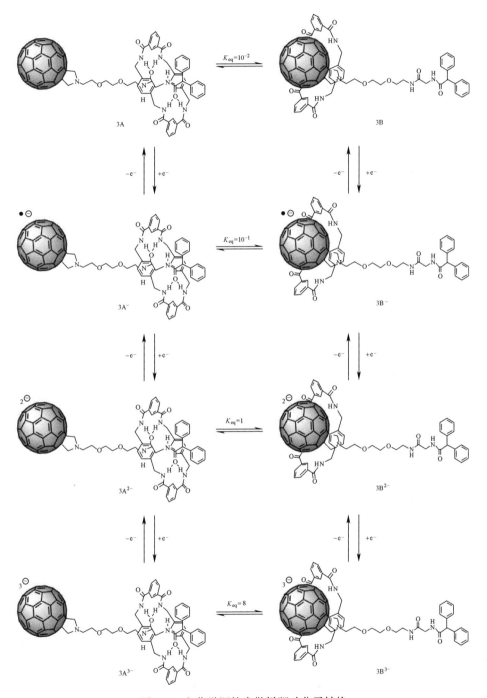

图 5.5 电化学调控富勒烯驱动分子转换

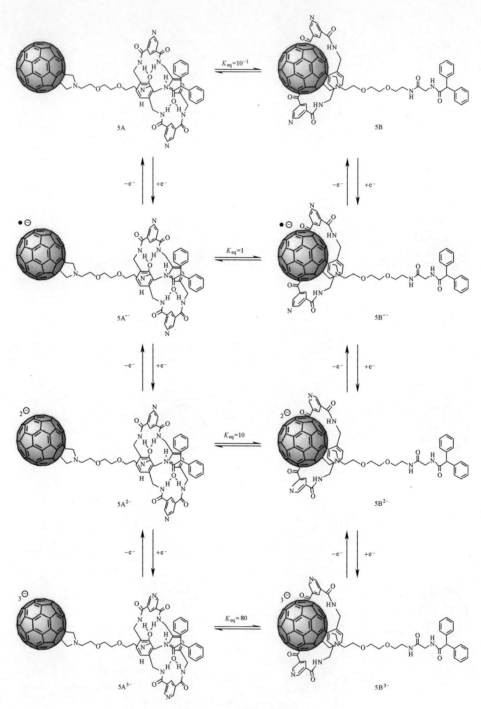

图 5.6 高效电化学调节富勒烯驱动分子转换

即使站 5B 和 5A 之间的位置差别非常大(80∶1),也需要非常高的操作电位($E_{1/2}=-1.743$ V 相对癸甲基二茂铁),这阻碍了实际应用的发展。为此,在大环上合成了具有两个正电荷的新型富勒烯阻塞分子梭,如图 5.7 所示[20]。正电荷的存在通过静电分量加强了宏观循环与电生富勒烯带负电荷物质之间现有的 π-π 相互作用,这导致富勒烯自由基阴离子极好的识别基序。模拟只对第一氧化还原态进行,因为大环和富勒烯在二阴离子形成时同时减少。如所预期的,使用图 5.7 所述的平方方案机制对轮烷 6 的伏安图进行的模拟表明,6A 在中性态($K_{eq}=10^{-1}$)中占主导地位,但在富勒烯阻挡剂还原为自由基阴离子($E_{1/2}=-0.580$ V对于十甲基二茂铁)时,平衡完全由 6B($K_{eq}=5$)支配。这说明了富勒烯自由基阴离子与大环之间的巨大亲和力,但最重要的是,通过仅还原一个电子和应用非常小的还原电位,可以有效地切换大环。

Saha 等人报道了一种不同类型的电化学驱动的富勒烯阻塞分子梭,其中穿梭机理仅基于 π-π 相互作用,如图 5.8 所示[21]。轮烷 7 的螺纹有两个富含电子的位点:四硫富瓦烯(TTF)和 1,5-二羟基萘(DNP)。

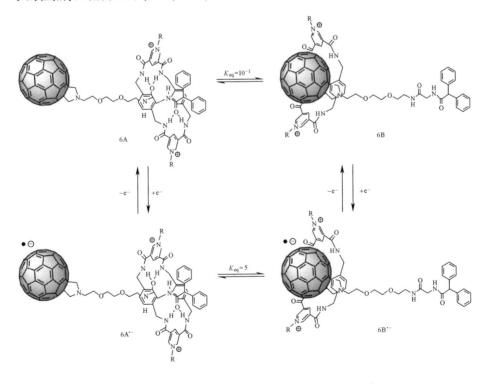

图 5.7　富勒烯自由基阴离子识别转换

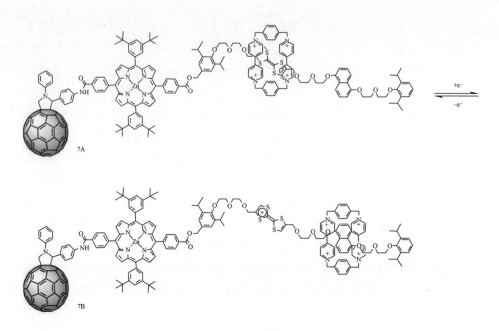

图 5.8　电化学调控分子转换

缺电子四配位大环通过 π–π 相互作用位于 TTF 站的顶部,因为它比 DNP 站更富电子。在 TTF 电化学氧化后,四阳离子大环通过静电排斥离开带正电的 TTF 站以结合 DNP 站,因为它比氧化的 TTF 更富电子。

5.4　化学调控合成轮烷

以与溶剂可切换的轮烷相同的方式,在化学可切换的轮烷中,有可能冻结两个平移异构体,这允许独立地研究它们在反应性和光物理行为方面的差异。然而,如下所示,环组件的重新定位并不总是可逆的。

在高稀释条件下,间氯过苯甲酸(MCPBA)的加入可以使富勒烯吡咯烷氧化成相应的富勒烯吡咯烷 N–氧化物[22]。如上所述,在低氢键碱性的溶剂中轮烷 8A 的大环通过氢键作用在二酰胺站上。当轮烷 8A 被 N–氧化时,大环优先结合 N–氧化物和二酰胺站(8B)的一个酰胺。这种位置的改变是因为 N–氧化物对酰胺的氢键碱性较高,这是因为即使 8B 溶解在干扰氢键的溶剂中,如 DMSO,大环也根本不从那个位置移动。大的环对 N–氧化物的包封抑制已知的富勒烯吡咯烷 N–氧化物的脱氧,因此不能逆转易位,如图 5.9 所示。

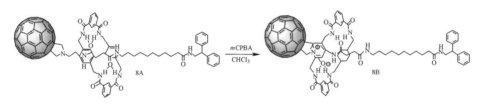

图 5.9　通过氧化富勒烯吡咯烷类调控

通过利用铵盐和冠醚之间的识别来驱动不同类型的富勒烯阻塞双稳态轮烷,如图 5.10 所示[23-24]。轮烷 9 用铵盐显示富勒烯塞螺纹。在低氢键碱性的溶剂中,通过氢键识别(9A),大环位于铵盐的顶部。这促进大环上的卟啉和富勒烯阻挡剂之间的 π−π 相互作用。铵盐的乙酰化提供结合位点的酰胺嵌段,因此大环转变成新的共构象,其中大环定位在更靠近富勒烯(9B)的位置,但不允许卟啉和富勒烯之间的相互作用。详细的光物理研究表明,在 9A[24] 中,卟啉与 C_{60} 阻滞剂之间的光诱导电子转移寿命为 180 ns。铵盐的酰化导致 9B,并提高了自由基对的寿命(560 ns)。当 9A 与二茂铁给电子单元酰化时,观察到类似于 9B 的行为[25]。然而,当 9A 与三苯胺衍生物酰化时,从卟啉到三苯胺单元的空穴位移变得明显[26,27]。

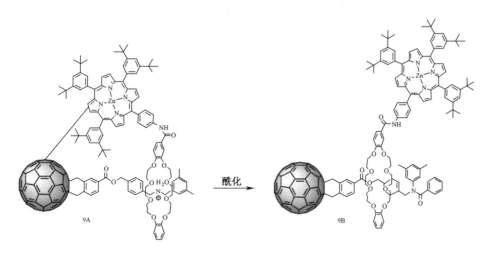

图 5.10　酰化切换过程

5.5　结　　论

本章阐明了富勒烯阻塞双稳态轮烷的设计和合成是重要的相关研究课题。

这种分子系统的合成是通过将构建互锁结构的已知方法与新的分子识别概念结合起来实现的,其中包括使用富勒烯阻挡剂不仅作为阻挡剂,而且作为能够通过不同性质的刺激诱导亚分子位移的单元。双稳态的轮烷与富勒烯的结合产生了多种新型材料,它们将轮烷的可切换特性与富勒烯的光电子特性结合起来。新一代的可切换材料在调节富勒烯的发射、电子接受和非线性光学性质等一些最具特性的特性方面显示了巨大的前景。上述溶剂、电化学和化学可切换的双稳态轮烷阐明了该领域的最新技术,这显然为制备更有效的系统以及设计新的光可切换的双稳态轮烷铺平了道路。

参 考 文 献

1. Schill G (1971) Catenanes, rotaxanes and knots. Academic, New York

2. Kay E R, Leigh D A, Zerbetto F (2007) Angew Chem Int Ed 46:72-191

3. Balzani V, Credi A, Venturi M (2008) Molecular devices and machines: concepts and perspectives for the nanoworld. Wiley-VCH, Weinheim

4. Stoddart J F (2009) Chem Soc Rev 38:1802-1802

5. Kroto H W, Heath J R, O'Brien S C, Curl RF, Smalley RE (1985) Nature 318:162-163

6. Mateo-Alonso A (2010) Chem Commun 46:9089-9099

7. Mateo-Alonso A, Guldi D M, Paolucci F, Prato M (2007) Angew Chem Int Ed 46:8120-8126

8. Martin N, Nierengarten J F (2012) Supramolecular chemistry of fullerenes and carbon nanotubes. Wiley-VCH, Weinheim

9. Da Ros T, Guldi D M, Morales A F, Leigh D A, Prato M, Turco R (2003) Org Lett 5:689-691

10. Kelly T, Kay E, Leigh D (2005) Hydrogen bond-assembled synthetic molecular motors and machines. In: Kelly T R (ed) Molecular machines, vol 262. Springer, Berlin, pp 133-177

11. Mateo-Alonso A, Fioravanti G, Marcaccio M, Paolucci F, Jagesar DC, Brouwer AM, Prato M (2006) Org Lett 8:5173-5176

12. Mateo-Alonso A, Fioravanti G, Marcaccio M, Paolucci F, Rahman GMA, Ehli C, Guldi DM, Prato M (2007) Chem Commun 1945-1947

13. Mendoza S M, Berna J, Perez E M, Kay E R, Mateo-Alonso A, De Nadai C, Zhang S, Baggerman J, Wiering PG, Leigh DA, Prato M, Brouwer AM, Rudolf P (2008) J Electron Spectrosc 165:42-45

14. Mateo-Alonso A, Iliopoulos K, Couris S, Prato M (2008) J Am Chem Soc 130:1534-1535

15. Mateo-Alonso A, Ehli C, Rahman GMA, Guldi DM, Fioravanti G, Marcaccio M, Paolucci F, Prato M (2007) Angew Chem Int Ed 46:3521-3525

16. Mateo-Alonso A, Ehli C, Guldi D M, Prato M (2008) J Am Chem Soc 130:14938-14939

17. Mateo-Alonso A, Prato M (2010) Eur J Org Chem 1324-1332

18. Echegoyen L, Echegoyen LE (1998) Acc Chem Res 31:593-601

19. Guldi DM (2000) Chem Commun 321-327

20. Scarel F, Valenti G, Gaikwad S, Marcaccio M, Paolucci F, Mateo-Alonso A (2012) Chem Eur J 18:

14063-14068

21. Saha S, Flood A H, Stoddart J F, Impellizzeri S, Silvi S, Venturi M, Credi A (2007) J Am Chem Soc 129: 12159-12171

22. Mateo-Alonso A, Brough P, Prato M (2007) Chem Commun 1412-1414

23. Sasabe H, Kihara N, Furusho Y, Mizuno K, Ogawa A, Takata T (2004) Org Lett 6:3957-3960

24. Sasabe H, Sandanayaka ASD, Kihara N, Furusho Y, Takata T, Araki Y, Ito O (2009) Phys Chem Chem Phys 11:10908-10915

25. Maes M, Sasabe H, Kihara N, Araki Y, Furusho Y, Mizuno K, Takata T, Ito O (2005) J Porphyr Phthalocya 9:724-734

26. Sasabe H, Furusho Y, Sandanayaka ASD, Araki Y, Kihara N, Mizuno K, Ogawa A, Takata T, Ito O (2006) J Porphyr Phthalocya 10:1346-1359

27. Sandanayaka ASD, Sasabe H, Araki Y, Kihara N, Furusho Y, Takata T, Ito O (2010) J Phys Chem A 114:5242-5250

第6章　催化材料在可控碳纳米材料界面的交互运用

Michele Melchionna, Marcella Bonchio, Francesco Paolucci,

Maurizio Prato, Paolo Fornasiero

　　利用碳纳米材料作为分子和纳米结构催化剂载体正成为一种越来越流行的策略,以改进多相催化反应。碳纳米材料具备优异的电子和光学性能,以及高的比表面积和热学与力学稳定性,使得它们成为理想的元素,为催化剂提供附加或改进特性。碳纳米结构在不同催化类型中的作用更为复杂,往往涉及活性和载体与催化活性物种之间的强烈的相互作用,进而产生协同效应。这在许多情况下可以提高催化性能和扩大催化剂可能的应用范围。这些类型的碳载体的特点似乎特别有利于光催化和电催化反应,当然其适用性可以扩展到更多经典的有机基底转化反应。

　　缩写

AC	活性炭
Ar	芳香基
BFC	生物燃料电池
Bu	丁基
cat	催化剂
CB	导带
cm	厘米
CNH	碳纳米角
CNT	碳纳米管
ECSA	电活化表面积
Equiv	方程式或等式
Et	乙基
FC	燃料电池
G	石墨烯
GO	氧化石墨烯
GOD	葡萄糖氧化酶
h	小时
HER	析氢反应

i-Pr	异丙基
ITO	氧化铟锡
L	升,容积单位
LIB	锂离子电池
M	金属
Me	甲基
min	分钟
mol	摩尔,物质的量单位
MOR	甲醇氧化反应
MWCNT	多壁碳纳米管
NP	纳米颗粒
Nu	亲核试剂
OAm	油胺
ORR	氧化还原反应
PAMAM	聚酰胺多胺
Ph	苯基
POM	多金属氧化物
Pr	丙基
Py	吡啶
QE	量子效率
rGO	还原氧化石墨烯
rt	室温
s	秒
SWCNT	单壁碳纳米管
THF	四氢呋喃
TOF	转换频率
V	伏
VB	价电子带
WOR	水氧化反应

6.1 引　　言

通过调整用于分散催化活性载体的性质已成为获得活性和稳定的多相催化剂不可缺少的手段。催化剂载体的种类、性质及其与特定催化体系的相互作用都是影响催化剂化学反应的重要因素。

一般而言,载体可分为两大类:第一类是惰性载体,这意味着它们在反应条件下是惰性的,只是为真正的催化剂提供了一个更好的结构环境;第二类是活性载体,它们发挥更复杂的作用,以大幅改善催化特性,甚至允许发生新的或替代的化学转化。

第一类载体包括 SiO_2 和 Al_2O_3 等传统无机材料、无定形碳和 ZrO_2 等过渡金属氧化物以及各种沸石;第二类通常含有可还原的氧化物,如 TiO_2、CeO_2、Fe_2O_3 等,即使它们作为活性支撑物的分类也取决于具体的应用。使用载体的主要结构优势是:由于它们所具有高的和稳定的比表面积,使其能够为催化剂活性相(负载的分子催化剂、金属纳米粒子或金属氧化物)提供高分散性。催化剂的高分散性通常会提高催化剂的活性和稳定性,同时也会影响催化剂的选择性。

催化剂设计需要考虑的第二个重要参数是所用载体材料的孔隙率。虽然传质过程在均相体系中可以忽略,但在试剂、产物和催化剂间不同相的反应中,传质过程成为一个严重的限制因素。特别是活性物质通常位于催化剂的约束区(如孔隙)内。由于试剂和活性物质需要相互接触才能发生化学转化,反应动力学在很大程度上取决于试剂进入孔隙中到达活性部位的扩散速率(以及产物从孔隙中流出的扩散速率)。这种扩散,特别是在液-固相催化中,可以慢到成为限速步骤。孔径可以微调,以控制试剂的可获得性,反过来,当发生两个或多个相互竞争的反应时,也可以控制化学选择性。适当的载体选择可以调节所产生的催化系统的孔隙度,进而调节催化过程的速度和选择性。

在催化剂载体的结构作用已经被人们所熟知和利用的情况下,近年来,新型催化系统的发展已经成为广泛研究的课题。在这样的系统中载体发挥着比单纯作为结构支撑更积极的作用。其中催化剂的活性相(分子实体、金属氧化物物种或金属纳米粒子)与载体以更密切的方式相互作用。该系统的发现产生了更为复杂的作用机制,可能导致不可预见的化学或物理行为,进而产生意想不到的化学反应。通常,杂化物一词被用来描述这些功能材料,其中载体的性能和实际催化活性中心的性能合并,以提供全新的性质,而不一定与这两个单独的组成部分相关。

具有这种活性载体的新型催化体系的报道不断增多,不断开辟新的维度,从而扩大了多相催化可能提供的反应范围。无论我们是否面对催化相关材料化学新时代的到来,碳纳米结构无疑是这一领域最近重大突破的主角。它们的高比表面积、机械稳定性和热稳定性以及可调控的形貌,再加上它们优异的电子特性,使它们在多相催化中表现突出,并且往往是优良的载体。特别是石墨烯(G)和碳纳米管(CNT)是目前研究最多的两种碳纳米结构,而碳纳米锥(CNH)和碳纳米纤维(CNF)等正在得到广泛的应用。所有这些纳米材料都有一个共同的特点,即融合的多环芳烃结构,这种结构在大分子水平上被构造成了不同的形状和几何构型。

利用碳基载体进行多相催化的设想并不特别,因为非晶态碳(炭黑)的大量利用可以有效地分散活性粒子。然而,正如前面简要提到的那样,将这些碳纳米材料的特殊性质与催化剂的特殊性质结合起来并将其融合的可能性,开辟了许多新的选择。此外,试验表明,碳纳米结构在几种催化条件下具有更高的稳定性和更长的耐久性,例如在电催化下燃料电池内的氧还原反应过程中可以替代炭黑。后者在电催化氧还原反应过程中往往会受到形态变化的影响,最终导致催化剂聚集[1]。

在催化剂中使用碳纳米结构的一个更有前途的优点是它们被用作金属颗粒合成的可移除模板。碳纳米管的此一功能已被广泛地关注。它们可以有效地诱导具有特定尺寸、形貌和孔隙率的粒子的生长。由于碳纳米管可以在许多金属或金属氧化物的熔点以下氧化,理论上可以通过高温氧化法除去,以防它们的存在不适合于特定的催化目的。在这方面,一项开创性的工作描述了如何将部分氧化碳纳米管和 V_2O_5 粉末的混合物在空气中退火以获得纳米氧化钒复合材料。钒氧化物均匀地包覆在碳纳米管的外部,形成薄的结晶片,同时在管内形成插层化合物。然后通过氧化部分地除去了碳组分,留下了所需宽度的层状氧化物纤维[2]。

碳纳米结构负载催化剂的应用范围很广,从标准有机氢化/氧化反应,或C—C 交叉偶联(如 Suzuki-Miyaura 和 Heck 反应)到用于燃料电池或生物质转化的电催化,甚至光催化过程(如水分解产生氢和氧或自清洁产品中的污染物光降解)。

本章的目的是强调这种新材料在多相催化领域的影响。特别是,我们将概述碳纳米结构–无机杂化物目前的可获得性,并将其性质和催化性能作为碳载体/金属催化剂相互作用的一个功能(函数)来讨论。由于这一主题已有大量研究,本章并不是详尽列举所有已报道的反应。我们的目标是确定在化学转变中使用这些混合体系的当前现状和未来趋势,特别是在那些前景更加令人鼓舞的化学转变。我们将根据用作催化载体的特定碳纳米结构来组织讨论。

6.2 石　墨　烯

石墨烯(G)是一种平面单一片状石墨,它是纳米材料研究的新前沿,在多相催化领域的应用前景广阔。这种碳载体性能尤其有利于电催化和光催化,因此下面进行更详细的讨论。

通常认为石墨烯均匀结构由少量碳层(最多 10 层)堆叠在一起组成,因为它们表现出与单个石墨烯片非常相似的性质。然而,随着石墨层数的增加,其结构趋近于三维石墨的结构,石墨烯的独特性能也逐渐下降。

石墨烯的导电性及其透光性是重要的属性。石墨烯的电子特性尤其令人神往,它显示双极电场效应:依照所施加的电场(正的或负的电场),电荷载体可以是电子或空穴,具有超过 15000 $cm^2 \cdot V^{-1} \cdot s^{-1}$ 的电子迁移率[3]。

然而,石墨烯的巨大潜力被实际使用所带来的挑战所抵消。例如,一个严重的限制是由于石墨烯平面的非常有效的 π 堆积,使得它具有强烈的聚集倾向;因此,它在有机或水溶剂中的分散性大幅降低。有许多方法可提供石墨烯单片(或几张 G 片)的分离,最简单和最常用的方法是通过石墨氧化然后剥离的过程进行化学功能化,如图 6.1 所示。氧化通常使用强氧化剂,如 HNO_3,$KMnO_4$ 和

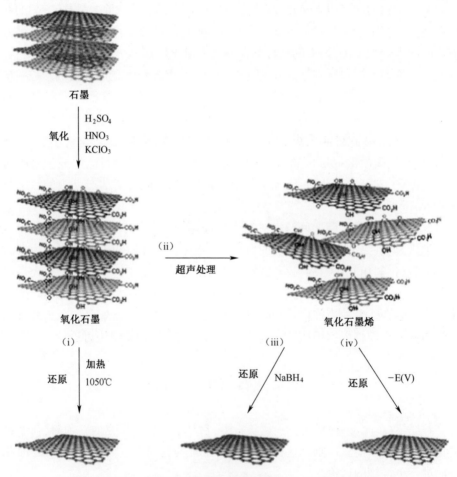

图 6.1 单一石墨烯片层能够从石墨经氧化、剥离(如使用超声)
和还原(RED)过程获得[124]

138

H_2SO_4实施。随后的超声波作用用于石墨片层的剥离,并获得石墨烯氧化物(GO),这是一种含有一系列官能团(如羧基、环氧基和羟基)的石墨烯纳米片。最后,GO 可以通过几种物质(如 $NaBH_4$、肼和对苯二酚)还原而得到石墨烯,原始的石墨烯结构及其独特的电子和光学性质得以部分重建。氧化是制备石墨烯的一个便捷的前序步骤,其原因至少有两点:首先,官能团的引入破坏了石墨层的共轭芳香构型,产生了局部的 sp^3 杂化碳原子,减少了 π–π 相互作用,从而使其在液体介质中更容易剥落和分散;其次,所引入的含氧官能团能够结合阳离子金属物质,有利于金属纳米粒子在石墨烯表面的成核和生长。

一种有趣的替代方法是将金属前驱体同时作为催化剂和 GO 的还原剂,以实现一步合成。例如,$SnCl_2$ 和 $TiCl_3$ 被用作还原剂从 GO 制备石墨烯,同时分别用产生的 SnO_2 和 TiO_2 进行修饰石墨烯以便后续的应用[4]。

6.2.1 电化学反应

电化学催化是目前研究最多的两个真正的石墨烯应用领域之一,特别是关于使用石墨烯组装燃料电池和锂离子电池的优点的报道日益增多。

燃料电池(FCS)是利用燃料(通常是甲醇)在阳极氧化和氧在阴极还原的发电装置。与传统的能源转换系统相比,FCS 是更环保"绿色"的技术,因此正在进行许多尝试以提高它们的性能。氧还原反应(ORR)的缓慢动力学成为一个主要的性能提升障碍,尤其是当燃料电池在低运转温度下使用时。

ORR 一般由铂(Pt)或其合金催化,如图 6.2 所示,带来的燃料电池应用缺点包括 Pt 的高成本与相对低的可用率,以及在一些特定使用条件下相对较低的寿命。在某些类型的 FCS 中,会由于 CO 化学吸附而导致催化剂中毒。因此,最大化 Pt 纳米粒子的活性区域和创造更健壮的系统是两种理想的途径,它们将最终导致金属负载降低和耐久性延长。

特别是,由于石墨烯的坚固性、相对化学惰性和高的理论比表面积(约 2600 m^2/g)[5],它作为催化剂载体已被广泛研究。此外,载体上金属纳米颗粒的刻蚀似乎不是 G 的一个关键问题;相反,使用传统的碳载体时,刻蚀往往发生在酸性条件下,从而导致催化剂的劣化。制备的均匀分散在石墨烯上的 2 nm Pt 纳米粒子表现出较市面上的 E-TEKC/Pt 催化剂更高活性和更好的稳定性[6]。

一种新的选择是在 Pt-G 体系中引入另一种金属,以实现 Pt 纳米粒子的几何和电子调整,从而产生更高的催化活性。例如,用于 0.1 mol/L $HClO_4$ 中催化氧还原反应时,在石墨烯上的溶液相自组装双金属 FePt 纳米粒子的活性(在 0.512 V 下 1.6 mA/cm^2 时和 0.557 V 下 0.616 mA/cm^2 时)以及稳定性(10000 电位扫描后没有变化)都表现出较好的性能。由于 FePt 纳米粒子与石墨烯层的

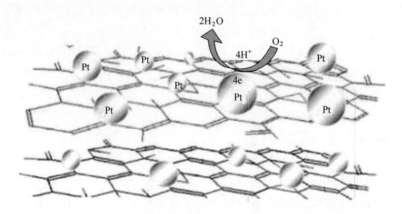

图 6.2　石墨烯片层负载的铂(Pt)纳米颗粒(Pt-G 体系)催化氧还原反应示意图[12]

紧密接触,促进了 p-电子的极化,从而促进了氧在双金属表面的吸附和活化,提高了其活性[7]。

　　Liu 和他的同事解决了催化氧还原反应的碳支撑电极在聚合物电解质膜(PEM)燃料电池中的一些缺点。这些限制包括在氧化条件下长期易受腐蚀,以及金属纳米粒子在碳载体上团聚后催化剂的活性比表面积降低。这些问题的一个可能的解决办法是首先将 G 载体与过渡金属氧化物结合起来,以便于随后分散由第二种金属制成的纳米粒子。作者在 G 片上生长了氧化铟锡(ITO)纳米晶,并利用这种杂化体系作为 Pt 纳米粒子的载体。该系统既利用了氧化物更大的稳定性,又利用了石墨烯超常的比表面积。这两种特性的结合产生了优良的催化性能和耐久性,这是不足为奇的。此外,通过实验和模拟(DFT)研究了 3 种不同物质(ITO、G 和 Pt NP)之间的相互作用类型,发现了前所未有的多结结构,使 Pt 纳米粒子具有额外的稳定性,如图 6.3 所示[8]。

　　Pt-X-石墨烯(X 既可以是无机材料,也可以是有机材料)类型三元材料的组装策略有望在不久的将来得到越来越广泛的应用。几种类似的体系已经被研制成功,包括 Pt-TiO_2-G[9]、Pt-光泽精-G[10]和 Pt-邻苯三酚-G[11]。

　　Kamat 等在 GO 表面沉积 Pt 纳米粒子的基础上组装了电极,并研究其在质子交换膜(PEM)燃料电池中的电催化性能。在这项研究中,他们比较了 GO-Pt 催化剂和用肼预处理过的同一催化剂(以便使 sp^2 石墨烯网络部分恢复)。后者先用肼还原,然后在 300 ℃退火,以便于从电极表面去除过量的肼。与未处理的 GO-Pt 相比,这种处理使电极的比表面积(ECSA)提高了 80%。ECSA 是评价电荷在电极表面和从电极表面转移有效性的重要参数。还原过程引起的再聚集在一定程度上被分散的金属纳米粒子所抑制[12]。实验结果与人们普遍认可的观

140

点相一致。这一观点认为 G 骨架多芳香性的再生及其导电性对提高催化效率具有重大意义。

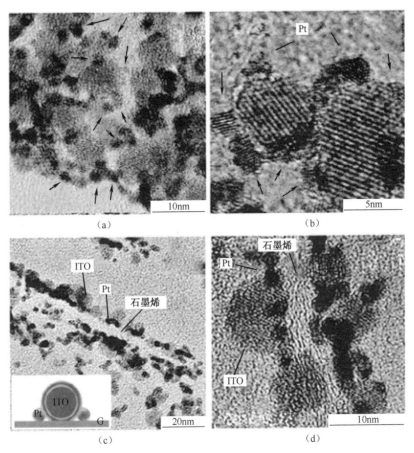

图 6.3　透射电镜图像显示石墨烯（G）、ITO 和 Pt 纳米粒子
（a,b）之间的紧密接触，以及 Pt-ITO-石墨烯（c,d）的横截面 TEM 图像[8]
（插图:Pt-ITO-石墨烯纳米复合材料的结构原理图）

　　考虑到需要更符合成本效益的 FCS,基于廉价过渡金属的催化系统正受到高度的青睐也就不足为奇。目前,替代过渡金属的使用似乎仅限于碱性条件下运行的 FCS,在碱性条件下 ORR 更容易使用,金属催化剂更稳定。钴是最有前途的候选材料之一,尤其是在以氧化物形式使用时。通过自组装方法在石墨烯上沉积了单分散 Co/CoO 核壳纳米粒子（CoO 层包覆 Co 核）,在碱性条件下（0.1 mol/L KOH）还原氧的活性较高,且取决于碳表面与 Co/CoO 纳米粒子的相互作用,以及 Co 和 CoO 核壳尺寸的调整[13]。Co_3O_4 本身对于 ORR 是一种很差的催化剂,当它与轻度氧化石墨烯混合使用时,显示出它是 ORR 和反向析氧

141

反应(OER)的高性能双功能催化剂。这对于构建自动再生 FC 而言是一个重要的发现。与 Pt/C 相比,该系统能长期保持稳定的电流,并且在两周以上的衰减很小。虽然机理尚不清楚,但活性中心可能是石墨烯界面上的 Co 金属[14]。

对于其他 Co 衍生物,如硫化物和硒类化合物,其活性一般比 Pt 基体系低得多,氧的还原通过一个优先的双电子途径完成;而对于 Pt 和其他金属催化剂,反应则通过一种更有效的四电子途径进行。然而,最近通过可控制性合成法制备了 $Co_{1-x}S$/石墨烯杂化物、导电的石墨烯层电化学耦合 Co 硫化物纳米粒子并调节其生长,从而大大提高了其活性[15]。这个例子强化了石墨烯导电性的概念,它是高效混合系统的关键特征。此外,高的比表面积有利于向催化剂的传质过程,因此载体有助于电子的收集和向电极表面的转移。研究表明,电荷在金属和石墨烯层之间的界面上转移,这种转移的发生取决于 G–金属间距的某一范围,以及这两个独立部分的费米能级。在另一个例子中,Au 团簇通过"清洁"方法生长在还原后的 GO 上,这种方法排除了额外的保护/还原分子的存在;最终的杂合物对 ORR 具有超凡的活性[16]。

石墨烯的掺杂是提高催化活性的又一方法。例如,N 掺杂的石墨烯被用作沉积 Fe_3O_4 纳米粒子的载体。该合成方法允许金属纳米粒子均匀沉积,带有一个相互连接的石墨烯片大孔骨架。关键步骤是 180 ℃ 的水热自组装过程,该步骤在加入引起氮掺杂的聚吡咯类物质的同时,导致可控成核和 Fe_3O_4 纳米粒子生长,如图 6.4 所示[17]。

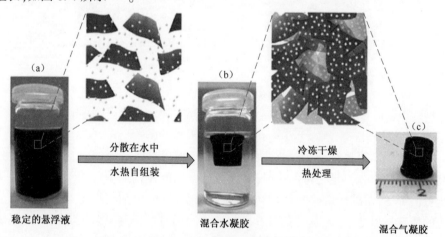

图 6.4 三维 Fe_3O_4/N–气体催化剂的制备工艺[17]

(a)稳定悬浮的 GO、铁离子和 PPy 分散在小瓶中;(b)水热自组装法制备的铁和 PPy 支撑石墨烯杂化水凝胶及其理想的组装模型;(c)冷冻干燥和热处理后制备的单—Fe_3O_4/N 气混合气凝胶。

由于氧的电催化还原是 FC 组装的瓶颈,因此大量的研究集中于该反应。然而,提高在 FC 阳极上的甲醇氧化反应(MOR)的催化活性是同样令人渴望的。与 ORR 的情况相同,金属催化剂与载体之间的协同效应展现出比商用催化剂更高的性能。铂再次脱颖而出,成为最活跃和最常用的金属,许多研究小组已经设计了合成策略,以制备 G-Pt 杂化物用于催化 MOR[18-20]。还制备了以 Pt-Ru[21] 和 Pt-Pd[22] 为特征的双金属体系。

使用铂以外金属的系统已用于燃料电池的氢分解反应(HER)。MoS_2 似乎是一种此类反应的优良催化剂,它与石墨烯载体的杂化体系已被研究,其高活性归因于碳载体与催化剂之间的强化学和电子耦合[23]。

在生物燃料电池(BFC)中使用石墨烯是一个诱人的机会,其中两个电极中的一个具有酶基催化剂。BFC 是一种有趣的医疗器械电源,其微型化到纳米级是在细胞水平上在体内使用的必要条件。Li 等以石墨烯为载体,分别以葡萄糖氧化酶(GOD)和胆红素氧化酶(BOD)为阳极酶和阴极酶,如图 6.5 所示,制备无膜酶 BFC(EBFC)。将该体系的催化效率与以 SWCNT 代替石墨烯为载体的杂化体系进行了比较,结果表明该体系对石墨烯基电池的催化效率提高了一倍[24]。同样,Zheng 和同事使用石墨烯矩阵组装由 GOD 和乳糖酶构成电极的 BFC[25]。

提高锂离子电池(LIB)的性能是电催化的第二个领域,在这一领域,石墨烯的应用正得到广泛的探索。今天组装高效率 LIB 所面临的挑战在于锂离子的慢扩散和电极上的低电子传输。此外,一些电极在锂的插入和提取过程中会发生较大的体积变化,这会导致电极开裂或其他物理损伤,最终导致催化剂与集电极的电分离。最后,当电池在高充放电速率下工作时,电极与电解液界面的电阻增大,随着反应的进行,锂离子的进出位置越来越少。

为了克服这些障碍,正在设计许多电极(通常是金属氧化物,如 TiO_2、SnO_2、金属、金属磷化物等)以便实现更有效的电子和锂离子传输,并通过增加电极的孔隙度来减少体积变化和团聚。碳材料,尤其是石墨烯,似乎很好地完成了这一任务,目前的努力集中在集成石墨烯以形成混合纳米结构电极。文献中已有几个例子,一般是混合石墨烯与金属氧化物。例如,当使用石墨烯作为导电添加剂与电催化活性剂 TiO_2 结合时,极大地增强了 LIB 中的 Li 插入/提取过程[26]。同样,制备的 SnO_2/G 复合材料具有很高的可逆性比容量,这可能是因为:①高的 BET 比表面积增加了电化学活性并使反应式(6.1)部分可逆;②插层石墨烯片对 SnO_2 的保护作用,它可以避免 SnO_2 在充放电过程中因直接接触而团聚;③石墨烯的多孔结构作为 Li 插入/提取过程中体积变化的缓冲;④石墨烯的电导率促进了电荷传输[27-28]。

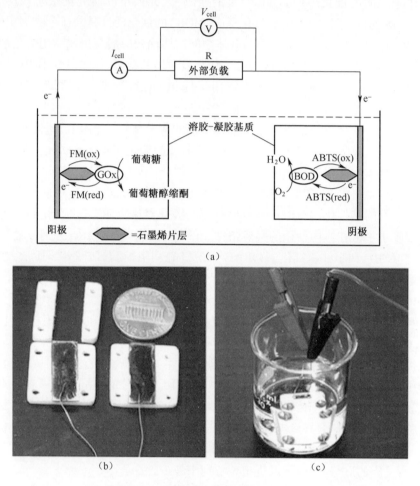

图 6.5 （a）在 G 载体上，由葡萄糖氧化酶（GOD）和胆红素氧化酶（BOD）分别作为阳极酶和阳极酶组成的无膜酶 BFC（EBFC）和（b）EBFC 测试装置以及（c）无膜 EBFC 的原理结构图[24]

$$SnO_2 + 4Li^+ + 4e^- \longrightarrow 2Li_2O + Sn \quad (6.1)$$

在导电石墨烯载体与活性金属氧化物之间的协同效应和电化学活性面积的最大化也用于 G/Co₃O₄ 杂化物。该体系在充放电容量方面比孤立的 G 和 Co₃O₄ 显示出更高的性能，如图 6.6 所示[29]。

对于 FC 来说，三元体系是 LIB 电极制造研究的最新趋势之一。以 Fe₃O₄-SnO₂-G 杂化体系为代表，Fe₃O₄-SnO₂-G 杂化物的性能优于由 Fe₃O₄-G 或 SnO₂-G 组成的二元体系。这是由于形成了过量的 Li₂O（见反应式（6.2））所

144

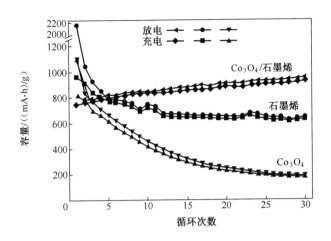

图 6.6　G/Co_3O_4杂化材料在充放电性能上优于单独的 G 和 Co_3O_4[29]

致,这有助于回收 Fe 以改善氧化过程(见反应式(6.3))。引入 Fe_3O_4似乎在降低容量的初始不可逆性方面发挥了作用[30]。

$$SnO_2 + 4\,Li^+ + 4e^- \longleftrightarrow 2\,Li_2O + Sn \qquad (6.2)$$

$$3Fe + 4\,Li_2O \longleftrightarrow Fe_3O_4 + 8\,Li^+ + 8e^- \qquad (6.3)$$

　　通过在修饰前用适当的外壳保护石墨烯片上的纳米粒子的方法,三元系的组装还被用来防止催化剂纳米粒子的团聚。Guo 等报道了碳壳(C)对锗的巧妙保护作用,使其不受油胺的影响,并在 G 上连续分散,如图 6.7 所示[31]。

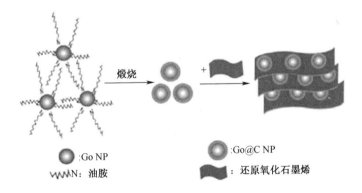

图 6.7　催化 Ge 纳米粒子被分散在 G 片上的壳油胺前驱体壳所保护以免于团聚[31]

　　类似的策略也被用在制备其他电极中,如 SnO_2-C-G[32] 和 LiFePO$_4$-C-G[33]。另一种方法是采用无模板溶胶-凝胶法制备的三维分级 LiFePO$_4$-G 杂化体系;该体系还显示出对锂离子插入/提取动力学反应速度的提高作用[34]。

值得一提的最后一个应用是使用石墨烯作为电催化水氧化反应(WOR)的动态载体的可能性。这个反应代表了一个称为"水分解"的过程的半反应(见反应式(6.4)),这无疑是现代应用化学中最重要的反应之一:

$$2\,H_2O \longrightarrow 2\,H_2 + O_2 \tag{6.4}$$

作为可再生的多电子来源,水分解被用于光合作用,光诱导二氧化碳和水转化为糖和分子氧。由于多电子途径,水氧化($2H_2O \rightarrow O_2 + 4H^+ + 4e$; $E^0 = 1.23V$(对 NHE)),是一个热力学和动力学上不良过程,这对反应的实施提出了严峻的挑战。目前,人们正致力于开发能顺利影响水氧化的电催化剂,碳纳米管被认为是提高催化体系活性的非常有前途的组成部分。

电子在二维 π 共轭骨架上的电子传输和积累已被证明促进了石墨烯–四钌多金属氧酸(Ru_4POM)杂化物中的 WOR 反应。这种催化剂的特点是钌氧核,模拟了光合 II 酶[35]的天然释氧中心。因为这两个核都由四种氧化还原活性过渡金属组成,它们通过 μ-oxo 或 μ-羟基桥连接[36,37]。此外,四钌核可以被看作是安装在一个完全无机的分子支架上的氧化钌碎片[38]。

这种混合组件特别巧妙如图 6.8 所示,它的优先氧化不牺牲 G 的电子性质;相反,它涉及 G 共价修饰,直接通过 1,3-偶极环加成反应,随后通过两个步骤产生第一代聚酰胺–胺(PAMAM)接枝。最后,该 Ru_4POM 单元将通过结合静电和氢键相互作用。将无机部分限制在 G 载体的平坦区域以及多层结构中,导致了电子转移过程的动力学调制。值得注意的是,水氧化电催化剂的循环频率(WOC)比裸催化剂高一个数量级[39]。

6.2.2　光催化反应

石墨烯的半导体特性,使其成为非常有利的光催化过程载体[40]。近年来,将这样的光催化过程用于太阳能和环境保护的研究受到人们重视。

光活性材料包括半导体金属氧化物(如 TiO_2、ZnO、WO_3、Bi_2WO_4)或其他金属衍生物(CdS),它们的结构确保了全充满价带(VB)和空导带(CB)的存在。光驱动过程的一般作用机制是从电子–空穴对的产生演化而来的:在与 VB-CB 带隙相匹配(或超过)的光子 $h\nu$ 激发下,电子被移动到传导带中,在价带中留下一个空穴。然而这些载流子是不稳定的。由于电子与空穴倾向于重新快速结合以及热耗散的影响降低了光催化材料的催化效率,从而限制了它们的实际应用。因此,发现能延迟甚至抑制电荷载流子重新结合的材料成为光催化的一个关键目标,特别是涉及能源研究方面。

为了实现光诱导电子–空穴对的有效分离,通常采用的策略之一是将不同

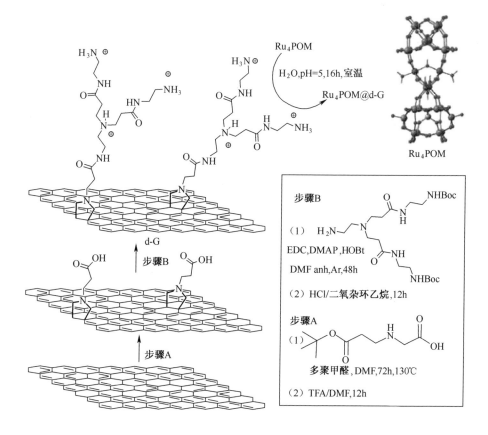

图 6.8　通过 1,3-偶极环加成对石墨烯进行共价修饰,使带负电荷的
水氧化催化剂 Ru$_4$POM 在静电作用力和石墨烯表面荷正电的
PAMAM 枝化体提供的氢键作用下形成超分子锚固[39]

的材料结合起来,包括其他半导体金属氧化物、贵金属纳米粒子或纳米碳共轭物。事实上,碳基载体,通常是碳纳米管,可以用于这个目的。在这种情况下,催化活性的提高源于碳纳米管的电子特征,如光的收集和转换、高比表面积或受控功能化,以及其按照策略性组装方法调整光活性材料形貌的能力。由于类似的原因,石墨烯已经被广泛的关注,它在光催化系统中的功能化作用已经成为许多深度研究的主题。

前面的章节提到了水分解反应作为人工光合作用一个关键步骤的重要性,光合作用确定太阳光储存以及水氧化半反应是如何构成这一过程的瓶颈。然而,从整体上看,水的分解也是最清洁、最具成本效益的制氢方法之一。人们对分子氢作为未来替代能源和环境友好的能源载体有着广泛的期望,所以光催化析氢反应(HER)自然引起了人们的广泛关注。

用于此目的的典型半导体催化剂是基于 TiO_2 的,同时它们在石墨烯片上的集合体也被研究,用以评估催化性能的变化。一系列具有不同石墨烯含量的 TiO_2/石墨烯复合材料通过溶胶凝胶方法制备;特别是,5%(质量分数)的石墨烯含量的样品在可见光下表现出最高的光催化制氢反应活性,高于参考催化剂 P25。有趣的是,较高的石墨烯百分比导致不利的影响,可能是因为电子/空穴复合中心被引入到复合材料中。此外,催化剂活性对制备最终催化剂的焙烧条件很敏感,被观察到的更好的活性发生在氮气中煅烧时[41]。

图 6.9 所示另一项研究解决了在不同的 GO 还原方法(肼、UV 辅助、溶胶–凝胶、水热)下,以 TiO_2–GO 复合材料为催化剂从甲醇水溶液中析氢的问题。这项研究强调,恢复(至少是部分恢复)初始石墨烯导电性对于光催化目的而言意义重大[42]。

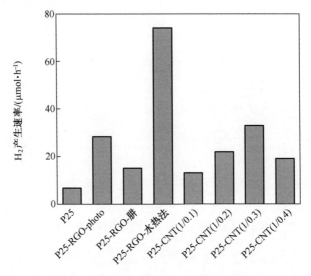

图 6.9　在不同的 GO 还原方法(肼、UV 辅助、溶胶–凝胶、水热法)下,TiO_2–GO 复合材料催化甲醇水溶液析氢[42]

在掺氮的 $Sr_2Ta_2O_7$ 催化剂中也尝试了集成石墨烯,这是迄今为止性能最好的催化剂之一,在太阳辐射下,它的活性结果是增加了。当用石墨烯支撑 Pt 辅助催化剂时,280～550 nm 光照下 $Sr_2Ta_2O_{7-x}$ N 水裂解制氢的效率达到 293 μmol/h,量子效率(QE)为 6.45%。作为对比,在相同的条件下,无石墨烯的相同体系的效率为 194 μmol/h 和 4.26%的 QE 值[43]。在该体系中加入 2%(质量分数)的 N 掺杂石墨烯时,较单独的基准催化剂 CdS 的活性提高了 5 倍,如

图 6.10(a)所示。作者解释了活性增加的原因是由于 G/G 的电位比 CdS 的导带低,但高于 H⁺ 的还原电位,如图 6.10(b)所示。这更有利于电子从 CdS 的导带进入 G 层的转移,且更容易还原 H⁺,从而导致更快的 H_2 析出速度[44]。

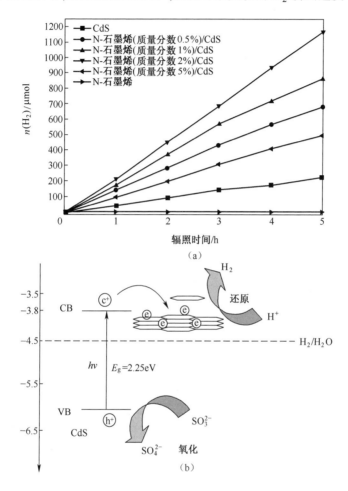

图 6.10 含有不同含量 N-石墨烯的 CdS、N-石墨烯/CdS 复合材料的 H_2 析出。
N-石墨烯/CdS 纳米复合材料的能级图与水裂解过程有关的氧化还原电位(底部)[44]

光激发后 TiO_2 从半导体到还原石墨烯氧化物(RGO)的电子转移过程已经研究,并揭示了石墨烯层如何将电子穿梭于 π 网络中,并将它们汇集到第二种催化剂(在报道中研究的 Ag)中进行还原反应(图 6.11)[45]。在实践中,石墨烯作为一个二维导电载体,锚定两种不同的催化剂粒子,有效地抑制电荷载流子的复合。

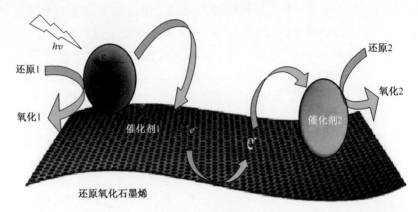

图 6.11 在石墨烯载体(灰色材料)上光激发 TiO_2(蓝色)后,电子从 TiO_2 催化剂穿过 π 网络进入第二催化剂(黄色),它们在那里参与还原反应[45]

这种场景对于几种光催化过程,特别是三元体系的组装具有重要意义。例如,在层状 MoS_2-G 杂化物上合成 TiO_2 纳米粒子,形成了 TiO_2-MoS-G 三元体系,具有优异的光催化分解水反应活性,如图 6.12 所示。这种机制是基于电子从 TiO_2 通过石墨烯平面转移到 MoS_2 纳米片,在那里它们与吸附的 H^+ 离子反应生成 H_2[46]。

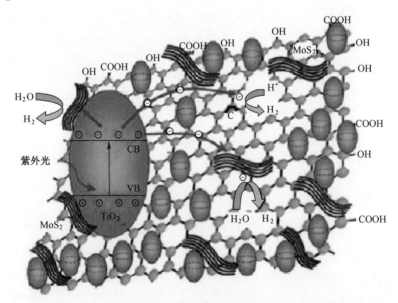

图 6.12 TiO_2-MoS_2-G 三元体系对水的分解反应具有优异的光催化活性[46]

光催化也正成为一种越来越流行的降解空气和水污染物的策略。对于水的

150

分解反应,TiO₂ 是目前研究最多的催化剂之一,其原因与其毒性低、光催化活性高有关。它与其他材料(如贵金属、其他金属氧化物和碳纳米管)的结合已经成为研究的焦点。

TiO₂-G 杂化物是一种非常有前途的用于光催化降解有机污染物和水体修复的材料。Li 等用水热法合成了 P25 TiO₂-G,并对其在亚甲基蓝(MB)降解中的作用进行了测试。该体系由于石墨烯的芳香结构而表现出对染料的高度吸附性能,从而调节了与 MB 的良好的堆积作用,而且 G 和 Ti-O-C 键的透明性转化成一个扩展了的光吸收范围,导致催化剂对光的利用效率更高,最后,由于 G 作为电荷受体的优良特性,使得 e⁻/h⁺ 电荷载体的分离非常高效。与原始材料相比,所有这些效应的综合作用大大提高了甲基溴(MB)的降解速度[47]。

UV 辐照下由 TiO₂ 纳米棒-GO 复合材料所催化的 MB 降解过程中,电荷复合的抑制与 GO 电子和吸附 O₂ 间的反应有关,污染物被催化产生的羟基自由基所降解。以下方程式概述了这一过程:

$$\text{TiO}_2 + hv \longrightarrow \text{TiO}_2(\text{e}^- + \text{h}^+) \tag{6.5}$$

$$\text{TiO}_2(\text{e}^-) + 石墨烯 \longrightarrow \text{TiO}_2 + 石墨烯(\text{e}^-) \tag{6.6}$$

$$石墨烯(\text{e}^-) + \text{O}_2 \longrightarrow 石墨烯 + \text{O}_2^- \tag{6.7}$$

$$\text{TiO}_2(\text{h}^+) + \text{OH}^- \longrightarrow \text{TiO}_2 + \cdot\text{OH} \tag{6.8}$$

$$\cdot\text{OH} + 污染物 \longrightarrow 降解产物 \tag{6.9}$$

替代合成方法的设计导致了高效 TiO₂ 纳米棒-G 体系的制备。合成的方法是在整个石墨烯片上形成具有大比表面积和高量子尺寸效应的小尺寸 TiO₂ 纳米晶,而以前的合成只能在 G 的边缘沉积有限数量的氧化钛纳米粒子。替代合成方法制备的复合材料对 MB 的降解效率明显提高,其形成依赖于水/甲苯两相自组装,如图 6.13 所示。文献[48]还公布了一种可复制到其他非极性有机可溶纳米晶的工艺。

虽然 TiO₂ 是研究最多的催化剂,但其他的半导体氧化物也已被研究用于与石墨烯形成混杂物以降解各种有机污染物。例如,在可见光下降解水中的罗丹明 B(RhB)时,SnO₂-G 系统甚至可以超越类似的 TiO₂ 系统。这种方法利用了热力学上更有利的从 RhB* 到 SnO₂ 的电子转移,这是由于 RhB 和 SnO₂ 之间的巨大电位差所致[49]。同样的反应在 Bi₂WO₆-G 系统上进行了研究,如图 6.14 所示,作者认为活性增强源于 G 和 Bi₂WO₆ 之间的相互作用和电荷平衡,这导致了 G-BWO 费米能级降低和光生电子迁移效率提高,从而有效抑制电荷重组并反而促进了氧还原[50]。其他催化剂包括氧化锌-石墨烯[51],InNbO₄-石墨烯[52]和银/溴化银/GO 等[53]。

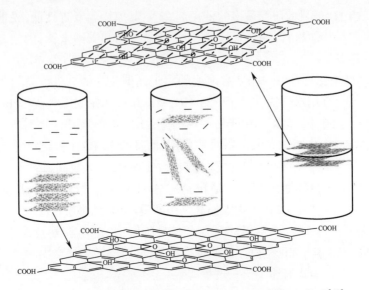

图 6.13　水/甲苯两相自组装法制备的 TiO_2 纳米棒-G 体系[48]

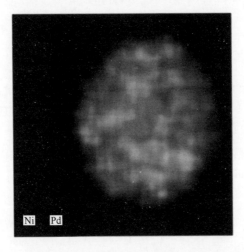

图 6.14　用核壳 Ni/Pd 纳米粒子的假颜色绘制 TEM 图像[55]

6.2.3　有机反应

　　基于 G-载体的多相催化也被应用于有机物的转化,尽管数量较少,例子包括金属促进的碳-碳键形成,例如 Suzuki-Miyaura 法。由于具有反应速度快、选择性好等优点,钯是这类反应的首选金属。例如,可以很容易地获得钯纳米粒子-G 混杂物,该系统证明对 Suzuki-Miyaura 偶联反应非常有效[54]。

催化剂活性面积的最大化是降低贵金属使用量同时保持较高转化率的关键问题。核/壳系统的制备通常被用作增加催化剂活性面积的一种策略,其中金属纳米粒子被包裹在由不同金属制成的壳层中。例如,以油酸胺(OAm)兼作溶剂和表面活性剂;在存在 Ni 和 Pd 盐以及微量三辛基膦(TOP)的情况下,会产生单分散 Ni(核)/Pd(外壳)合金如图 6.14 所示。然后,通过溶液相自组装法将这些纳米粒子沉积在 G 上,接着测试一些芳基硼酸和芳基卤化物的 Suzuki-Miyaura 偶联反应,它们显示出很高的活性。在这里 G 的作用是使催化剂具有较高的比表面积,同时为整个体系提供良好的稳定性[55]。

考虑到 Pd(0) 和 Au(I) 的等电子性质,类似的金催化剂已经被制备并用于 Suzuki 反应。尺寸可控的 Au 纳米粒子可以通过简单、环境友好的技术路线沉积在 G 或者氧化石墨烯上;生成联苯衍生物的 Suzuki 偶合反应已经成功完成。此外,通过离心和水洗涤催化剂可以很容易地被回收[56,57]。

通过微波辐射也可获得 Pd 纳米粒子-G 复合材料,这种方法具有反应混合物均匀、快速供热的优点;在水合肼等还原剂的存在下,利用这种热来减少前驱物 GO 与 Pd NP 的原位反应。此外,还可以更好地控制 GO 的脱氧。这样制备的催化剂不仅对 Suzuki 偶联剂具有活性,而且对芳基卤化物与取代苯乙烯之间的 Heck 反应也具有活性[58]。同一作者还将范围扩大到 Sonogashira C-C 交叉偶联反应,使用通过脉冲激光辐照 GO 和 Pd 离子的水溶液制备 Pd-G 催化剂,而不使用任何化学还原剂[59]。

除了 C-C 键的构筑外,G-载体金属广泛用于有机底物的氧化或还原。特别地,报道了使用经湿法浸渍制备的 Pd/G,将苯甲醇无溶剂有氧氧化为苯甲醛的转化频率高达 30137 $mol/(h \cdot mol_{Pd})$。氧化剂是分子氧,揭示了 G-基催化剂对利用 O_2 的可观潜力。在这种情况下,O_2-TPD(TPD:程序升温脱附)曲线表明,氧从钯位点溢出到相邻的 G 的桥位点促进了氧的吸附[60]。通过在 G 上负载 Fe 纳米粒子也可以有效地实现烯烃和炔烃的加氢反应,催化剂可以通过磁性倾析[61]轻易回收。

6.3　碳　纳　米　管

当今,碳纳米管可以被认为是"纳米技术革命"的核心。它们是各种应用中的通用部件,而报告它们在催化中的应用的研究文章也有很多。

一般来说,碳纳米管可以简单地描述为以圆柱形结构卷起的 G 片;取决于它们是由单片或多个同心卷取层组成,它们分别被定义为 SWCNT 或 MWCNT。

与石墨烯一样,其优异的导电性能与 π 共轭有关,这是熔融多芳族骨架的结果。G 和 CNT 的一个明显但关键的区别是在后者的多芳排列上引入了曲率。虽然平面性的丧失会导致碳原子纯 sp^2 杂化的畸变,但由于碳管的大表面积[62],单个碳管之间仍会产生显著的范德华力(约 1000 eV)。因此,碳纳米管往往聚集成束。这大大降低了碳纳米管在大多数有机或水溶剂中的溶解度,通常需要官能化(共价或非共价)来破坏 sp^2 模式,并提高碳纳米管的溶解性和加工性[63-65]。

当未功能化时,碳纳米管表现出不同的电子性质,这取决于它们所具有的不同的螺旋度,螺旋度是指 G 片被包裹成管状几何的角度。发现了 3 种结构,即扶手椅、手性和锯齿形,如图 6.15 所示。它们由于 π-π* 带隙的不同而表现出不同的电子性质。根据具体的几何参数进行数学计算,可以为每个结构指定一个特定的电子行为。因此,扶手椅形碳纳米管总是金属型,而锯齿形和手性碳纳米管既可以是金属型,也可以是半导体型。

扶手椅　　　　　　　　　手性　　　　　　　　　锯齿形

图 6.15　碳纳米管的螺旋度

一般来说,与 G 或其他碳纳米结构相比,碳纳米管迄今为止在催化方面是一种更具开发潜力的材料,因为它们的发现可以追溯到近 20 年前[66]。因此,碳纳米管催化反应的数量和类型也要大得多[67]。

碳纳米管提供的一个优势是有可能将碳骨架与其他原子,通常是氮或硼混合在一起。异质原子的插入提供了一种方便的途径来调整管的化学和物理性质,以满足不同反应的催化要求[68]。

6.3.1　电化学反应

正如上一章节所述,电化学转变是一个典型的情况,其中一些碳纳米载体的特殊电导率可以被利用。特别是,碳纳米管作为各种电催化剂的载体发挥了重要作用。

如 6.2.1 节所述,水的氧化是水分解的半反应之一,发现能够促进这种热力学上不利反应的过程是非常重要的。多金属氧酸盐 $M_{10}[Ru_4(H_2O)_4(\mu-O)_4$

$(\mu\text{-}OH)_2(\gamma\text{-}SiW_{10}O_{36})_2]^{[69-70]}$ POM @ MWCNT 杂化物(图 6.16)是利用锂盐 POM 前驱体和阳离子 PAMAM 铵树枝状大分子-功能化 MWCNT(PAMAM 1/4),在 pH 值为 5 的条件下,通过静电清除法制备的。具有带正电荷官能团[71-72]的 MWCNT 的修饰已进一步扩展到替代合成方法,例子包括微波辐射,其是一种无溶剂的方法,使纳米管具有扩展的正电荷阵列[73]。POM@ MWCNT 在水氧化方面表现出超常的循环频率(TOF),如图 6.17 所示,在低过电位 0.35 V时达到 300 周期/h。

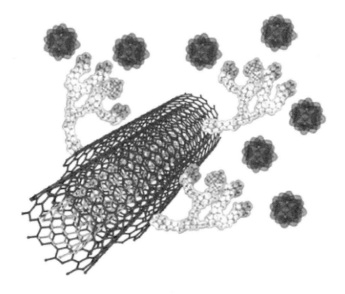

图 6.16 POM@ MWCNT 通过阳离子 PAMAM 胺树状大分子(淡蓝色)和
POMS(红色)功能化的 MWCNT 之间的静电相互作用组装而成[74]

在这种情况下,碳纳米管完成多项任务,控制催化剂的形貌,提供非均相载体,增加比表面积,并将电子引导到电极上,以获得更好的能量分散和消除催化疲劳。最终,MWCNT 起到导电支架的作用,改善氧化还原活性中心与电极表面之间的电接触[74]。

另一类具有良好电催化应用前景的钌配合物是基于联吡啶配体。一个有趣的概念是金属活性物质通过范德华力与碳纳米管之间相互作用,这种相互作用对 sp^2 杂化芳香族模式是无损的,因此可以保存它们的导电性能。例如,Ru(bpa)(pic)$_2$(H$_2$bpa:2,2-联吡啶-6,6-二羧酸;pic:,4-吡啶啉)利用这两个芘基团锚定在纳米管侧壁上,如图 6.18 所示。碳纳米管的存在也保证了催化剂更牢固地附着在 ITO 电极上。低电位电催化实验突出了组装策略的优点,报告的 TOF 超过 1700 次/h[75]。

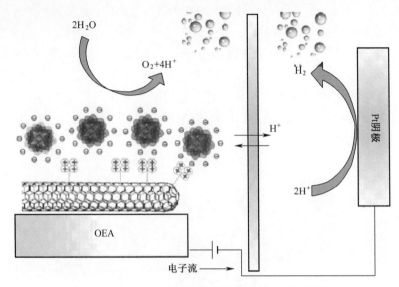

图 6.17　POM@ MWCNT 电催化水氧化电极简图[74]

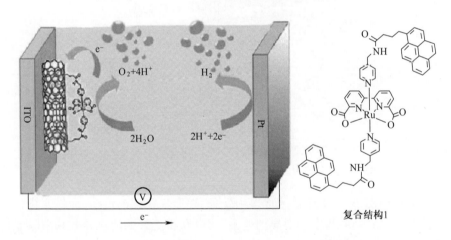

复合结构1

图 6.18　非共价相互作用介导 Ru(Bpa)(Pic)$_2$(复合结构 1)

与 CNT 的结合以有效地催化水分裂[75]

　　水分解的阴极半反应涉及分子氢的生成,模拟光合分解水产生 H$_2$,可以开启能源生产的新纪元,取代碳作为燃料,建立更绿色的电力技术。析氢是理想的电化学方法之一,FC 的制造反应也是如此。

　　在这方面,最具代表性的例子之一是制备了一种生物激发的双二膦镍,它以共价键连接在 MWCNT 上,以模拟氢化酶的活性位点。这些金属蛋白能够催化 H$_2$ 与电子和质子对之间的相互转换。这也是在 FC 中在一个电极上发生的过程。特别是锚定在碳纳米管上的镍基催化剂在强酸性条件下具有较高的催化活性,适用于质子交换膜 FC。同样的催化剂也可以方便地催化逆反应、氢氧化,具有优良的循环频率[76]。

采用 H_2 以外的燃料的 FC 是有价值的替代品,特别是考虑到安全性和便携性问题。例如,甲醇和甲酸可分别用于甲醇燃料电池(DMFC)和直接甲酸燃料电池(DFAFC)。前者遵循六电子/六质子阳极反应:

$$CH_3OH + H_2O \longrightarrow CO_2 + 6\,H^+ + 6e^- \qquad (6.10)$$

为了解决 FC 应用中的耐久性问题,以不同的方式实现了催化剂的稳定,包括使用 HF 处理的碳纳米管[77]或保护二氧化硅层[78]。一种更环保的方法是利用离子液体聚合物薄膜(PIL)。PIL 由于抑制了 Pt NP 的迁移和团聚,为 MeOH 氧化提供了具有长期稳定性的 Pt-CNT 催化剂。这种效果是通过机械隔离 PIL 薄层之间的 Pt NP 实现的,如图 6.19 所示[79]。

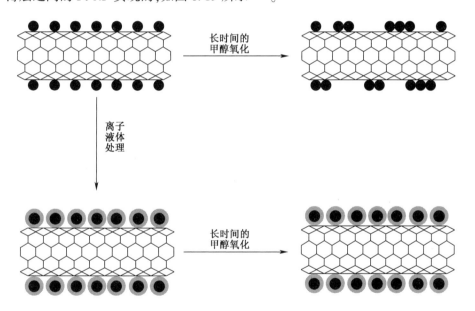

图 6.19　离子液体聚合物薄膜(蓝色)由于抑制 Pt NP(上部)的迁移和团聚,
为 MeOH 氧化提供了具有长期稳定性的 Pt-CNT 催化剂,
这一效果是通过机械隔离 PIL 薄层之间的 Pt 纳米粒子(下部)实现的

对于石墨烯来说,开发越来越多的基于碳纳米管支撑的催化系统是一个突出的研究领域。用碳纳米管制备了与所述的 G 类似的系统。这些系统解决了与强酸性条件下催化剂稳定性有关的额外问题,如大多数 FC 类型所使用的那样。

最常见的 ORR 复合材料是修饰 Pt NP 的碳纳米管。例如,在功能化的 MWCNT 上,Pt^{4+} 的自发还原和 Pt NP 的生长,可以制备出使用铂高达 75% 的高效催化剂。在该研究中,作者将该系统与商品化的 Pt/C 进行了比较,结果表明,在相同的操作条件下,Pt/C 的用量要低得多(39%)。在这种情况下,碳纳米管的管状结构能够为金属提供一条通往聚四氟乙烯键合碳电极的电子通路,如图 6.20(a) 所示。相反,这种情况并不发生在炭黑上,在炭黑中,大多数粒子被介电有机聚合物隔离,从而减少了参与反应的 Pt 粒子,如图 6.20(b) 所示[80]。

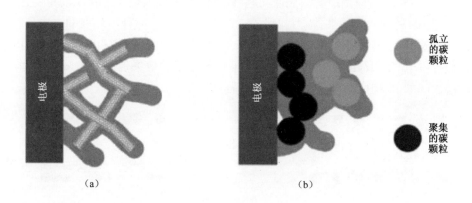

图 6.20 碳纳米管的形貌使得金属颗粒与电极(a)的互连比炭黑(b)更好

研究人员还研究了 Pt 与单壁碳纳米管的结合。在旋转圆盘电极上制备了 Pt-SWCNT 杂化膜。随后的电催化测试强调了 SWCNT 对电极的稳定性有所提高,在超过 36 h 的时间内没有显示出任何显著的氧还原电流[1]。

研究稀有贵金属对 ORR 的电催化作用是 FC 发展的另一个重要方面。例如,通过在 N 掺杂的 MWCNT 上生长 Co_3O_4 纳米晶制备的具有钴的系统的合成已被证明是在碱性条件下还原氧的良好候选[81]。

6.3.2 光化学反应

使用碳纳米结构作为光催化过程中的载体的优点已经在 6.2.2 中概述。当引入石墨烯载体时,同样的概念适用于具有碳纳米管的系统。增加复合时间的有效方法包括形成肖特基势垒的半导体金属结,其中存在空间电荷分离区,在两种材料的界面处电子从一种材料流动到另一种材料。在实践中,CNT 将充当电子接收器,清除电子并延缓重组,如图 6.21(a) 所示[82]。

提出了一种替代机制来解释在污染物降解中光催化活性所观察到的协同效

应。这一假设假设了 CNT 的光敏剂(而不是吸附剂)的作用。电子管将激发的电子注入金属氧化物的导带中,形成超氧自由基;然后电子被转移回碳纳米管;结果,金属氧化物的价带中会出现空穴,产生 O_2 或 OH^-,如图 6.21(b)所示[83-84]。

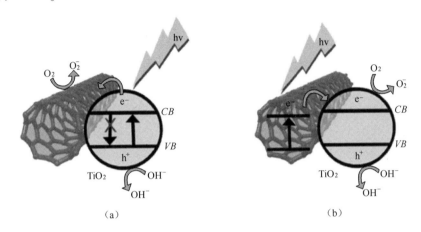

图 6.21　碳纳米管在 TiO_2 光催化中起协同作用的两种机制:
碳纳米管可作为电子库(a)或光敏剂(b)

　　水的分解在前几个章节中经常提到,其中半自由反应 WOR 是多相电催化中最流行的变换之一。除了理论上是生产分子氢的最绿色的方法外,它还参与了自然界中最重要的过程之一,即绿色植物的光合作用。事实上,目前正在研究的前沿领域之一是人工复制天然光合作用[69]。

　　尽管这一领域的研究还相对不足,但已经有报道称碳纳米管复合材料的光催化析氢。在由 TiO_2/MWCNT 组成的二元体系中,碳纳米管有助于抑制电荷对的复合,从而增强了催化剂对 HER 的光响应。可见光下 TiO_2 纳米粒子在 MWCNT 表面的水热直接生长产生了一种高活性的二元复合材料。此外,纳米碳纳米管的 $\pi \rightarrow \pi^*$ 电子跃迁和 TiO_2 与 MWCNT 氧轨道间的 $n \rightarrow \pi^*$ 增强了 TiO_2 在 400 nm 以上的吸收波长。这一过程是形成电子/空穴对的基础,也是可见光催化过程中电子/空穴对分离的基础。值得注意的是,据报道,析氢速率超过了 8000 $\mu mol \cdot g^{-1} \cdot h^{-1}$。

　　以前曾用同样的电子跃迁来描述 MWCNT/TiO_2:Ni 催化剂,其中建议 MWCNT 可以作为光敏剂,从而允许催化剂在整个 UV-Vis 范围内吸收。该催化剂是利用先前合成的 NiO-TiO_2 前驱体通过化学气相沉积(CVD)制备的,在可见光照明下,证明了该催化剂对甲醇-水溶液中 H_2 的分解具有活性[86]。

TiO$_2$/CNT 杂化物不仅是最有前途的体系之一,而且在光催化方面也是最有前途的。例如,酸催化溶胶-凝胶合成 TiO$_2$/MWCNT 复合材料被用于水的紫外或可见光处理,以去除苯酚污染物。当催化剂质量分数为 20% 时,催化剂在 4h 内能完全降解苯酚,可见光下 TiO$_2$-MWCNT 的协同作用更明显,证实了在此波长范围催化剂的吸收能力增强,以及由此产生的带隙能量的减少[87]。

Gray 等对 TiO$_2$/CNT 复合材料的结构和功能进行了较为严格的研究。作者评价了以往关于电子/空穴对分离的方法,即电子从金属氧化物转移到碳纳米管。他们用 3 种不同类型的 TiO$_2$(大的或小的锐钛矿型和混合相的 Degussa P25)和 MWCNT 或 SWCNT 制备了复合材料。然后在酚类物质的光氧化过程中对这些材料进行了测试。由于 SWCNT-TiO$_2$ 与 MWCNT-TiO$_2$ 的接触较近,前者的光氧化作用增强,如图 6.22 所示[88]。

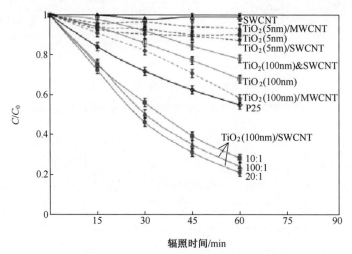

图 6.22　TiO$_2$/SWCNT 是苯酚光氧化的有效催化剂[88]

由于 SWCNT CB 边缘的相对位置允许电子从锐钛矿表面转移,证实了光激发电子沿 SWCNT 的移动。尽管在 MWCNT 中观察到了类似的行为,但 MWCNT 与锐钛矿的单独接触降低了金属氧化物的光催化活性,如图 6.23 所示[88]。

另一个与碳纳米管结合使用的半导体氧化物是氧化锌。利用 ZnO 与 SWCNT 的结合,研究了两种材料在连接时的光激发态相互作用。本实验是在光学透明电极上沉积 ZnO-SWCNT 杂化物后进行的光电化学测试。虽然只是有限地提高了光转换效率,作者可以证明电荷转移相互作用的光激发 ZnO 与功能化的 SWCNT[89]。最近,氧化锌/碳纳米管的使用也被证明是有效的光电电极,无论是在组装染料敏化太阳能电池[90]还是在光催化水分解[91]。

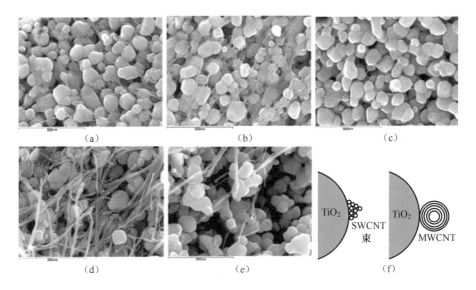

图 6.23　TEM 图像(a-e)和示意图(f)表明与 TiO_2 和 SWCNT(d,e)相比,

TiO_2 和 SWCNT(a-c)之间的接触增加[88]

采用多元醇法在 MWCNT 上负载 CdS,催化可见光诱导的废水污染物偶氮染料艳红 X-3B 的光降解。在这种情况下,光生电子迁移到 MWCNT 载体上,通过碘化法检测中间体 H_2O_2,证实了光生电子在 MWCNT 载体上的迁移。过氧化氢的形成发生在可见光催化过程中,表明电子/空穴复合时间减少:

$$CdS + h\nu \longrightarrow h_{VB}^+ + e_{CB}^- \tag{6.11}$$

$$2e_{CB^-} + O_2 + 2\,H^+ \longrightarrow H_2O_2 \tag{6.12}$$

与 AC 负载的 CdS 和分离的 CdS 相比,MWCNT 的存在确实提高了光催化效率。除了长期电荷对分离外,碳纳米管还有利于染料和 $O_2^{[92]}$ 的吸附。最近,用包埋贵金属(Pd 和 Pt)的 3 种不同介孔氧化物(CeO_2、TiO_2 和 ZrO_2)组成的核-壳体系覆盖了 MWCNT,如图 6.24 所示。这些杂化导致了用于各种反应的多功能催化剂的组装,包括光催化甲醇重整。采用溶液法制备了 MWCNT@M/M'O_2 催化剂,通过简单调整原料摩尔比,可以方便地控制氧化层厚度。甲醇重整反应的优异活性(比参比催化剂 Pd-TiO_2 和 Pt-TiO_2 高 4 倍)归因于光生电子的有效去局域化。结果,电子/空穴对分离的寿命较长,并最终记录到更快的 H_2 演化速率。此外,由于 H_2 的析出率不取决于金属氧化物层的厚度[93],因此建议 MWCNT 可以直接作为光敏剂参与光吸收过程。

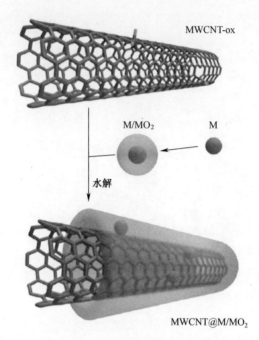

图 6.24　不同金属和金属氧化物核–壳的 MWCNT 的覆盖
是一种新的高效光催化析氢方法[93]

6.3.3　有机反应

与其他碳纳米结构相比,关于碳纳米管作为催化载体的报道数量最大的不同可能是有机底物的转化。目前,有大量的 M/CNT 体系被开发用于加氢、氧化和 C–C 交叉偶联反应。在大多数情况下,人们认为碳纳米管的主要作用是通过碳纳米管的高比表面积为金属纳米粒子提供更好的分散,并为催化剂提供更好的热稳定性和结构稳定性。在一些报道中,更高的催化活性被解释为金属粒子的瞬态高氧化态纳米管的稳定。

Planeix 和同事的开创性工作描述了通过 2,5-戊二酸钌与碳纳米管反应制备 RuNP/CNT,以及随后用稀释的 H_2 流还原制备 RuNP/CNT。对肉桂醛加氢反应的催化试验表明,肉桂醛对 C = O 官能团的还原选择性达到 92%,转化率达80%。作者将这种选择性归因于碳纳米管诱导的金属粒子与底物的特定相互作用。当他们用氧化铝或二氧化硅作为载体重复试验时,选择性显著降低[94]。这一发现是碳纳米管多相催化的里程碑,因为它揭示了纳米管作为活性载体的作用,能够驱动反应途径。

以 $RuCl_3 \cdot 3H_2O$ 为金属前驱体和低沸点溶剂,在微波辐射下制备了钌/碳纳

162

米管作为对氯硝基苯加氢制备对氯苯胺的催化剂。在胺的形成过程中,TOF 最高可达 370 次/h,而 C-Cl 键则保持不变[95]。

Ru/CNT 杂化物催化的氢化反应在各种具有优异活性的其他底物上进行,包括完全还原苯环[96]。使用具有钯、铂、金、铑和铱的 M/CNT 催化剂,已经实现了用于氢化反应的高转化率和选择性[97]。

研究了几种贵金属/碳纳米管体系的氧化,特别是醇的氧化。在加氢反应中活性的催化剂通常也能进行氧化。例如,钌与 MWCNT 的结合比其他 Ru 体系 (RuNP/TiO$_2$、RuNP/AC、RuO$_2$) 更有效地催化了伯、仲、叔苄基醇的氧化。此外,当其他潜在的反应基团如硫、氮或 C=C 双键存在时,催化剂对醇的敏感性几乎为 100%[98]。

采用 MWCNT 负载的 Au 纳米粒子在碱性条件下对甘油进行选择性氧化,该催化剂可对二次羟基官能团进行氧化[99]。其他几种负载在碳纳米管上的贵金属催化剂对其他生物质能转化反应具有良好的活性和选择性[100]。

利用碳纳米管的管状结构将催化剂限制在碳纳米管通道内,从而使载体成为纳米反应器,是一个很有前途的研究方向。例如,钌纳米粒子被内面插入,其氧化一氧化碳的活性与分散在碳纳米管侧壁上的金属的活性进行了比较;受限催化剂具有更宽的操作温度窗口(60~120 ℃)和更好的稳定性(在 100 ℃下可达 100 h);很明显,纳米管空穴所创造的微环境增加了反应的 CO 分子围绕在碳纳米管周围的密度。金属纳米粒子在保护催化剂本身的同时,使这种氧化具有更好的性能[101]。

C-C 交叉偶联反应是通过最著名的金属催化偶联实现的,钯显然是最常用的过渡金属。报告了一些 Suzuki[102-104]、Sonogashira[105-107] 和 Heck[108-110] 的反应,其活动几乎总是超过非碳纳米管载体上所载金属的活动。与加氢和氧化反应相比,碳-碳偶联反应的催化性能似乎取决于金属颗粒的大小,因此,考虑碳纳米管在催化剂组装阶段对粒径范围选择的影响是很重要的。

MWCNT/核壳系统在 6.3.1 节中进行了描述。水煤气变换反应活性对 Suzuki-Miyaura 偶联反应具有良好的催化活性,催化作用的关键是 MWCNT 的模板能力,它能赋予载体周围颗粒的特殊结构。然而,活性似乎并不取决于 M@ M'O$_2$ 的厚度,而是取决于碳载体与金属/金属氧化物之间的协同效应。

6.4 其他碳纳米结构:碳纳米角和碳纳米纤维

碳纳米纤维(CNF)一词更一般地是指碳纳米管类型的结构,在这种结构中,卷起的石墨烯片不一定是圆柱形的,形状从锥形到杯状或板状不等。顾名思义,碳纳米角(CNH)是角状石墨烯片[111],通常被称为"大丽花状"或"芽状"结构;它们也可以是单壁(SWCNHs)或多壁(MWCNH)。这些碳纳米结构在催化方面的探索较少,对其在实际应用中的潜力评估仍处于起步阶段,尽管 CNH 和 CNF 已经被研究十多年。关于这两类碳纳米结构的大多数论文都认为它们在电催化系统中的应用,在储能材料中的应用是可行的。

6.4.1　碳纳米角

　　与碳纳米角相关的优点之一是成本效益更高的制备方法,这种方法不一定使用昂贵的金属催化剂。最近,石墨在大气中的电弧蒸发是大规模生产氯化萘的一种非常经济的方法,如图 6.25 所示[112]。

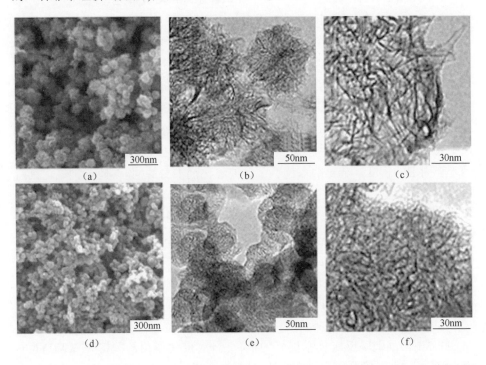

图 6.25　空气中电弧放电(a)~(c)和二氧化碳(d)~(f)产生的碳纳米角 SEM 和 TEM 图[112]

　　"自由站立"电极是基于碳纳米管激光生长在一个高度多孔的三维碳纤维网络上,用镍/钴纳米粒子或铂纳米粒子装饰而成。对电催化剂进行了 ORR 和 MOR 测试,两种情况下均显示出较大的电流。该催化剂在锂离子电池中也有很好的应用前景,显示了一个前所未有的可逆 1628 mA·h·g^{-1}的锂离子嵌入[113]。

研究者随后对 Pt 体系的电分析特性进行了较为全面的研究。优化条件表明,CNH 负载的 Pt NP 能产生比 CNT 和 CNF 负载的类似催化剂更高的峰电流密度。此外,与其他碳纳米结构相比,电荷转移是由扩散决定的,在这种情况下,它是通过表面约束过程发生的。对 ORR 和 MOR 的电化学活性进行了深入的研究,结果表明,优化后的催化剂性能优于其他基准电极[114]。

还探索了碳载体的掺杂作为进一步改善活动的一种可行方法。一种允许将"无保护"的 Pt 纳米团簇锚定在氮掺杂的 SWCN 上的方法引起了一种用于 ORR 的纳米复合阴极催化剂的组装。催化剂的活性和耐久性都有了很大的提高[115]。

由于比表面积大、电导率高,使得 CNH 有望成为锂离子电池的候选材料。包覆 CNH 的 Fe_2O_3 在 LIB 阳极电流高达 1000 mA·g^{-1} 的电流下具有较高的倍率和循环稳定性。合成相对简单,涉及水热过程和使用无金属 SWCNH 制备的电弧放电起始材料。

其优异的催化性能是由以下几个因素共同作用的:SWCNH 的电子电导率增加,从而阻碍了 Fe_2O_3 在充放电阶段的聚集,SWCNH 的高比表面积和小尺寸的 Fe_2O_3 颗粒为 Li 的输运提供了较大的电极/电解质接触面积和较短的路径长度[116]。

研究者们还报告了 SWCNH/TiO_2(纳米孔锐钛矿)杂化物(图 6.26)的高充放电速率,其中纳米角通过提供电子来协助储存,其容量超过类似的 CNT 基杂化材料[117]。

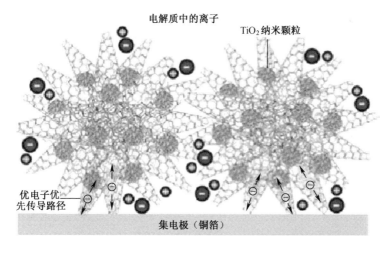

图 6.26　TiO_2/碳纳米角复合材料结构和性能的示意图[117]

在其他反应中,通过 Suzuki-Miyaura 反应得到的 C–C 交叉偶联反应是用 Pd 修饰的 SWCNH 进行的。对一系列芳基卤化物与 PhB(OH)$_2$ 的偶联得到了较高的 TOF,这可能是由于角内纳米空间的特殊电位场[118]所致。

6.4.2 碳纳米纤维

1995 报道了第一批以 CNF 为催化载体的报告。在 600 ℃ 条件下,通过铁粉与 CO$_2$/H$_2$ 的相互作用制备了碳纳米管,以 Fe/Cu(7:3)为沉淀剂,研究了它们对乙烯加氢制乙烷的催化行为。研究还评估了颗粒的粒度分布,将其与 AC 和 γ-氧化铝载体进行了比较,结果表明,在 CNF 上生长的颗粒分布更为广泛,如图 6.27 所示[119]。

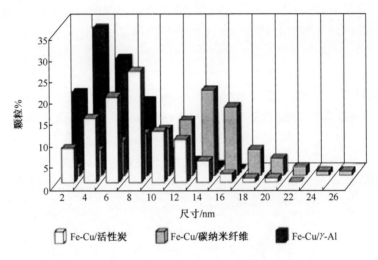

图 6.27 不同载体上生长的 Fe-Cu 催化剂粒度分布[119]

CNF 负载型催化剂的催化活性明显高于其他两种载体。作者认识到,活性并不取决于颗粒大小的分布,而是取决于载体与金属之间的电子转移过程,这导致了催化剂的电子扰动,从而导致了不同的吸附和反应特性。此外,他们还假设了 CNF 石墨骨架结晶度引起的金属择优结晶取向[119]。

自那时起,人们开展了更多的研究,主要集中在 CNF 负载的金属纳米粒子的优良催化性能,特别是在有机底物的加氢和氧化,或应用于电催化过程中,重点是 FC 组装。

研究了 α、β-不饱和分子的加氢反应,考察了湿法制备的 Pd/CNF 体系的活性和选择性。与市面上的炭载钯催化剂相比,CNF 基 Pd 催化剂在活性和选择性方面的优势尤为突出。纳米结构载体的高比表面积降低了试剂对催化活性物

166

种的传质限制[120]。

如图 6.28 所示,一项有趣的研究发现,不同的 CNF 薄片结构取向作为纳米镍的载体,会影响 1,3-丁二烯等简单 α、β-不饱和化合物的加氢活性和选择性。作者以 CNF 模板生长的 Ni 纳米粒子作为催化差异的主要因素。这个例子很重要,因为它证明了为了达到预期的催化性能而裁剪金属颗粒的选择[121]。

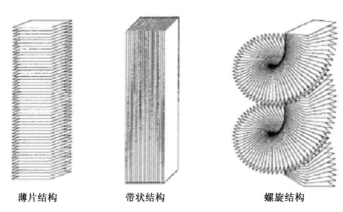

薄片结构　　　　带状结构　　　　螺旋结构

图 6.28　用作催化剂载体材料的石墨纳米纤维的 3 种独特构象的示意图[121]

在文献中还有几个关于 CNF 作为载体在加氢和氧化反应中的应用实例。最近,碳纳米纤维与贵金属结合,以提高 ORR 活性。为了研究 CNF 在燃料电池中的应用,研究了 CNF 作为 ORR 和 MOR 的电极金属载体。

例如,一种 MW 辅助多元醇法可获得 CNF/PtRu NP,碳纳米结构显示薄片结构、人字形和管状几何图形。在所有情况下,VulcanXC72R 炭黑负载的 PtRu 的甲醇氧化活性均优于工业 PtRu。3 种载体的活性大小顺序为血小板>管状≈人字形 CNF,而 Brunauer-Emmett-Teller(BET)比表面积的大小顺序为人字形>管状≈血小板,说明在解释催化特性时,需要考虑其他因素。

最后,值得一提的是 CNF 在 C—C 交叉偶联反应中的应用。其中一个先驱例子是 CNF/PD 杂化物的合成,它在一系列芳基卤化物和烯烃的 Heck 偶联中表现出良好的活性。除了良好的活性外,还发现了其他优点,如系统在相对较高的温度下的稳定性、催化剂的可回收性以及对氧污染的不敏感性[123]。

6.5　结　　论

有效的非均相催化关键取决于适当的支持。碳纳米结构已经证明能够以优异的效率实现该作用。碳纳米管和石墨烯看来是通用的材料,其可以与几乎任何过渡金属结合,以提供具有改进的活性和稳定性的混合催化剂的制备。目前,石墨烯和碳纳米管代表研究的重点,报告呈指数状增殖。在电催化领域中,为了节能应用(燃料电池和锂离子电池),并且在光催化中,通过有效地实现诸如水裂解和污染物降解的重要方法似乎是特别有希望的。导电特性和通过本质上高表面积的分散催化剂纳米颗粒的能力是这两种碳纳米结构的关键特征。碳纳米管也被广泛用作有机转化的载体,其中它们可以在诸如氢化和氧化的过程中和在金属催化的 C—C 交叉偶联反应中诱导化学选择性,帮助试剂的吸附并使它们更接近活性物质。碳纳米角和碳纳米纤维具有相似的特性,虽然它们还没有得到 G 和 CNT 那样的普及,但它们是有价值的变体,它们在多相催化中的应用已经得到了重视。碳纳米结构开放的另一个重要可能性是在生长阶段对金属纳米粒子的形貌和孔径分布进行控制;它们基本上可以作为模板,必要时可移除,并可定制特定催化剂的性能。

碳纳米结构是当今纳米技术革命的重要组成部分,其在最广泛的领域中的应用前景广阔。多相催化就是这样的一个领域,而今天面临的最大挑战之一就是如何将这些系统应用到实际应用中。

参 考 文 献

1. Kongkanand A, Kuwabata S, Girishkumar G, Kamat P (2006) Single wall carbon nanotubes supported platinum nanoparticles with improved electrocatalytic activity for oxygen reduction reaction. Langmuir 22: 2392-2396.

2. Ajayan PM, Stephan O, Redlich P, Colliex C (1995) Carbon nanotubes as removable templates for metal oxide nanocomposites and nanostructures. Nature 375:564-567.

3. Geim AK, Novoselov KS (2007) The rise of graphene. Nat Mater 6:183.

4. Zhang J, Xiong Z, Zhao XS (2011) Graphene-metal-oxide composites for the degradation of dyes under visible light irradiation. J Mater Chem 21:3634-3640.

5. Stoller MD, Park S, Zhu Y, An J, Ruoff RS (2008) Nano Lett 8:3498.

6. Kou R, Shao Y, Wang D, Engelhard MH, Kwak JH, Wang J, Viswanathan VV, Wang C, Lin Y, Wang Y, Aksay IA, Liu J (2009) Electrochem Commun 11:954-957.

7. Guo S, Sun S (2012) FePt nanoparticles assembled on graphene as enhanced catalyst for oxygen reduction reaction. J Am Chem Soc 134:2492.

8. Kou R, Shao Y, Mei D, Nie Z, Wang D, Wang C, Viswanathan VV, Park S, Aksay IA, Lin Y, Wang Y, Liu J (2011) Stabilization of electrocatalytic metal nanoparticles at metal-metal oxide-graphene triple junction points. J Am Chem Soc 133:2541.

9. Neppolian B, Bruno A, Bianchi CL, Ashokkuma M (2012) Ultrasonic Sonochem 19:9.

10. He Y, Cui H (2012) Chem Eur J 18:4823.

11. Shi Q, Mu S（2012）J Power Sources 203：48.

12. Seger B, Kamat PV（2009）Electrocatalytically active graphene–platinum nanocomposites. Role of 2–D carbon support in PEM fuel cells. J Phys Chem C 113：7990–7995.

13. Guo S, Zhang S, Wu L, Sun S（2012）Co/CoO nanoparticles assembled on graphene for electrochemical reduction of oxygen. Angew Chem Int Ed 51：1170.

14. Liang Y, Li Y, Wang H, Zhou J, Wang J, Regier T, Dai H（2011）Co3O4 nanocrystals on graphene as a synergistic catalyst for oxygen reduction reaction. Nat Mater 10：180.

15. Wang H, Liang Y, Li Y, Dai H（2011）Co_{1-x}S–Graphene hybrid：a high–performance metal chalcogenide electrocatalyst for oxygen reduction. Angew Chem Int Ed 50：10969.

16. Yin H, Tang H, Wang D, Gao Y, Tang Z（2012）Facile synthesis of surfactant–free Au cluster/graphene hybrids for high–performance oxygen reduction reaction. ACS Nano 6：8288.

17. Wu Z–S, Yang S, Sun Y, Parvez K, Feng X, Müllen K（2012）3D nitrogen–doped grapheme aerogel–supported Fe_3O_4 nanoparticles as efficient electrocatalysts for the oxygen reduction reaction. J Am Chem Soc 134：9082.

18. Li Y, Gao W, Ci L, Wang C, Ajayan PM（2010）Carbon 48：1124.

19. Guo S, Dong S（2011）Graphene nanosheet：synthesis, molecular engineering, thin film, hybrids, and energy and analytical applications. Chem Soc Rev 40：2644.

20. Yoo E, Okata T, Akita T, Kohyama M, Nakamura J, Honma I（2009）Nano Lett 9：2255.

21. Bong S, Kim Y–R, Kim I, Woo S, Uhm S, Lee J, Kim H（2010）Electrochem Commun 12：129.

22. Guo S, Dong S, Wang E（2010）Three–dimensional Pt–on–Pd bimetallic nanodendrites supported on graphene nanosheet：facile synthesis and used as an advanced nanoelectrocatalyst for methanol oxidation. ACS Nano 4(1)：547.

23. Li Y, Wang H, Xie L, Liang Y, Hong G, Dai H（2011）MoS_2 nanoparticles grown on graphene：an advanced catalyst for the hydrogen evolution reaction. J Am Chem Soc 133：7296.

24. Liu C, Alwarappan S, Chen Z, Kong X, Li C–Z（2010）Membraneless enzymatic biofuel cells based on graphene nanosheets. Biosens Bioelectron 25：1829.

25. Zheng W, Zhao HY, Zhang JX, Zhou HM, Xu XX, Zheng YF, Wang YB, Cheng Y, Jang BZ（2010）A glucose/O_2 biofuel cell base on nanographene platelet–modified electrodes. Electrochem Commun 12：869.

26. Wang D, Choi D, Li J, Yang Z, Nie Z, Kou R, Hu D, Wang C, Saraf LV, Zhang J, Aksay IA, Liu J（2009）Self–assembled TiO_2–graphene hybrid nanostructures for enhanced Li–ion insertion. ACS Nano 3：907.

27. Paek SM, Yoo E, Honma I（2009）Nano Lett 9：72.

28. Liana P, Zhub X, Lianga S, Li Z, Yangb W, Wanga H（2011）High reversible capacity of SnO_2/graphene nanocomposite as an anode material for lithium–ion batteries. Electrochim Acta 56：4532.

29. Wu Z–S, Ren W, Wen L, Gao L, Zhao J, Chen Z, Zhou G, Li F, Cheng H–M（2010）ACS Nano 4：3187.

30. Lian P, Liang S, Zhu X, Yang W, Wang H（2011）A novel Fe_3O_4–SnO_2–graphene ternary nanocomposite as an anode material for lithium–ion batteries. Electrochim Acta 58：81.

31. Xue D, Xin S, Yan Y, Jiang K, Yin Y, Guo Y, Wan L（2012）Improving the electrode performance of Ge through Ge@ C core–shell nanoparticles and graphene networks. J Am Chem Soc 134：2512.

32. Zhang C, Peng X, Guo Z, Cai C, Chen Z, Wexler D, Li S, Liu H (2012) Carbon 50:1897.

33. Su C, Bu X, Xu L, Liu J, Zhang C (2012) Electrochim Acta 64:190.

34. Yanga J, Wanga J, Wanga D, Li X, Genga D, Liangb G, Gauthierb M, Li R, Suna X (2012) 3D porous $LiFePO_4$/graphene hybrid cathodes with enhanced performance for Li-ion batteries. J Power Sources 208: 340-344.

35. Sartorel A, Carraro M, Maria Toma F, Prato M, Bonchio M (2012) Shaping the beating heart of artificial photosynthesis: oxygenic metal oxide nanoclusters. Energy Environ Sci 5:5592-5603.

36. Sartorel A, Carraro M, Scorrano G, De Zorzi R, Geremia S, McDaniel ND, Bernhard S, Bonchio M (2008) Polyoxometalate embedding of a catalytically active tetra-ruthenium(IV)-oxo-core by template directed metalation of $[\gamma-SiW^{10}O^{36}]^8$. J Am Chem Soc 130:5006-5007.

37. Sartorel A, MiróP, Salvadori E, Romain S, Carraro M, Scorrano G, Di Valentin M, Llobet A, Bo C, Bonchio M (2009) Water oxidation at a tetraruthenate corestabilized by polyoxometalate ligands: experimental and computational evidence to trace the competent intermediates. J Am Chem Soc 131:16051.

38. Piccinin S, Sartorel A, Aquilanti G, Goldoni A, Bonchio M, Fabris S (2013) Water oxidation surface mechanisms replicated by a totally inorganic tetraruthenium-oxo molecular complex. PNAS. doi:10.1073/pnas.12134 86110.

39. Quintana M, Montellano Lopez A, Rapino S, Toma FM, Iurlo M, Carraro M, Sartorel A, Maccato C, Ke X, Bittencourt C, Da Ros T, Van Tendeloo G, Marcaccio M, Paolucci F, Prato M, Bonchio M (2013) Knitting the catalytic pattern of artificial photosynthesis to a hybrid graphene nanotexture. ACS Nano 7:811.

40. Xiang Q, Yu J, Jaroniec M (2012) Graphene-based semiconductor photocatalysts. Chem Soc Rev 41:782.

41. Zhang X-Y, Li H-P, Cui X-L, Lin Y (2010) Graphene/TiO_2 nanocomposites: synthesis, characterization and application in hydrogen evolution from water photocatalytic splitting. J Mater Chem 20:2801-2806.

42. Fan W, Lai Q, Zhang Q, Wang Y (2011) Nanocomposites of TiO_2 and reduced grapheme oxide as efficient photocatalysts for hydrogen evolution. J Phys Chem C 115:10694.

43. Mukherji A, Seger B, Lu GQ, Wang LZ (2011) Nitrogen doped $Sr_2Ta_2O_7$ coupled with grapheme sheets as photocatalysts for increased photocatalytic hydrogen production. ACS Nano 5:3483.

44. Jia L, Wang DH, Huang YX, Xu AW, Yu HQ (2011) Highly durable N-doped Graphene/CdS nanocomposites with enhanced photocatalytic hydrogen evolution from water under visible light irradiation. J Phys Chem C 115:11466.

45. Lightcap IV, Kosel TH, Kamat PV (2010) Anchoring semiconductor and metal nanoparticles on a two-dimensional catalyst mat. Storing and shuttling electrons with reduced grapheme oxide. Nano Lett 10:577.

46. Xiang Q, Yu J, Jaroniec M (2012) Synergetic effect of MoS_2 and graphene as cocatalysts for enhanced photocatalytic H2 production activity of TiO_2 nanoparticles. J Am Chem Soc 134:6575-6578.

47. Zhang H, Lv X, Li Y, Wang Y, Li J (2010) P25-graphene composite as a high performance photocatalyst. ACS Nano 4:380.

48. Liu J, Bai H, Wang Y, Liu Z, Zhang X, Sun DD (2010) Self-assembling TiO_2 nanorods on large graphene oxide sheets at a two-phase interface and their anti-recombination in photocatalytic applications. Adv Funct Mater 20:105.

49. Zhang JT, Xiong ZG, Zhao XS (2011) J Mater Chem 21:3634.

50. Gao E, Wang W, Shang M, Xu J (2011) Synthesis and enhanced photocatalytic performance of graphene-

Bi_2WO_6 composite. Phys Chem Chem Phys 13:2887.

51. Li BJ, Cao HQ (2011) J Mater Chem 21:3346.

52. Zhang XF, Quan X, Chen S, Yu HT (2011) Appl Catal B 105:237.

53. Zhu MS, Chen PL, Liu MH (2011) ACS Nano 5:4529.

54. Li Y, Fan X, Qi J, Ji J, Wang S, Zhang G, Zhang F (2010) Palladium nanoparticle-grapheme hybrids as active catalysts for the Suzuki reaction. Nano Research 3:429.

55. Metinö, Ho SF, Alp C, Can H, Mankin MN, Gültekin MS, Chi M, Sun S(2013) Ni/Pd core/shell nanoparticles supported on graphene as a highly active and reusable catalyst for Suzuki-Miyaura cross-coupling reaction. Nano Res 6:10.

56. Li Y, Fan X, Qi J, Ji J, Wang S, Zhang G, Zhang F (2010) Gold nanoparticles grapheme hybrids as active catalysts for Suzuki reaction. Mater Res Bull 45:1413.

57. Zhang N, Qiu H, Liu Y, Wang W, Li Y, Wanga X, Gao J (2011) Fabrication of gold nanoparticle/graphene oxide nanocomposites and their excellent catalytic performance. J Mater Chem 21:11080.

58. Siamaki AR, El Rahman A, Khder S, Abdelsayed V, El-Shall MS, Gupton BF (2011) Microwave-assisted synthesis of palladium nanoparticles supported on graphene: a highlyactive and recyclable catalyst for carbon-carbon cross-coupling reactions. J Catal 279:1.

59. Moussa S, Siamaki AR, Gupton BF, El-Shall MS (2012) Pd-partially reduced graphene oxide catalysts (Pd/PRGO): laser synthesis of Pd Nanoparticles supported on PRGO nanosheets for carbon-carbon cross coupling reactions. ACS Catal 2:145.

60. Wu G, Wang X, Guan N, Li L (2013) Palladium on graphene as efficient catalyst for solventfree aerobic oxidation of aromatic alcohols: role of graphene support. Appl Catal Environ 136-137:177.

61. Stein M, Wieland J, Steurer P, Tölle F, Mülhaupt R, Breit B (2011) Iron nanoparticles supported on chemically-derived graphene: catalytic hydrogenation with magnetic catalyst separation. Adv Synt Catal 353:253.

62. Coleman JN, Fleming A, Maier S, O'Flaherty S, Minett AI, Ferreira MS, Hutzler S, Blau WJ (2004) J Phys Chem B 108(11):3446-3450.

63. Melchionna M, Prato M (2013) Functionalizing carbon nanotubes: an indispensible step towards applications. ECS J Solid State Sci Technol 2:M3040-M3045.

64. Singh P, Campidelli S, Giordani S, Bonifazi D, Bianco A, Prato M (2009) Organic functionalisation and characterisation of single-walled carbon nanotubes. Chem Soc Rev 38:2214-2230.

65. Tasis D, Tagmatarchis N, Bianco A, Prato M (2006) Chemistry of carbon nanotubes. Chem Rev 106: 1105-1136.

66. Iijima S (1991) Helical microtubules of graphitic carbon. Nature 354:56.

67. Wu B, Kuang Y, Zhang X, Chen J (2011) Noble metal nanoparticles/carbon nanotubes nanohybrids: synthesis and applications. Nano Today 6:75-90.

68. Mabena LF, Ray SS, Mhlanga SD, Coville NJ (2011) Nitrogen-doped carbon nanotubes as a metal catalyst support. Appl Nanosci 1:67-77.

69. Carraro M, Sartorel A, Toma F, Puntoriero F, Scandola F, Campagna S, Prato M, Bonchio M (2011) Artificial photosynthesis challenges: water oxidation at nanostructures interfaces. Top Curr Chem 303:121-150.

70. Sartorel A, Truccolo M, Berardi S, Gardan M, Carraro M, Toma FM, Scorrano G, Prato M, Bonchio M

171

(2011) Oxygenic polyoxometalates: a new class of molecular propellers. Chem Commun 47:1716–1718.

71. Herrero MA, Toma FM, Al-Jamal KT, Kostarelos K, Bianco A, Da Ros T, Bano F, Casalis L, Scoles G, Prato M (2009) Synthesis and characterization of a carbon nanotube-dendron series for efficient siRNA delivery. J Am Chem Soc 131:9843–9848.

72. Campidelli S, Sooambar C, Lozano Diz E, Elhi C, Guldi DM, Prato M (2006) Dendrimerfunctionalized single-wall carbon nanotubes: synthesis, characterization and photoinduced electron transfer. J Am Chem Soc 128:12544–12552.

73. Toma FM, Sartorel A, Iurlo M, Carraro M, Rapino S, Hoober-Burkhardt L, Da Ros T, Marcaccio M, Scorrano G, Paolucci F, Bonchio M, Prato M (2011) Tailored functionalization of carbon nanotubes for electrocatalytic water splitting and sustainable energy applications. Chem Sus Chem 4:1447.

74. Toma FM, Sartorel A, Iurlo M, Carraro M, Parisse P, Maccato C, Rapino S, Rodriguez Gonzalez B, Amenitsch H, Da Ros T, Casalis L, Goldoni A, Marcaccio M, Scorrano G, Scoles G, Paolucci F, Prato M, Bonchio M (2010) Efficient water oxidation at carbon nanotube-polyoxometalate electrocatalytic interfaces. Nat Chem 826.

75. Li F, Zhang B, Li X, Jiang Y, Chen L, Li Y, Sun L (2013) Highly efficient oxidation of water by a molecular catalyst immobilized on carbon nanotubes. Angew Chem Int Ed 50:12276.

76. Le Goff A, Artero V, Jousselme B, Tran PD, Guillet N, Métayé R, Fihri A, Palacin S, Fontecave M (2009) From hydrogenases to noble metal – free catalytic nanomaterials for H$_2$ production and uptake. Science 326:1384.

77. Li YL, Hu FP, Wang X, Shen PK (2008) Electrochem Commun 10:1101.

78. Matsumori H, Takenaka S, Mastune H, Kishida M (2010) Appl Catal A 373:176.

79 Wu BH, Hu D, Yu YM, Kuang YJ, Zhang XH, Chen JH (2010) Chem Commun 46:7954.

80. Wei ZD, Yan C, Tan Y, Li L, Sun CX, Shao ZG, Shen PK, Dong HW (2008) Spontaneous reduction of Pt(IV) onto the sidewalls of functionalized multiwalled carbon nanotubes as catalysts for oxygen reduction reaction in PEMFCs. J Phys Chem C 112:2671–2677.

81. Liang Y, Wang HD, Peng D, Chang W, Hong G, Li Y, Gong M, Xie L, Zhou J, Wang J, Regier TZ, Wei F, Dai H (2012) Oxygen reduction electrocatalyst based on strongly coupled cobalt oxide nanocrystals and carbon nanotubes. J Am Chem Soc 134:15849–15857.

82. Zhang WD, Jiang LC, Ye JS (2009) J Phys Chem C 113:16247.

83. Wang W, Serp P, Kalck P, Faria JL (2005) Visible light photodegradation of phenol on MWNT-TiO$_2$ composite catalysts prepared by a modified sol-gel method. J Mol Catal A Chem 235:194–199.

84. Zhang W-D, Xu B, Jiang L-C (2010) Functional hybrid materials based on carbon nanotubes and metal oxides. J Mater Chem 20:6383–6391.

85. Dai K, Peng T, Ke D, Wei B (2009) Photocatalytic hydrogen generation using a nanocomposite of multi-walled carbon nanotubes and TiO$_2$ nanoparticles under visible light irradiation. Nanotechnology 20:125603.

86. Ou Y, Lin J, Fang S, Liao D (2006) MWNT-TiO$_2$:Ni composite catalyst: a new class of catalyst for photocatalytic H$_2$ evolution from water under visible light illumination. Chem Phys Lett 429:199–203.

87. Wang W, Serp P, Kalck P, Gomes Silva C, Faria JL (2008) Preparation andcharacterization of nanostructured MWCNT-TiO$_2$ composite materials for photocatalytic water treatment applications. Mater Res Bull 43:958–967 .

88. Yao Y, Li G, Ciston S, Lueptow RM, Gray KA (2008) Photoreactive TiO2/carbon nanotube composites: synthesis and reactivity. Environ Sci Technol 42:4952-4957.

89. Vietmeyer F, Seger B, Kamat PV (2007) Anchoring ZnO particles on functionalized single wall carbon nanotubes. excited state interactions and charge collection. Adv Mater 19:2935-2940.

90. Chang W-C, Cheng Y-Y, Yu W-C, Yao Y-C, Lee C-H, Ko H-H (2012) Enhancing performance of ZnO dye-sensitized solar cells by incorporation of multiwalled carbon nanotubes. Nanoscale Res Lett 7:166.

91. Xie S, Lu X, Zhai T, Li W, Yu M, Liang C, Tong Y (2012) Enhanced photoactivity and stability of carbon and nitrogen co-treated ZnO nanorod arrays for photoelectrochemical water splitting. J Mater Chem 22: 14272-14275.

92. Ma L-L, Sun H-Z, Zhang Y-G, Lin Y-L, Li J-L, Wang E, Yu Y, Tan M, Wang J-B (2008) Preparation, characterization and photocatalytic properties of CdS nanoparticles dotted on the surface of carbon nanotubes. Nanotechnology 19:115709.

93. Cargnello M, Grzelczak M, Rodríguez-González B, Syrgiannis Z, Bakhmutsky K, La Parola V, Liz-Marzán LM, Gorte RJ, Prato M, Fornasiero P (2012) Multiwalled carbon nanotubes drive the activity of metal@ oxide core-shell catalysts in modular nanocomposites. J Am Chem Soc 134:11760-11766.

94. Planeix JM, Coustel N, Coq B, Bretons V, Kumbhar PS, Dutartre R, Geneste P, Bernier P, Ajayan PM (1994) Application of carbon nanotubes as supports in heterogeneous catalysis. J Am Chem Soc 116: 7935-7936.

95. Antonetti C, Oubenali M, Raspolli Galletti AM, Serp P, Vannucci G (2012) Novel microwave synthesis of ruthenium nanoparticles supported on carbon nanotubes active in the selective hydrogenation of p-chloronitrobenzene to p-chloroaniline. Appl Catal Gen 421:99-107.

96. Jahjah M, Kihn Y, Teuma E, Gómez M (2010) Ruthenium nanoparticles supported on multiwalled carbon nanotubes: highly effective catalytic system for hydrogenation processes. J Mol Catal A Chem 332:106-112.

97. John J, Gravel E, Namboothiri INN, Doris E (2012) Advances in carbon nanotube-noble metal catalyzed organic transformations. Nanotech Rev 1:515-539.

98. Yanga X, Wanga X, Qiu J (2010) Aerobic oxidation of alcohols over carbon nanotubesupported Ru catalysts assembled at the interfaces of emulsion droplets. Appl Catal Gen 382:131-137.

99. Rodrigues EG, Carabineiro SAC, Delgado JJ, Chen X, Pereira MFR, Orfao JJM (2012) J Catal 285:83-91.

100. Zhu J, Holmen A, Chen D (2013) Carbon nanomaterials in catalysis: proton affinity, chemical and electronic properties, and their catalytic consequences. Chem Cat Chem 5:378-401.

101. Li B, Wang C, Yi G, Lin H, Yuan Y (2011) Enhanced performance of Ru nanoparticles confined in carbon nanotubes for CO preferential oxidation in a H_2-rich stream. Catal Today 164:74-79.

102. Pan HB, Yen CH, Yoon B, Sato M, Wai CM (2006) Recyclable and ligandless Suzuki coupling catalyzed by carbon nanotube-supported palladium nanoparticles synthesized in supercritical fluid. Synt Commun 36: 3473-3478.

103. Chen X, Hou Y, Wang H, Cao Y, He J (2008) Facile deposition of Pd nanoparticles on carbon nanotube microparticles and their catalytic activity for Suzuki coupling reactions. J Phys Chem C 112:8172-8176.

104. Sullivan JA, Flanagan KA, Hain H (2009) Suzuki coupling activity of an aqueous phase Pd nanoparticle dispersion and a carbon nanotube/Pd nanoparticle composite. Catal Today 145:108-113.

105. Olivier JH, Camerel F, Ziessel R, Retailleau P, Amadouc J, Pham-Huu C (2008) Microwavepromoted

hydrogenation and alkynylation reactions with palladium–loaded multi–walled carbon nanotubes. New J Chem 32:920–924.

106. Sokolov VI, Rakov EG, Bumagin NA, Vinogradov MG (2010) New method to prepare nanopalladium clusters immobilized on carbon nanotubes: a very efficient catalyst for forming carbon–carbon bonds and hydrogenation. Fullerenes Nanotubes Carbon Nanostruct 18:558–563.

107. Santra S, Ranjan P, Bera P, Ghosh P, Mandal SK (2012) Anchored palladium nanoparticles onto single walled carbon nanotubes: efficient recyclable catalyst for N–containing heterocycles. RSC Adv 2: 7523–7533.

108. Yoon B, Wai CM (2005) Microemulsion–templated synthesis of carbon nanotube–supported Pd and Rh nanoparticles for catalytic applications. J Am Chem Soc 127:17174–17175.

109. Corma A, Garcia H, Leyva A (2005) Catalytic activity of palladium supported on single wall carbon nanotubes compared to palladium supported on activated carbon: study of the Heck and Suzuki couplings, aerobic alcohol oxidation and selective hydrogenation. J Mol Catal A Chem 230:97–105.

110. Rodríguez–Pérez L, Pradel C, Serp P, Gomez M, Teuma E (2011) Supported ionic liquid phase containing palladium nanoparticles on functionalized multiwalled carbon nanotubes: catalytic materials for sequential Heck coupling/hydrogenation process. Chem Cat Chem 3:749–754.

111. Iijima S, Yudasaka M, Yamada R, Bandow S, Suenaga K, Kokai F, Takahashi K (1999) Nano–aggregates of single–walled graphitic carbon nano–horns. Chem Phys Lett 309:165–170.

112. Li N, Wang Z, Zhao K, Shi Z, Gu Z, Xu S (2010) Carbon 48:1580–1585.

113. Brahim A, Hamoudi Z, Takahashi H, Tohji K, Mohamedi M, Khakani MAE (2009) Carbon nanohorns–coated microfibers for use as free–standing electrodes for electrochemical power sources. Electrochem Commun 11:862–866.

114. Hamoudi Z, Brahim A, Khakani MAE, Mohamedi M (2013) Electroanalytical study of methanol oxidation and oxygen reduction at carbon nanohorns–Pt nanostructured electrodes. Electroanalysis 25:538–545.

115. Zhang L, Zheng N, Gao A, Zhu C, Wang Z, Wang Y, Shi Z, Liu Y (2012) A robust fuel cell cathode catalyst assembled with nitrogen–doped carbon nanohorn and platinum nanoclusters. J Power Sources 220: 449–454.

116. Zhao Y, Li J, Ding Y, Guan L (2011) Single–walled carbon nanohorns coated with Fe_2O_3 as a superior anode material for lithium ion batteries. Chem Commun 47:7416–7418.

117. Xu W, Wang Z, Guo Z, Liu Y, Zhou N, Niu B, Shi Z, Zhang H (2013) Nanoporous anatase TiO_2/single–wall carbon composite as superior anode for lithium ion batteries. J Power Sources 232:193–198.

118. Itoh T, Danjo H, Sasaki W, Urita K, Bekyarova E, Arai M, Imamoto T, Yudasaka M, Iijima S, Kanoh H, Kaneko K (2008) Catalytic activities of Pd–tailored single wall carbon nanohorns. Carbon 46:172–175.

119. Rodriguez NM, Kim M–S, Baker RTK (1994) Carbon nanofibers: a unique catalyst support medium. J Phys Chem 98:13108–13111.

120. Pham–Huu C, Keller N, Charbonniere LJ, Ziessel R, Ledoux MJ (2000) Carbon nanofiber supported palladium catalyst for liquid–phase reactions. An active and selective catalyst for hydrogenation of CNC bonds. Chem Commun 1871–1872.

121. Park C, Baker RTK (1998) Catalytic behavior of graphite nanofiber supported nickel particles. 2. The influence of the nanofiber structure. J Phys Chem B 102:5168–5177.

174

122. Tsuji M, Kubokawa M, Yano R, Miyamae N, Tsuji T, Jun M-S, Hong S, Lim S, Yoon S-H,Mochida I (2007) Fast preparation of PtRu catalysts supported on carbon nanofibers by the microwave-polyol method and their application to fuel cells. Langmuir 23:387-390.

123. Zhu J, Zhou J, Zhao T, Zhou X, Chen D, Yuan W (2009) Carbon nanofiber-supported palladium nanoparticles as potential recyclable catalysts for the Heck reaction. Appl Catal Gen 352:243-250.

124. Bonanni A, Huiling Loo A, Pumera M (2012) Graphene for impedimetric biosensing. Trends Anal Chem 37:12-21.

第7章　碳纳米管在组织工程学中的应用

Susanna Bosi , Laura Ballerini ,Maurizio Prato

碳纳米管(CNT)由于其独特的结构特征,在很多纳米技术领域得到应用。CNT 的技术已经越来越多的应用在生物医学上,以开发生物分子纳米载体和满足组织工程学应用的生物纳米传感器和智能材料等。本章中,将着重叙述后一种应用,描述为什么碳纳米管被认为是能够支持和促进多种组织生长和增殖的理想材料。

缩写

BMP	骨形成蛋白
BP	巴基纸
CNF	碳纳米纤维
CNT	碳纳米管
DNA	脱氧核糖核酸
DRG	背根神经节
ECM	细胞外基质
Hap	羟基磷灰石
HIV	人类免疫缺陷病毒
MEA	多电极阵列
MWNT	多壁碳纳米管
NT-3	神经营养因子3
PLCL	聚交酯己内酯共聚物
PLGA	聚乳酸乙醇酸共聚物
rhBMP-2	重组人骨形态发生蛋白2
RNA	核糖核酸
SWNT	单壁碳纳米管

7.1　引　言

当前,纳米技术在几乎所有的科学领域均占据主导地位,甚至遍布我们的日常生活中,寻找能够在分子和亚分子水平上与生物系统提供积极支撑和有效相互作用的纳米结构材料是非常活跃的研究领域。在这种情况下,近年来 CNT 管无疑被列为最有趣、最引人注目并且被研究用于各种应用的纳米材料之一。基于这一特定事实,碳的同素异形体具有如此特殊和独特的性质,使得它们在纳米科学的许多应用领域具有巨大的开发潜力。

对能够在纳米尺度上与生物系统相互作用的材料的需求是现代医学中一个非常热门的话题。作为一种非常有前途的材料,碳纳米管不仅仅是在材料技术和工业应用方面表现出很多可能的应用,而且在生物医学领域也得到广泛的应用。已有文献报道了 CNT 在生物学上的诸多应用,因此,完整地回顾并叙述这一话题是一件非常具有挑战性的工作。我们将着重选取具有典型代表性的例子,以便让读者了解 CNT 在这个令人兴奋的领域中的应用潜力。

7.1.1 碳纳米管在生物医药领域的应用

由于碳纳米管的特性,对其生物医学应用的研究正在迅速发展,如图 7.1 所示。

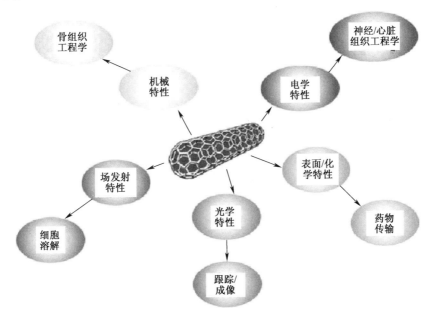

图 7.1 CNT 特征及其可能的生物医学应用领域

由于 CNT 能够跨越生物薄膜并且能在其骨架结构上承载多种功能,因此 CNT 已被研究并作为许多不同类型的治疗剂的载体。尽管内在作用的具体机制(内吞作用或针状穿透)仍不完全清楚,但人们普遍认识到 CNT 能够进入细胞,而不管其表面的细胞类型和功能基团[1-2]。另外,它们的高表面积提供附着位点,从而形成多重衍生物。此外,一些体外和体内研究显示,到目前为止,任何类型的化学官能化的碳纳米管都与生物环境具有生物相容性,并说明了在体内是如何进行生物相容的。这种材料的体内行为可以通过官能化的程度和类型进行调节,这两个关键方面都需要得到精确的调整[3-6]。由于这些原因,CNT已经被用作各种治疗剂的分子载体,如抗肿瘤药物[7]、免疫治疗方法的抗原[8]、靶向部分(抗体或肽)[9]和脂质体,这些脂质体又可以充当分子的载体[10]。CNT可以用作非病毒分子运输载体将短干扰RNA(siRNA)导入人类的T细胞和原始细胞。其传递能力和RNA干扰效率远远超过现有的集中非病毒转运剂,包括脂质体的不同剂型。有人提出,纳米管可以用作从癌细胞到T细胞和原代细胞的各种生物重要细胞的通用分子转运体,具有优于传统脂质体基非病毒制剂的沉默效应[11-12]。CNT介导的核酸转运也被研究用于转运具有促凋亡活性的反义寡核苷酸[13-14]以实现基因转移,或将核酸转运系统与光动力疗法相结合[15]。

另外,还有人探讨了在纳米管腔内容纳小分子的可能性,允许将CNT描述为纳米胶囊,这种作用可以实现分子"魔弹"的概念,该分子能够检测并选择性地破坏癌细胞[16]。CNT的转运体特性还可以用于体内成像领域,例如,将CNT与可追踪的放射性核素或荧光探针相结合[17-18]。基于纳米管的光学生物传感器可以用于检测人体内的特定目标,例如,肿瘤细胞,用只能链接到目标细胞的蛋白质包裹这些纳米管[19]。例如,已经研究了由Au纳米颗粒和SWCNT[20]构成的协同生物传感器,用于在纳米摩尔尺度上检测HIV-1PR,一种负责病毒离子组装和成熟的大冬氨酸蛋白酶[21]。实现该蛋白酶的高灵敏检测有望加速开发有效的HIV-1PR抑制剂。病毒病诊断的另一个例子是电检测丙型肝炎病毒RNA[22]。由于大的比表面体积和独特的电子性质,使得CNT在优化组件制造高敏感度生物探测方面具有显著优势,这是在诊断疾病和开发新的抗病毒药物时的关键所在。因此,可以预见,CNT在未来的传染病治疗中可能发挥着重要作用。

由于具备与红外辐射相互作用的能力,碳纳米管可用于肿瘤的高温治疗。事实上,已知生物组织对700~1100nm近红外光是透明的,而CNT显示出强的光学吸收。具有靶向单元的经适当功能化的CNT可到达目标部位(肿瘤处)并局部释放治疗分子或引起过度的局部加热,在这两种情况下将导致癌细胞死亡[9]。

Kang等研究者还研究了CNT的抗菌活性,已经证明高度纯化的具有窄的粒径分布的原始SWCNT与细胞直接接触,可导致严重的细胞膜损伤并随后造成细胞失活[23]。另外,Aslan等还研究了加入生物医用聚合物聚乳酸-乙醇酸(PLGA)中的单壁碳纳米管的抗菌潜力。他们发现,SWCNT-PLGA的存在显著降低了大肠杆菌和表皮葡萄球菌的活力和代谢活性,并且这种作用与SWCNT

的长度和浓度有关[24]。

最后,也许更加重要的是,CNT在生物医学领域的应用最为广泛的分支是组织工程学,此学科的研究为尽可能用模拟自然环境的人工(生物)材料替换受损、无功能或退化的生物组织提供了可能性。

碳纳米管具有机械强度高、弹性好、导热性和导电性好等特点,是组织工程新材料的重要组成部分。在许多情况下,它们已被证明是具有生物相容性的,并且支持许多类细胞的生长与增殖。然而,正如将在下面章节中详细讨论的,这种形式的碳的毒性仍然是一个有待澄清的问题。

7.2 碳纳米管在骨组织工程学中的应用

人类骨缺陷的治疗主要包括与肿瘤切除、创伤和骨发育异常相关的治疗,这些治疗正面临着明显的局限。目前,这些治疗方法,如自体骨移植、同种异体骨移植和金属假肢等,通常本身并不支持骨再生。取而代之的是,用人造材料代替丢失掉的骨头。现代组织工程一个新的研究领域是通过在合成的3D支架或活假体上培养骨细胞来创造组织替代物。理想的骨组织再生支架应具备与被替代骨组织相似的力学性能,与周围组织具有良好的生物相容性,需要孔隙度大、孔径大、骨组织向内生长的孔隙互联性好,另外,要求合成的支架材料可以是可生物降解的,随着新骨的生长而消失,也可以是非可生物降解的。但是在非降解情况下,应表现为一种惰性基质,细胞在其上增殖并沉积新的活性基质,这些活性基质必须成为功能性的正常骨。尽管已进行了广泛研究,但没有任何一种人造支架能够满足以上所有要求。因此,开发新的生物材料和支架制造技术对骨组织工程的成功与否至关重要。

骨结构和功能密切依赖于细胞和非细胞成分在微、纳米级的排列[25]。这些细胞类型包括成骨细胞、跛骨细胞和骨细胞,它们嵌入由胶原和一些非胶原蛋白组成的矿化细胞外基质中。

纳米复合薄膜或材料因其小于100 nm的尺度、特殊的结构和独特的性能,如亲水性或导电性,有望基于纳米粗糙表面而用于细胞克隆。

纳米粗糙表面应该模仿天然细胞外基质(ECM)以及细胞膜,比如一些ECM分子的大小、折叠和分支。该材料的纳米结构还改善了细胞黏度介质ECM分子的吸附,这些分子存在于生物液体中,或经细胞与该材料接触而合成并沉积。在纳米结构材料上,细胞黏附介质分子以有利的几何构型吸附,使得细胞黏附受体能够很好地接近其活性位点[26-27]。

与疏水表面相比,可湿表面吸附的清蛋白量较低,即细胞的非黏附蛋白,但只有在适度可湿表面上,细胞黏附才是最佳的。另一个非常重要的特性是电活性,如电荷、电位和导电性,它可以使细胞产生电刺激[28]。

有趣的是,即使细胞不受电流的有效刺激,细胞在电活性表面的黏附、生长、成熟和功能也会得到改善。根本机制可能包括增强对细胞黏附介导蛋白的吸附,以及这些蛋白质由于细胞黏附受体和促进细胞过程,如激活细胞膜中的离子通道,带电分子的内外运动细胞、上调的线粒体活性和增强的蛋白质合成等[29],造成其易接近性而具有更有利的几何构象。此外,电活性基板可显著增加植入物表面的机械和化学阻力,防止离子和材料颗粒从体材料中释放出来。

所有这些对最佳骨相容支架的特殊要求都可以通过碳基材料和复合材料来满足,越来越多的科学出版物证明了这一点。事实上,单壁碳纳米管的拉伸强度是钢的 100 倍左右,而它们的比重量比钢的低 6 倍左右[30-32]。因此,碳纳米管可以在硬组织外科手术中获得理想的应用,例如增强人工骨植入物,特别是由相对柔软的合成或天然聚合物制成的骨组织工程支架。

CNT 已被证明与骨组织和骨细胞完全生物兼容[33]。MWCNT 邻接骨诱导局部炎症反应小,显示出较高的骨组织相容性,允许骨修复并与新骨融合,促进重组人骨形态发生蛋白质-2(rhBMP-2)刺激的骨形成[34]。研究表明,碳纳米管能够支持羟基磷灰石(HAP)在其缺陷位置的成核作用[35]。此外,Narita 及其同事报道 CNT 还可以抑制体内破骨细胞的骨吸收[36]。

骨肉瘤细胞可以在化学修饰的单壁碳纳米管和多壁碳纳米管上培养[33]。携带中性电荷(PEG 功能化)的 CNT 维持了最高的细胞生长和矿化骨基质的板状晶体的产生。在 MWNT 上培养的成骨细胞的细胞形态发生了明显的变化,这与质膜功能的变化相对应。

在这些令人鼓舞的初步研究成果中,CNT 或 CNT 复合支架用于替换有缺陷的骨组织的研究成果显著增加。许多天然的生物高分子已经被研究并用于硬组织工程中取代骨组织,其主要问题在于机械强度低。而 CNT 被认为是用于天然高分子以增强三维结构的理想材料。许多含有单壁碳纳米管(SWCNT)或多壁碳纳米管(MWCNT)的生物纳米复合材料是基于壳聚糖[37]、海藻酸盐[38]、透明质酸盐[39-40]、胶原[41]和聚乳酸(PLA)[42]等生物聚合物开发的。所有这些复合物都表现出不含碳纳米管的同系物细胞毒性小、稳定性高和机械抗性等,如图7.2 所示。

尽管维持了对组织的需求,合成聚合物也被一起用于降低生物降解率,例如,聚(丙交酯-乙交酯)(PLGA)[42]、聚甲基丙烯酸甲酯[43]、富马酸聚丙酯[44,45]、聚氨酯[46]和聚碳硅烷[47]。

180

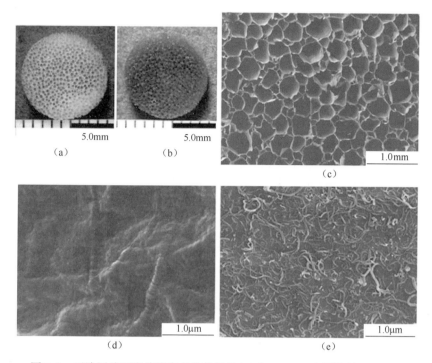

图 7.2　无涂层胶原海绵蜂窝的整体结构(a)和 MWNT-包覆海绵(b)SEM
图(c),非涂覆内部(d)和涂覆内部 SEM 图(e)[40]

骨基质和牙齿中的无机钙成分羟基磷灰石,已集成在基于 CNT 的结构中,
以生产 CNT 增强脆性 HAp 生物陶瓷[48]。为了让它们成为更加"友好的骨骼",
未功能化的 CNT 只是混合在 HAp 矩阵中,但它们对 HAp 晶体的自发矿化有较
好的效果。而功能化 CNT 也被进一步原位衍生,主要是通过原位沉积的 HAp
与成骨细胞具有的良好生物相容性[49]。

另一种提高基于 CNT 植入物作为骨组织替代物的性能的策略是提供了一
种支架,其设计用于传送有用的分子,例如骨营养因子、固定化的和具有可重复
性梯度,或者可以进一步构造成包含细胞移植的梯度。在一项近期研究中,神经
营养素-3(NT-3)被纳入壳聚糖 SWCNT 水凝胶中。并且在电模拟条件下,观察
到该药剂的稳定释放(NT-3),这表明是一种电控制因子传递。在生物水凝胶
复合材料中存在碳纳米管有助于更有效地电子转移[50]。因此,可以采用类似的
策略,从功能化 CNT 分散聚合物支架中释放骨特异性因子,以进行有效的骨组织
工程,就像吸附在 MWCNT 壳聚糖支架上的骨形态发生蛋白(BMP)那样[51]。

对成骨细胞的电刺激所表现出的任何实际的优势似乎都不是直观的,但是
暴露在交变电流下会增加在 CNT 聚乳酸复合材料上生长的成骨细胞的骨细胞

增殖和细胞外钙的产生,这证明了碳纳米管在加速骨修复方面的应用[28]。

在动物体内已经进行了一些活体研究,将 CNT 复合材料植入缺陷骨骼中:在绵羊胫骨的一些孔中植入了聚甲基丙烯酸甲酯/HAp 增强的 COOH 功能化 MWCNT,并检查了细胞反应[43]。研究者发现这种新的复合物通过提供一种具有机械能力的骨基质来加速细胞的成熟,这可能有利于促进体内的骨整合。另一项研究中,在骨形成受损的情况下(糖尿病大鼠),将透明质酸功能化单壁碳纳米管注射到大鼠牙窝[52]。结果表明,糖尿病大鼠牙槽骨修复过程在第一次磨牙拔除后 14 天得到了明显的恢复,提示这些材料在骨组织正常和不良代谢状态下进行骨组织重建治疗有潜在的应用价值。

综上所述,碳纳米管可作为骨组织工程用三维支架的结构和功能成分的一个很好的选择。很可能最好的解决办法是由纳米碳材料、生物聚合物和富含骨生长因子的生物矿物复合而成,以利用所有材料的典型阳性特征。重要的问题是到目前为止并没有在足够的临床前或临床研究的同时对这些材料进行详尽的毒理学研究。

7.3 碳纳米管在神经组织工程学中的应用

由于神经系统解剖和功能的复杂性,与其他组织修复(如骨修复)相比,修复受损神经以及恢复受损神经的全部功能尤其具有挑战性。传统的神经植入和手术(如利用自体移植、同种异体移植、异种移植和硅探针对神经组织或其他生物材料神经移植装置进行连续诊断和治疗)已经导致了排斥反应、免疫反应、功能恢复不全和材料不稳定等多种问题。因此,对新型生物相容性、长期稳定的神经再生和全功能恢复材料的需求十分迫切。目前的神经再生策略是使用神经导管和合成引导装置,由可降解或不可降解的化合物制成,可以引导和促进周围神经再生。研究人员已经制造了各种导管,用于在损伤后桥接神经间隙,并使用了天然和合成材料[53]。这些材料的主要特征是模仿大脑和脊髓内神经通路的自然结构的纵向组织。它们被设计成轴突伸长的导管,并限制再生生长的方向。此外,它们应该能够直接再生轴突,与目标神经元重新连接,以增强神经的功能恢复[54]。许多实验已经在动物模型中研究了损伤后的功能恢复。一个非常有希望的治疗神经损伤的策略是使用纳米材料,特别是纳米管和纳米纤维来支撑和促进轴突的生长。它们模拟自然界中出现的管状结构,如微管、离子通道和轴突。纳米管可以由各种材料制成,如碳、合成聚合物、DNA、蛋白质、脂类、硅和玻璃等。它们具有体积小、柔韧性强、惰性强、导电性好、易于与各种生物化合物结合的特点,是与受损神经组织成功结合的理想选择。

自 2000 年以来,当 Mattson 和同事发现沉积有功能化 CNT 的 CNT 不仅能存活神经而且能在各个方向上拉长其轴突[55],许多研究小组已经建立了将这些材料作为复合材料功能组分以支持神经组织再生的研究。

CNT 在这些应用中似乎对其所有物理特性特别有吸引力,但最重要的是其相对较高的导电性,有助于维持神经元细胞之间的电通信。此外,与骨再生一样,它们可以通过化学基团或分子进行功能化,从而提高细胞的生长和存活率。研究还表明,碳纳米管壁上的表面电荷对细胞的健康至关重要,这一点可以通过生长锥的增加、平均轴突长度的延长和更精细的轴突分支来表示。这些增强效应主要是当正电荷暴露在 CNT 表面时实现的[56]。

神经元和其他几种细胞类型似乎在纳米尺度的表面上黏附和生长得非常好[57]。仅仅通过改变其粗糙度,基底就可以实现细胞黏附或非黏附,这完全取决于表面粗糙度(如观察到的粗糙或光滑的 SiO_2)。碳纳米管可以沉积形成二维薄膜或者形成三维结构以控制表面粗糙度。结果显示神经细胞能够在基于 CNT 的基质及其纳米拓扑结构上生长和拉长它们的轴突[58]。已证明导电 CNT 可在狭窄的传导范围内调节生长以及神经细胞的形态,促进突起的生长,减少生长锥的数量,以及增加细胞体面积[59]。此外,CNT 的方向可以被控制并且能够影响轴突的生长方向[60],因此它们应该能够驱动电信号传播的方向。通过微光刻和化学气相沉积相结合而沉积的 CNT 支持神经元的生长,影响其延伸轴突的能力,并沿着神经元的长度引导这些细胞生长过程。观察到纳米管长度方面的表面形貌在工艺指导中发挥着重要作用[61]。神经元进程显示出优先黏附到长 CNT 图案的边缘,而没有在短 CNT 图案中观察到选择性。这种行为也可能是由于 CNT 的刚性:短 CNT 不能为可移动生长锥提供适合工艺开发的表面。相比之下,长 CNT 是柔性的,并经过变形以适应增殖的神经突,如图 7.3 所示。

为了进一步提高不受约束的 CNT 生物相容性,产生可被神经元细胞定植的三维结构,并促进它们之间的交流,许多研究小组试图将 CNT 纳入聚合物支架中,在其中它们可以起到增强和电功能的作用。CNT 已经整合到各种生物高聚物水凝胶中,如胶原蛋白[62]、壳聚糖[63]和琼脂糖[64]。一般来说,所有这些底物对神经元细胞来说都是良好的支撑物,它们能够在没有太大毒性的情况下维持神经元的生长、延长突起和扩展生长锥的能力。然而,这些支架还没有在体内进行过测试。

基于合成聚合物的 CNT 复合材料也取得了类似的结果,主要是聚酯聚合物,例如聚(D,L-乳酸-乙醇酸(PLGA)[65]和聚(L-乳酸-共己内酯)(PLCL)[66]的电纺纤维。

CNT 与神经元之间的界面最突出的结果是与对神经网络中的电活动的影

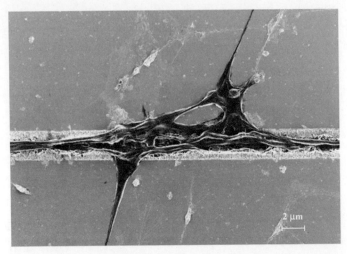

图 7.3 扫描电子显微照片显示沿 MWCNT 阵列引导的神经突生长[61]

延伸的神经突与图案的边缘相互作用,在细胞初始接种 24h 后观察到这种形态

响有关的。在 2005 年进行的一项研究中,研究者通过膜片钳技术比较了直接生长在这种 MWCNT 垫子上的海马神经元网络与生长在纯玻璃上的控制网络的电活性[67]。与对照组相比,在 CNT 上培养的网络中自发事件(突触后电流,PSC)的频率明显增加(约为 6 倍)。此外,神经网络中抑制成分和兴奋成分之间的平衡不受影响。通过单细胞电生理技术、电子显微镜分析和理论建模,推测 CNT可以在神经元近端和远端隔间之间提供一种捷径[68]。这一理论得到了神经细胞膜与 CNT 基质紧密但不连续接触的观察结果的支持,其他实验进一步证实了这一理论,即当细胞被迫激发一系列动作电位时,检测到去极化电位后有多余的膜存在,而这一理论在神经细胞膜与 CNT 基质之间建立了更紧密但不连续的接触。与在惰性玻璃支撑物上生长的细胞相比,在 CNT 沉积的细胞中更常见。这种反向传播动作电位代表神经元在细胞过程中表现出的再生能力,如调节突触活动、表达峰值时间依赖可塑性、释放调节性信使和调节突触可塑性[69]。另一个有趣的观察涉及 CNT 对神经元网络突触活性的影响:在 CNT 基质存在的情况下,发现突触连接的神经元对的概率几乎翻了一番。此外,突触可塑性也受到影响,因为在 CNT 上生长的细胞显示出一种潜在的短期突触状态,而不是突触前尖峰序列后的正常抑制。所有这些令人印象深刻的影响完全归因于 CNT 的导电性和物理化学性质的特殊特性,这些特性会影响神经网络活动和尖峰传播。

不仅在 CNT 上测试了细胞,而且还测试了更复杂的神经系统:胚胎脊髓和背根神经节(DRG)外植体与纯化的 MWCNT 膜连接[70]。就对照组而言,在CNT 上培养的 DRG 显示出更多的长神经元过程,这些神经元过程与在其尖端具有更多生长锥的基质紧密接触而生长。这些神经元过程似乎在 CNT 网络上松开，增加了它们的接触表面，并且比对照组的刚性小。DRG 与底物的整体相互作用似乎非常密切，与细胞培养报告的相互作用相似。刺激 DRG 单个神经元并记录对传入刺激的反应，这些神经元位于与 CNT 层不接触的切片部分。我们发现对 DRG 刺激的反应幅度在其兴奋性和抑制性成分中都显著增加，但是整合重复刺激的能力得到了保留。此外，还保留了自发活动。

CNT 涂层表面可用于各种潜在应用，如视网膜植入、网络修复和神经焊接等。近年来，许多研究小组致力于神经元的产生和研究。这一领域的第一个贡献是 Khraiche 等在 2009 年的贡献。研究者在多排电极（MEA）上培养大鼠海马神经元，电极尖端覆盖碳纳米管（SWCNT）。他们观察到，神经网络的电活动在播种后 4 天就可以检测到，并持续生长到第 7 天，而在控制电极（裸金）上发育的神经元直到第 7 天才显示出电活动。假设是粗糙的 SWCNT 表面为细胞提供了更大的表面积来黏附，从而导致黏附分子（如整合素）的活化，进而促进更快的神经元分化[71]。在这个方向上，Shein 和同事用 CNT 涂上 MEA 电极，获得具有导电、三维、异常高表面积的岛状结构[72]。在这些电极上培养的分离状的皮质神经元仅直接黏附在这些岛上，并自组装在 CNT 神经芯片上的神经元网络中。一旦神经元黏附并自组织，CNT-MEA 允许非常高的保真度，直接记录神经元活动，并在电极位置对神经元进行有效的电刺激。Shoval 等探索了这种装置的有趣应用：他们研究了将 MWCNT 涂层微电极作为视网膜记录和刺激应用界面的应用[73]。将从新生小鼠身上分离出的全视网膜贴装在电极上，记录下自发的、典型的、传播的视网膜波。对于市售电极，MWCNT-MEA 的记录显示观察到较高的信噪比，以及在数分钟到数小时内记录的峰值振幅的相关性增加。提出的假设是，多壁碳纳米管与神经元之间的动态相互作用改善了细胞-电极耦合，进而导致了检测到的现象。最后，该研究者验证了他们的 MWCNT 电极对持续神经元刺激的适用性。

在另一篇文献中，将 SWCNT 直接沉积在标准铂电极上以制造电生理记录用的 MEA 时，CNT-MEA 在神经记录中相比于金属电极的优势得到了进一步证实[74]。在该报道中，讨论了 SWCNT 改性 MEA 在全套家兔标准铂电极电活性记录中的应用。尽管功能性高效的神经假体的生产仍有很长的路要走，但一些有前途的纳米材料似乎对此非常有用，而且 CNT 肯定是其中之一。其良好的传导性和有效的支撑能力，以及与神经元细胞的生物相容性，使得 CNT 作为仿生支架中的组分在引导轴突再生和改善神经活动性方面显得尤为重要。

7.4 碳纳米管在心脏组织工程学中的应用

另一种可以成功地与导电材料如 CNT 连接而实现电信号传播的组织是心脏组织。至于神经元系统，拥有一种能够加强和再生心脏功能的二维或三维基质的可能性，可能代表着在许多心脏病方面的不可思议的进展，包括心力衰竭（心肌梗死）和先天性心血管缺陷等。

心脏组织工程的目的是开发一种生物工程结构，通过替换受损细胞外基质的某些功能来为受损心脏组织提供物理支撑，并预防心脏的不良反应，实现心肌梗死后的重塑和避免功能障碍。心血管生物材料可基于可生物降解或不可生物降解材料。在这种导电与非导电、可生物降解与不可生物降解材料的基质中，存在着最常用的研究材料和技术，用于促进心脏健康。合成聚合物在调整机械性能方面具有优势，天然聚合物为细胞、黏附和增殖提供了必要的细胞识别位点。然而，大多数用于心肌应用的可注射支架在亚微米尺度（直径在 10~100 nm 范围）上是不导电的、缺乏纳米纤维结构，并且通常在力学性能方面比天然心脏组织弱。基于这些原因，CNT 在理论上似乎是心脏应用的理想生物材料。

首次对碳纳米管与心脏细胞的生物相容性进行的研究，是将大鼠心脏细胞培养到碳纳米管悬浮液中[75]。在短时间（3 天）内，CNT 没有表现出明显的毒性，而在较长时间内，毒性效应被归因于物理相互作用。这些长期的负面影响已经在心脏细胞重新植入后得到证实：来自 SWCNT 处理样本的非活细胞比未经 SWCNT 处理的再植入细胞增加了 25%。

研究者发现对在 CNT 基质上培养的心肌细胞有显著影响。新生大鼠心室肌细胞（NRVM）通过与材料形成紧密接触，能够与非功能化碳纳米管（MWCNT）沉积玻璃覆盖层相互作用，如图 7.4 所示[76]。心肌细胞在与 CNT 支架相互作用时，会改变其生存能力、增殖、生长、成熟和电生理特性。CNT 似乎对发育有两种相反的影响：它们延长了增殖状态，使一些细胞保持在未分化状态，并加速分化心肌细胞的成熟，相对于对照组而言，NRVM 静息电位更为负，这表明细胞变得更加具有活力。调节这些效应的机制尚不清楚，但是通过透射电子显微镜观察到，CNT 与细胞膜形成不规则的紧密接触，这种接触在形态上与在 MWCNT 上培养的神经元中看到的相类似[67]。此外，也不排除由多壁碳纳米管间接引起的其他修饰，如细胞外基质沉积或细胞接触驱动的细胞骨架动力学，最终导致检测到的阳性效应。

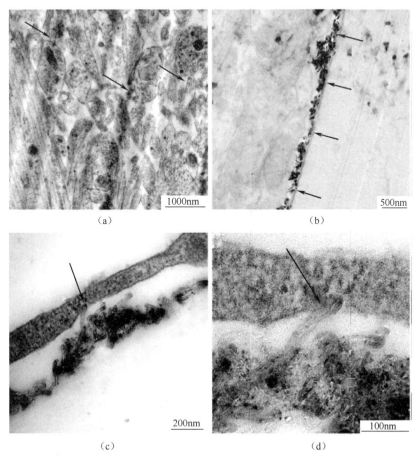

图 7.4 MWCNT 底物的特性和 MWCNT 与培养心肌细胞的超微结构相互作用[67]

(生长在碳纳米管层上的 NRVM 的 TEM 平面图(a)显示心肌细胞网络的健康组织,

伴随着结团样接触(箭头)。透射电镜矢状断面(b),(d)显示了纳米膜接触。

在(b)中,可以观察到与细胞相互作用的连续的 MWCNT 层(箭头);(c),(d)

是同一截面上的一系列进一步的高倍率显微照片。注意纳米管是如何"挤压"细胞膜(箭头))

在纳米尺度上发展心脏细胞的三维结构,能够改进下一代组织植入物的可移植细胞富集装置,并对这些材料在心脏再生医学的实际应用方面提出了重要的要求[77]。碳纳米材料以 CNF 的形式被集成到复合材料中,以获得能够容纳心肌细胞的导电基质。将碳纳米纤维添加到可生物降解的 PLGA 中,以提高纯 PLGA 的传导性和细胞相容性[78]。人心肌细胞以不同的 PLGA∶CNT 比率增殖;在 PLGA/CNT 100∶0 和 25∶75(质量分数)的比率导致了增殖密度从第 1 天的 530% 增加到第 5 天的 700%。CNF 的特点是具有一种称为叠层杯形碳纳米管的结构(整体结构看起来像同心圆柱),因此 CNF 具有纳米级的几何结构,模拟各种组织(如心脏)的细胞外基质,有可能导致这些材料的细胞相容性得到改善[79]。尽管需要进一步的研究,但 CNF 通过增加维卡连蛋白和层黏连蛋白吸附在促进心肌细胞方面发挥类似的重要作用,这两种细胞外基质的黏附糖蛋白反过来又会诱导细胞黏附和增殖。虽然目前尚不清楚心肌细胞密度增强的机制,但这可能与 PLGA-CNF 复合物的形貌和(或)PLGA 表面 CNF 的增加有关,后者可以通过改变表面能量来控制初始蛋白质的吸附。Pedrotty 等的研究表明许多心脏细胞功能(包括黏附、增殖和迁移)都可能受到电刺激的调节[80],因此,需要在心脏应用中使用导电材料。此外,Mihardjo 等证明了利用导电聚合物(如聚吡咯)可以增强缺血损伤后的心肌修复[81]。PLGA-CNF 基质的导电率测量值低于心脏组织的导电率(从纵向范围 0.16 S·m^{-1} 到横向范围 0.005 S·m^{-1})[82],但未来的技术如 CNF 或 CNT 校准可能会增加各向异性导电率,以匹配心脏组织的导电率[83]。同样重要的是,不要超过细胞的刺激性传导率,以避免可能的细胞功能下降。

就功能再生用纳米碳材料器件而言,Shin 及其同事制作了一种有趣的心脏结构[84]:将 CNT 嵌入光交联甲基丙烯酸明胶(GelMA)水凝胶中,形成超薄的二维补片,然后在该补片中植入新生大鼠心肌细胞,这些细胞表现出强烈的自发和刺激性同步跳动。此外,还观察到阿霉素(心脏毒性)和庚醇(心脏抑制剂)的保护作用。当从玻璃基板释放时,二维心脏贴片(厘米大小)形成具有可控线性收缩、泵送和游泳驱动行为的三维软执行器。3 mg/mL 的 CNT 浓度使组织具有最佳的电生理功能,而 5 mg/mL 的保护作用最大。CNT 形成了导电和胶原纤维状纳米纤维桥接孔隙,从而机械地增强了凝胶,并且促进了心脏细胞的黏附和成熟,以及改善细胞-细胞的电耦合。与现有支架材料相比,CNT 凝胶是一种非常有前途的多功能心脏支架。

7.5　碳纳米管在其他组织工程的潜在应用

近期,一些研究论文也描述了探索碳纳米管作为各种不同组织基质的尝试。

koga 等人将大鼠肝细胞接种到 CNT 涂层表面,并研究其形态和功能行为[85]。原代肝细胞表现出不同的形态和功能特征,这取决于其沉积的表面性质。含有血清的培养基中的肝细胞黏附在 CNT 表面上,并形成球状体的单层结构。这种特殊的形状似乎是由于 CNT 基板的疏水特性所造成的。此外,连接蛋白-32(一种为细胞-细胞通信而形成间隙连接的分子)的表达水平在与胶原涂层和 CNT/胶原涂层表面相比,CNT 涂层用作对照,研究表明了在这些条件下细胞间的细胞内通信的发展。该研究是对基于 CNT 的肝细胞培养底物的一个非常初步的探索,需要进一步的试验数据来验证其真正的疗效。

CNT 基复合材料的另一个有趣的实际应用涉及皮肤组织的再生在伤口愈合中的应用。从单壁碳纳米管和聚乙烯吡咯烷酮在水介质中的结合,Simmons 和同事们已经生产了一种高纯度的微孔膜,由于碘与单壁碳纳米管的非共价连接,使其具有防腐性能,可以用作防腐绷带。通过复合材料发出的电脉冲可以促进细胞生长,加快受损组织的重建速度[86]。

Lima 及其合作者描述了一种更快、更长行程的人造肌肉,这种肌肉是基于由碳纳米管薄片制成的纱线,该纱线由具有固体客体的 CNT 或诸如蜡的填充材料制成,通过熔化和凝固蜡而使纱线扭曲或松开并产生运动[87]。其他客体材料通过化学吸收或光照激活。新的人造肌肉优于现有的人造肌肉,允许如直线电动机和旋转电动机等可能的应用,如果可以建立生物相容性,则有可能取代生物肌肉组织。

巴基纸(BP)是经缠结碳纳米管宏观组装而成,是一种相对较新的材料,可以由长度、直径或长宽比不同的单壁、双壁或多壁 CNT 形成。BP 可作为:一种人工的胰岛细胞封装以用于糖尿病治疗;作为视网膜和虹膜色素上皮移植用膜;作为一种柔韧的防腐绷带;作为细胞和组织的免疫屏障;作为基因或药物传递的载体和组织工程的支架等。BP 最近被证明是无毒的,不会影响正常人动脉平滑肌细胞和人的皮肤成纤维细胞的体外增殖和生存活力。Martinelli 等研究了 BP 在湿柔顺性的基底上的黏附性能[88]。通过剪切和剥离黏附试验,他们发现 BP 容易且强烈地黏附在被选为模型基质的兔腹壁修剪后的肌肉筋膜上。该材料已与市售假体材料进行了比较,证明其具有优异的黏附性能和稳定性。BP 可以在腹部假体手术或伤口闭合中找到应用,这样不仅可以简化手术操作,而且可以减少常规穿孔固定方式的使用,而这种常规固定通常与严重的术后并发症有关。

7.6 碳纳米管的毒性

在生物环境中使用碳纳米管材料的主要障碍是其潜在的毒性问题。在文献资料中已有许多关于这个问题的相互矛盾的报道:一些研究报告了几种细胞类型暴露于单壁碳纳米管和多壁碳纳米管后的毒性效应,而另一些则显示出非常低或不显著的细胞反应。这一争论主要是由于毒性取决于诸如纯度(金属含量)、表面改性(电荷)、尺寸(长径比<3)、层数和分散度(团簇形成)[89]等因素,

如表7.1所列。

表7.1　CNT 的毒性基础[89]

	细胞类型/动物	CNT 类型	CNT 毒性
金属杂质	H460	SWCNT 包含： 19.4%Ni/5.49%Y； 14.3%Ni/2.09%Y； 3.15%Ni/9.21%Co； 22.8%Ni/4.79%Y； 24.1%Ni/4.17%Y； 3.3%Co/1.27%Mo	Ni 在毒理学显著浓度下,具有生物可利用性
	NR8383;A549	纯 SWCNT;SWCNT 含有 0.009%Fe/2.8%Co/4.2%Mo；纯 MWNT;MWNT 含有 Ni	细胞内活性氧的剂量和时间依赖性增加；线粒体膜电位降低
	RAW264.7	SWCNT 包含 26% Fe 或 0.23% Fe	羟基自由基生成；细胞内低分子量硫醇损失;脂质氢过氧化物积累
	HaCcT	SWCNT 包含 30% Fe	自由基形成；过氧化产物积累;抗氧化剂消耗;细胞活性丧失
表面电荷和改性	HMM	酸处理,水溶性 SWCNT	酸处理 SWCNT 在溶酶体和细胞质内聚集较少,并且对细胞活性或结构无明显改变
形状	HUVEC	纯 SWCNT;氧化 SWCNTs	功能化和纯 SWCNT 具有有限的细胞毒性
	正常小鼠	MWNT 1520 μm 或更长	长度依赖性炎症和肉芽肿
	人类初级巨噬细胞	短 CNT;长,缠绕型 CNT；长,针状 CNT	缠绕型 CNT 被吞入细胞;长,针状 CNT 激活白细胞介素 IL-1α 和 IL-1β
长度	正常小鼠	MWNT 15~20 μm 或更长	长 MWNT 导致炎症和肉芽肿
	人类初级巨噬细胞	短 CNT;长,缠绕型 CNT；长,针状 CNT	长,针状 CNT 激活白细胞介素 IL-1α 和 IL-1β
	THP-1;大鼠	MWNT 500 nm~5 μm	MWNT 平均长度 825 nm,比平均长度 220 nm 的更易引起炎症
	A549;THP-1;正常小鼠	MWNT:长度 5~15 μm,直径 20~60 nm;长度 1~2 μm,直径 60~100 nm;长度 1~2 μm,直径<10 nm	长而厚的 MWNT 能引起最强的 DNA 损伤并增加腹水灌洗液中的总细胞数,而相似的 SWCNT 几乎无影响
	P53+/-小鼠	长 MWNT 1~20 μm	长 MWNT(不包括短)可以形成约10~20 μm 纤维状或棒状粒子,产生间皮瘤

190

	细胞类型/动物	CNT 类型	CNT 毒性
集聚	SPC；DRG	团聚 SWCNTs；更好分散性的 SWCNT 束	高聚集 SWCNTs 显著降低总的 DNA 含量
	MSTO-211H	CNT 团块；CNT 管束	悬浮 CNT 管束比石棉绳状团块细胞毒性小
层数	RAW264.7	纯石墨烯	线粒体膜电位降低和细胞内活性氧增加与细胞凋亡
	肺泡巨噬细胞	SWCNT；MWNTs（直径 10~20 nm）	SWCNT > MWNT

金属杂质特别是催化剂金属污染物,如由于生产方法而产生的 Fe、Y、Ni、Mo 和 Co 等是影响 CNT 细胞毒性的最重要因素。即使几乎不可能完全去除所有杂质,因为它们被困在石墨化的外壳中,但是它们却可以在生物介质中释放,而造成负面影响[90]。然而,经酸处理的单壁碳纳米管和金属含量很小的单壁碳纳米管在市场上可买到。CNT 表面的功能化是降低毒性的决定因素;事实上,在体外已经证明,适当功能化的 CNT 被免疫调节细胞(如 B 和 T 淋巴细胞以及巨噬细胞)吸收和甲基化,而不影响细胞的活性[91]。此外,功能化和表面电荷会影响血蛋白的结合,这可能极大地改变了其细胞相互作用的途径和代谢归宿并降低细胞毒性[92]。研究人员已经证明,化学功能化反应和附加的功能导致 f-MWCNT 水分散体缩短或解缠结以及脱粘,将有助于解决长期接触或暴露在长纤维危害中的毒理学风险[93]。另一个需要考虑的重要方面是与剂量结合使用的给药途径。一般来说,由于文献中描述的样品的极端异质性,很难评估 CNT 的毒性。为了使实验结果具有可比性,有必要在毒性测试中建立公认的标准 CNT 样品,并建立标准和可靠地评估 CNT 毒性的方法。

7.7 结 论

将 CNT 用于生物医学的各种可能性目的中,组织工程被认为是更加有趣的。由于碳纳米管独特的物理和化学特性,CNT 可以满足组织工程学对最终所需复合材料的各种要求,如应具备完全生物相容性和功能效率等。总的来说,这一领域的研究尚处于起步阶段。为了在细胞和亚细胞水平上改善组织与材料之间的相互作用,并澄清关于毒性问题的所有疑虑,仍然需要有大量研究工作要做。但是,从本章叙述所知,CNT 在组织工程学应用中展现出了非常有前景的结果,已初步显示 CNT 是组织生长和恢复较为理想的备选材料。

参 考 文 献

1. Kam NWS, Liu Z, Dai H(2006) Carbon nanotubes as intracellular transporters for proteins and DNA: an investigation of the uptake mechanism and pathway. Angew Chem Int Ed Engl 45:577-581.

2. Kostarelos K, Lacerda L, Pastorin G, Wu W, Wieckowski S, Luangsivilay J, Godefroy S, Pantarotto D, Briand JP, Muller S, Prato M, Bianco A(2007) Cellular uptake of functionalized carbon nanotubes is independent of functional group and cell type. Nat Nanotechnol 2:108-113.

3. Singh R, Pantarotto D, Lacerda L, Pastorin G, Klumpp C, Prato M, Bianco A(2006) Tissue biodistribution and blood clearance rates of intravenously administered carbon nanotube radiotracers. Proc Natl Acad Sci 103(9):3357-3362.

4. Lacerda L, Ali-Boucetta H, Herrero MA, Pastorin G, Bianco A, Prato M, Kostarelos K(2008) Tissue histology and physiology following intravenous administration of different types of functionalized multiwalled carbon nanotubes. Nanomedicine 3(2):149-161.

5. Lacerda L, Herrero MA, Venner K, Bianco A, Prato M, Kostarelos K(2008) Carbon-nanotube shape and individualization critical for renal excretion. Small 4(8):1130-1132.

6. Kostarelos K, Bianco A, Prato M(2009) Promises, facts and challenges for carbon nanotubes in imaging and therapeutics. Nat Nanotechnol 4(10):627-633.

7. Madani SY, Naderi N, Dissanayake O, Tan A, Seifalian AM(2011) A new era of cancer treatment: carbon nanotubes as drug delivery tools. Int J Nanomedicine 6:2963-2979.

8. Fan H, Zhang I, Chen X, Zhang L, Wang H, Da Fonseca A, Manuel ER, Diamond DJ, Raubitschek A, Badie B (2012) Intracerebral CpG immunotherapy with carbon nanotubes abrogates growth of subcutaneous melanomas in mice. Clin Cancer Res 18(20):5628-5638.

9. Chakravarty P, Marches R, Zimmerman NS, Swafford AD, Bajaj P, Musselman IH, Pantano P, Draper RK, Vitetta ES(2008) Thermal ablation of tumor cells with carbon nanotubes. Proc Natl Acad Sci 105(25):8697-8702.

10. Karchemski F, Zucker D, Barenholz Y, Regev O(2012) Carbon nanotubes-liposomes conjugate as a platform for drug delivery into cells. J Control Release 160(2):339-345.

11. Liu Z, Winters M, Holodniy M, Dai H(2007) siRNA delivery into human T cells and primary cells with carbon-nanotube transporters. Angew Chem Int Ed Engl 46(12):2023-2027.

12. Herrero MA, Toma FM, Al-Jamal KT, Kostarelos K, Bianco A, Da Ros T, Bano F, Casalis L, Scoles G, Prato M (2009) Synthesis and characterization of a carbon nanotube-dendron series for efficient siRNA delivery. J Am Chem Soc 131(28):9843-9848.

13. Jia N, Lian Q, Shen H, Wang C, Li X, Yang Z(2007) Intracellular delivery of quantum dots tagged antisense oligodeoxynucleotides by functionalized multiwalled carbon nanotubes. Nano Lett 7(10):2976-2980.

14. Liu M, Chen B, Xue Y, Huang J, Zhang L, Huang S, Li Q, Zhang Z(2011) Polyamidoaminegrafted multiwalled carbon nanotubes for gene delivery: synthesis, transfection and intracellular trafficking. Bioconjug Chem 22 (11):2237-2243.

15. Zhu Z,Tang Z,Phillips JA,Yang R,Wang H,Tan W(2008)Regulation of singlet oxygen generation using single-walled carbon nanotubes. J Am Chem Soc 130(33):10856-10857.

16. Hilder TA,Hill JM(2008)Carbon nanotubes as drug delivery nanocapsules. Curr Appl Phys 8(3-4):258-261.

17. McDevittMR,Chattopadhyay D,Kappel BJ,Jaggi JS,Schiffman SR,Antczak C,Njardarson JT,Brentjens R,Scheinberg DA(2007)Tumor targeting with antibody-functionalized,radiolabeled carbon nanotubes. J Nucl Med 48(7):1180-1189.

18. Ruggiero A,Villa CH,Holland JP,Sprinkle SR,May C,Lewis JS,ScheinbergDA,McDevittMR(2010)Imaging and treating tumor vasculature with targeted radiolabeled carbon nanotubes. Int J Nanomedicine 5:783-802.

19. Agüí L,Yáñez-Sedeño P,Pingarrón JM(2008)Role of carbon nanotubes in electroanalytical chemistry:a review. Anal Chim Acta 622(1-2):11-47.

20. ShiH XT,Nel AE,Yeh JI(2007)Coordinated biosensors - development of enhanced nanobiosensors for biological and medical applications. Nanomedicine 2(5):599-614.

21. Mahmoud KA,Luong JHT(2008)Impedance method for detecting HIV-1 protease and screening for its inhibitors using ferrocene - peptide conjugate/Au nanoparticle/single - walled carbon nanotube modified electrode. Anal Chem 80(18):7056-7062.

22. Dastagir T,Forzani E S,Zhang R,Amlani I,Nagahara LA,Tsui R,Tao N(2007)Electrical detection of hepatitis C virus RNA on single wall carbon nanotube-field effect transistors. Analyst 132(8):738-740.

23. Kang S,Pinault M,Pfefferle LD,Elimelech M(2007)Single-walled carbon nanotubes exhibit strong antimicrobial activity. Langmuir 23:8670-8673.

24. Aslan S,Loebick C Z,Kang S,Elimelech M,Pfefferle LD,Van Tassel PR(2010)Antimicrobial biomaterials based on carbon nanotubes dispersed in poly(lactic-co-glycolic acid). Nanoscale 2(9):1789-1794.

25. Taton TA(2001)Nanotechnology:boning up on biology. Nature 412:491.

26. Webster TJ,Ergun C,Doremus RH,Siegel RW,Bizios R(2000)Specific proteins mediate enhanced osteoblast adhesion on nanophase ceramics. J Biomed Mater Res A 51:475-483.

27. Price R L,Ellison K,Haberstroh K M,Webster TJ(2004)Nanometer surface roughness increases select osteoblast adhesion on carbon nanofiber compacts. J Biomed Mater Res A 70:129-138.

28. Supronowicz PR,Ajayan PM,Ullmann KR,Arulanandam BP,Metzger DW,Bizios R(2001)Novel current-conducting composite substrates for exposing osteoblasts to alternating current stimulation. J Biomed Mater Res A 59(3):499-506.

29. Shi G,Rouabhia M,Meng S,Zhang Z(2008)Electrical stimulation enhances viability of human cutaneous fibroblasts on conductive biodegradable substrates. J Biomed Mater Res A 84(4):1026-1037.

30. Iijima S,Hichihashi T(1993)Single-shell carbon nanotubes of 1-nm diameter. Nature 363:603-605.

31. Yakobson B,Smalley R(1997)Fullerene nanotubes:C 1,000,000 and beyond some unusual new molecules-long,hollow fibers with tantalizing electronic and mechanical properties-have joined diamonds and graphite in the carbon family. Am Scientist 1997(85):324-337.

32. Iijima S(2002)Carbon nanotubes:past,present,and future. Physica B 323(1-4):1-5.

33. Zanello L P,Zhao B,Hu H,Haddon RC(2006)Bone cell proliferation on carbon nanotubes. Nano Lett 6(3):562-567.

34. Usui Y,Aoki K,Narita N,et al(2008)Carbon nanotubes with high bone-tissue compatibility and bone-for-

mation acceleration effects. Small 4(2):240-246.

35. Liao S,Xu G,Wang W,Watari F,Cui F,Ramakrishna S,Chan CK(2007)Self-assembly of nano-hydroxyap-atite on multi-walled carbon nanotubes. Acta Biomater 3(5):669-675.

36. Narita N,Kobayashi Y,Nakamura H et al(2009)Multiwalled carbon nanotubes specifically inhibit osteoclast differentiation and function. Nano Lett 9(4):1406-1413.

37. Venkatesan J, Ryu B, Sudha PN, Kim S-K (2012) Preparation and characterization of chitosancarbon nanotube scaffolds for bone tissue engineering. Int J Biol Macromol 50(2):393-402.

38. Yildirim ED,Yin X,Nair K,SunW(2008)Fabrication,characterization,and biocompatibility of single-walled carbon nanotube-reinforced alginate compositescaffolds manufactured using freeform fabrication technique. J Biomed Mater Res B Appl Biomater 87(2):406-414.

39. SáM,Andrade V,Mendes R,Caliari M,Ladeira L,Silva E,Silva G,Corrêa-Júnior J,Ferreira A(2012)Carbon nanotubes functionalized with sodium hyaluronate restore bone repair in diabetic rat sockets. Oral Dis. doi: 10. 1111/odi. 12030.

40. Mendes RM,Silva GA,Caliari MV,Silva EE,Ladeira LO,Ferreira AJ(2010)Effects of single wall carbon nanotubes and its functionalization with sodium hyaluronate on bone repair. Life Sci 87(7-8):215-222.

41. Hirata E,Uo M,Takita H,Akasaka T,Watari F,Yokoyama A(2011)Multiwalled carbon nanotube-coating of 3D collagen scaffolds for bone tissue engineering. Carbon 49(10):3284-3291.

42. Hirata E,Uo M,Nodasaka Y,Takita H,Ushijima N,Akasaka T,Watari F,Yokoyama A(2010)3D collagen scaffolds coated with multiwalled carbon nanotubes: initial cell attachment to internal surface. J Biomed Mater Res B Appl Biomater 93(2):544-550.

43. Cheng Q, Rutledge K, Jabbarzadeh E (2013) Carbon nanotube-poly (lactide-co-glycolide) composite scaffolds for bone tissue engineering applications. Ann Biomed Eng 41(5):904-916. doi:10. 1007/s10439-012-0728-8.

44. Singh MK,Gracio J,LeDuc P et al(2010)Integrated biomimetic carbon nanotube composites for in vivo systems. Nanoscale 2(12):2855-2863.

45. Shi X,Sitharaman B,Pham QP,Liang F,Wu K,Edward Billups W,Wilson LJ,Mikos AG(2007)Fabrication of porous ultra-short single-walled carbon nanotube nanocomposite scaffolds for bone tissue engineering. Biomaterials 28(28):4078-4090.

46. Verdejo R,Jell G,Safinia L,Bismarck A,Stevens MM,Shaffer MSP (2009) Reactive polyurethane carbon nanotube foams and their interactions with osteoblasts. J Biomed Mater Res A 88(1):65-73.

47. Wang W,Watari F,Omori M,Liao S,Zhu Y,Yokoyama A,Uo M,Kimura H,Ohkubo A(2006)Mechanical properties and biological behavior of carbon nanotube/polycarbosilane composites for implant materials. J Biomed Mater Res B Appl Biomater 82B(1):223-230.

48. Shin U S,Yoon I K,Lee GS,Jang WC,Knowles JC,Kim HW(2011)Carbon nanotubes in nanocomposites and hybrids with hydroxyapatite for bone replacements. J Tissue Eng 674287.

49. Xiao Y,Gong T,Zhou S(2010)The functionalization of multi-walled carbon nanotubes by in situ deposition of hydroxyapatite. Biomaterials 31(19):5182-5190.

50. Thompson BC,Moulton SE,Gilmore KJ,Higgins MJ,Whitten PG,Wallace GG(2009)Carbon nanotube biogels. Carbon 47(5):1282-1291.

51. Abarrategi A,Gutie'rrez MC,Moreno-Vicente C,Hortigu¨ela MJ,Ramos V,Lo'pez-Lacomba JL,Ferrer ML,

194

del Monte F(2008) Multiwall carbon nanotube scaffolds for tissue engineering purposes. Biomaterials 29(1): 94-102.

52. Sa′ M, Andrade V, Mendes R, Caliari M, Ladeira L, Silva E, Silva G, Corre^a-Ju′nior J, Ferreira A (2012) Carbon nanotubes functionalized with sodium hyaluronate restore bone repair in diabetic rat sockets. Oral Dis. doi:10. 1111/odi. 12030.

53. Panseri S, Cuhna C, Lowery J, Del Carro U, Taraballi F, Amadio S, Vescovi A, Gelain F (2008) Electrospun micro-and nanofiber tubes for functional nervous regeneration in sciatic nerve transections. BMC Biotechnol 8:39-51.

54. Bradbury EJ, McMahon SB(2006) Spinal cord repair strategies: why do they work? Nature 7:644-653.

55. Mattson MP, Haddon RC, Rao AM(2000) Molecular functionalization of carbon nanotubes and use as substrates for neuronal growth. J Mol Neurosci 14(3) :175-182.

56. Hu H, Ni Y, Mandal SK, Montana V, Zhao B, Haddon RC, ParpuraV (2005) Polyethyleneimine functionalized single-walled carbon nanotubes as a substrate for neuronal growth. J Phys Chem B 109(10) :4285-4289.

57. Berry CC, Campbell G, Spadiccino A, Robertson M, Curtis ASG(2004) The influence of microscale topography on fibroblast attachment and motility. Biomaterials 25:5781-5788.

58. Sorkin R, GreenbaumA, David - Pur M, Anava S, Ayali A, Ben - Jacob E, HaneinY (2009) Process entanglement as a neuronal anchorage mechanism to rough surfaces. Nanotechnology 20(1) :015101.

59. Malarkey EB, Fisher KA, Bekyarova E, Liu W, Haddon RC, Parpura V (2009) Conductive single-walled carbon nanotube substrates modulate neuronal growth 2009. Nano Lett 9(1) :264-268.

60. Galvan-Garcia P, Keefer EW, Yang F, Zhang M, Fang S, Zakhidov AA, Baughman RH, Romero MI(2007) Robust cell migration and neuronal growth on pristine carbon nanotube sheets and yarns. J Biomater Sci Polym Ed 18(10) :1245-1261.

61. Zhang X, Prasad S, Niyogi S, Morgan A, Ozkan M, Ozkan CS(2005) Guided neurite growth on patterned carbon nanotubes. Sens Actuators B Chem 106:843-850.

62. Cho Y, Borgens RB(2010) The effect of an electrically conductive carbon nanotube/collagen composite on neurite outgrowth of PC12 cells. J Biomed Mater Res A 95(2) :510-517.

63. Huang Y-C, Hsu S-H, Kuo W-C, Chang-Chien C-L, Cheng H, Huang Y-Y (2011) Effects of laminin-coated carbon nanotube chitosan fibers on guided neurite growth. J Biomed Mater Res A 99(1) :86-93.

64. Lewitus DY, Landers J, Branch JR, Smith KL, Callegari G, Kohn J, Neimark AV (2011) Biohybrid carbon nanotube/agarose fibers for neural tissue engineering. Adv Funct Mater 21:2624-2632.

65. Lee HJ, Yoon OJ, Kim DH, Jang YM, Kim HW, Lee WB, Lee NE, Sung S(2010) Neurite outgrowth on nano-composite scaffolds synthesized from PLGA and carboxylated carbon nanotubes. Adv Eng Mater 11: B261-B266.

66. Jin GZ, Kim M, Shin US, Kim HW(2011) Neurite outgrowth of dorsal root ganglia neurons is enhanced on a-ligned nanofibrous biopolymer scaffold with carbon nanotube coating. Neurosci Lett 501:10-14.

67. Lovat V, Pantarotto D, Lagostena L, Cacciari B, Grandolfo M, Righi M, Spalluto G, Prato M, BalleriniL(2005) Carbon nanotube substrates boost neuronal electrical signaling. Nano Lett 5(6) :1107-1110.

68. Cellot G, Cilia E, Cipollone S et al(2009) Carbon nanotubes might improve neuronal performance by favouring electrical shortcuts. Nat Nanotechnol 4:126-133.

69. Waters J, Schaefer A, Sakmann B(2005) Backpropagating action potentials in neurones:measurement, mecha-

nisms and potential functions. Prog Biophys Mol Biol 87:145-170.

70. Fabbro A, Villari A, Laishram J, Scaini D, Toma FM, Turco A, Prato M, Ballerini L (2012) Spinal cord explants use carbon nanotube interfaces to enhance neurite outgrowth and to fortify synaptic inputs. ACS Nano 6(3):2041-2055.

71. Khraiche ML, Jackson N, Muthuswamy J (2009) Early onset of electrical activity in developing neurons cultured on carbon nanotube immobilized microelectrodes. In: Conference proceedings: annual international conference of the IEEE engineering in medicine and biology, Minneapolis(MN, US), pp 777-780.

72. Shein M, Greenbaum A, Gabay T, Sorkin R, David-Pur M, Ben-Jacob E, Hanein Y(2009) Engineered neuronal circuits shaped and interfaced with carbon nanotube microelectrode arrays. Biomed Microdevices 11(2): 495-501.

73. Shoval A, Adams C, David-Pur M, Shein M, Hanein Y, Sernagor E(2009) Carbon nanotube electrodes for effective interfacing with retinal tissue. Front Neuroeng 2:4.

74. Fabbro A, Cellot G, Prato M, Ballerini L(2011) Interfacing neurons with carbon nanotubes: (re) engineering neuronal signaling. Prog Brain Res 194:241-252.

75. Garibaldi S, Brunelli C, Bavastrello V, Ghigliotti G, Nicolini C(2006) Carbon nanotube biocompatibility with cardiac muscle cells. Nanotechnology 17(2):391-397.

76. Martinelli V, Cellot G, Toma FM et al(2012) Carbon nanotubes promote growth and spontaneous electrical activity in cultured cardiac myocytes. Nano Lett 12(4):1831-1838.

77. Dvir T, Timko BP, Kohane DS, Langer R (2011) Nanotechnological strategies for engineering complex tissues. Nat Nanotechnol 6(1):13-22.

78. Stout D, Basu B, Webster TJ(2011) Poly(lactic-co-glycolic acid): carbon nanofiber composites for myocardial tissue engineering applications. Acta Biomater 7(8):3101-3112.

79. Tran PA, Zhang L, Webster TJ(2009) Carbon nanofibers and carbon nanotubes in regenerative medicine. Adv Drug Deliv Rev 61:1097-1114.

80. Pedrotty DM, Koh J, Davis BH, Taylor DA, Wolf P, Niklason LE(2005) Engineering skeletal myoblasts: roles of three-dimensional culture and electrical stimulation. Am J Physiol Heart Circ Physiol 288:H1620-H1626.

81. Mihardja SS, Sievers RE, Lee RJ(2008) The effect of polypyrrole on arteriogenesis in an acute rat infarct model. Biomaterials 29:4205-4210.

82. Roberts-Thomson KC, Kistler PM, Sanders P, Morton JB, Haqqani HM, Stevenson I, Vohra JK, Sparks PB, Kalman JM(2009) Fractionated atrial electrograms during sinus rhythm: relationship to age, voltage, and conduction velocity. Heart Rhythm 6:587-591.

83. Bal S(2010) Experimental study of mechanical and electrical properties of carbon nanofiber/epoxy composites. Mater Design 31:2406-2413.

84. Shin SR, Jung SM, Zalabany M, Kim K, Zorlutuna P, Kim SB, Nikkhah M, Khabiry M, Azize M, Kong J, Wan KT, Palacios T, Dokmeci MR, Bae H, Tang X, Khademhosseini A(2013) Carbon nanotube embedded hydrogel sheets for engineering cardiac constructs and bioactuators. ACS Nano 7(3):2369-2380.

85. Koga H, Fujigaya T, Nakashima N, Nakazawa K(2011) Morphological and functional behaviors of rat hepatocytes cultured on single-walled carbon nanotubes. J Mater Sci Mater Med 22(9):2071-2078.

86. Simmons TJ, Rivet CJ, Singh G, Beaudet J, Sterner E, Guzman D, Hashim DP, Lee SH, QianG, Lewis KM, Karande P, Ajayan PM, Gilbert RJ, Dordick JS (2012) Application of CNT to wound healing biotechnolo-

gies. Nanomaterials for Biomedicine. ACS Symposium Series, pp 155-174.

87. Lima MD, Li N, De Andrade MJ et al (2012) Electrically, chemically, and photonically powered torsional and tensile actuation of hybrid carbon nanotube yarn muscles. Science 338: 928-932.

88. Martinelli A, Carru GA, D'Ilario L, Caprioli F, Chiaretti M, Crisante F, Francolini I, Piozzi A (2013) Wet adhesion of buckypaper produced from oxidized multiwalled carbon nanotubes on soft animal tissue. ACS Appl Mater Interfaces 5(10):4340-4349. doi:10. 1021/am400543s.

89. Liu Y, Zhao Y, Sun B, Chen C (2013) Understanding the toxicity of carbon. Acc Chem Res 46(3):702-713.

90. Liu X, Gurel V, Morris D, Murray DW, Zhitkovich A, Kane AB, HurtRH (2007) Bioavailability of nickel in single-wall carbon nanotubes. Adv Mater 19(19):2790-2796.

91. Dumortier H, Lacotte S, Pastorin G, Marega R, Wu W, Bonifazi D, Briand JP, Prato M, Muller S, Bianco A (2006) Functionalized carbon nanotubes are non-cytotoxic and preserve the functionality of primary immune cells. Nano Lett 6:1522-1528.

92. Salvador-Morales C, Basiuk EV, Basiuk VA, Green MLH (2007) Effects of covalent functionalisation on the biocompatibility characteristics of multi-walled carbon nanotubes. J Nanosci Nanotechnol 8:1-10.

93. Ali-Boucetta H, Nunes A, Sainz R, Herrero MA, Tian B, Prato M, Bianco A, Kostarelos K (2013) Asbestos-like pathogenicity of long carbon nanotubes alleviated by chemical functionalization. Angew Chem Int Ed Engl 52(8):2274-2278.

第8章 纳米尺度的折叠和弯曲:石墨烯薄膜弯曲性能的实验与理论研究

Vittorio Morandi, Luca Ortolani, Andrea Migliori,

Cristian Degli Esposti Boschi, Emiliano Cadelano, Luciano Colombo

石墨烯晶体的弹性等力学性能已被广泛的研究,这些研究揭示了薄膜在受拉伸或弯曲载荷时,处于线性和非线性条件下的独特性质。然而,迄今为止,人们对折叠石墨烯薄膜和石墨烯带的了解相对较少。最近有人提出,没有面内应变的折叠诱导曲率可以影响石墨烯薄膜的局部化学反应性、力学性能和电子转移性质。这一有趣的观点提供了一种全新的材料设计方法,即通过折叠和弯曲来开发增强型纳米谐振器或纳米机电设备。本章提出了一种研究折叠和褶皱石墨烯晶体力学性能的新方法,该方法运用了透射电子显微镜的三维曲率成像原理以及基于连续弹性理论和紧束缚原子模拟的理论建模思想。

缩写

BLE	双层边缘石墨烯
CNT	碳纳米管
CVD	化学气相沉积
DP	衍射图谱
FFT	快速傅里叶变换
GPA	几何相位分析
HRTEM	高分辨透射电子显微镜
STEM	扫描隧道电子显微镜
TB	紧束缚
TEM	透射电子显微镜

8.1 引　言

现代低压像差校正 TEM 和 STEM 在成像和相关光谱研究方面具有强大的功能,使人们能够在原子层面上研究石墨烯基材料的各种特性。石墨烯的形态(形状、尺寸、厚度)、结构(结晶特性、边缘、缺陷、应变)以及物理和化学性质(掺

198

杂、功能化）[1-5] 都被广泛研究,这些研究都无一例外地使用上述仪器和相关技术作为研究石墨烯基材料的基本工具[6-7]。

在这项工作中,我们将重点研究石墨烯薄膜的结构特性,特别是通过实验-理论相结合的方法说明其三维结构如何构筑:一方面考虑了 HRTEM 的几何相位分析(GPA)[8-9];另一方面,结合了连续弹性理论和紧束缚原子模拟建模思想。

8.2　纳米尺度的映射曲率

二维晶体的稳定性理论长期存在争议,根据 Mermin-Wagner 定理,在二维晶格中,热搅拌会引起长波长的波动,从而破坏长程晶体的有序性[10]。石墨烯的存在与否一直是科学界争论的焦点,直到 2005 年石墨烯的完整晶体才被发现[11]。

从一开始,人们就很清楚石墨烯的结构并不是完全平坦的;然而,目前人们对自支撑膜的精确三维结构知之甚少。事实上,独立存在的石墨烯是以固有稳定的褶皱片层的形式存在的[12]。波纹和褶皱诱导二维碳晶格产生弯曲变形,造成 $sp^2\sigma$-键发生弯曲并局部改变了材料的电子性质,如图 8.1 所示。

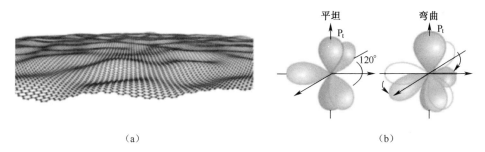

(a)　　　　　　　　　　　　　　　(b)

图 8.1　(a)本征弯曲的自支撑石墨烯薄片的三维示意图和
(b)弯曲 sp^2 轨道的图形表示

石墨烯薄膜在没有支撑或悬浮的情况下会发生折叠,产生复杂的结构[13-15]。值得注意的是,只要蜂窝点阵发生弯曲,其电子输运性质就会发生变化,并且可以在微米尺度上获得有趣的边缘传导状态。这使得通过调控这种材料的三维结构来设计其传输特性成为可能,并且应变和弯曲一直是理论和实验研究的重点[16-19]。最近的研究结果表明,折叠引起的曲率变化可能是石墨烯薄膜的化学反应性[20-21]、力学性能[22]以及电荷传输性能[23-24]显著变化的根源。

石墨烯薄膜的折叠取决于几个因素,如晶格取向、晶体缺陷、可能吸附的分子以及周围环境[25-28]。深入了解导致薄膜弯曲和折叠的机理仍然是一个科学问题,深入了解石墨烯的弯曲力学对于理解其三维结构与性能之间的深刻关系至关重要。在这个架构中,通常采用两种方法来恢复纳米级的三维结构,即在TEM 中的电子断层扫描和扫描探针显微镜(SPM)。

不幸的是,这两种技术都不适用于悬浮石墨烯薄膜。实际上,电子断层扫描需要在不同投影中获取同一区域的 100 多个图像,才能成功重建其三维结构[29],这很难满足石墨烯的高电子束损伤敏感度的要求,甚至是低能量也不能满足[30]。另一方面,SPM 通常需要支撑材料来完成探针和薄膜之间的相互作用,并避免或至少最小化由膜结构变形而产生的伪影[31]。

在这里,我们提出了一种新的方法来绘制悬浮石墨烯薄膜中的三维变形,这种方法基于 GPA 技术,只需要一张显微照片,下面将详细讨论。

这种方法背后的理论其实是非常简单的。如果我们在透射电镜中观察到像图 8.2(a)所示的褶皱的二维晶体,显微镜将向我们提供沿光束方向的晶格投影图像。这种投影的效果是,薄膜中非垂直于电子束的区域将显示为压缩状态。因此,通过测量晶格图像中的这些表观应变,原则上可以计算出薄片相对于电子束的局部斜率。

为了集中讨论这种方法,我们可以考虑一个简化的模型,如图 8.2(b)所示,

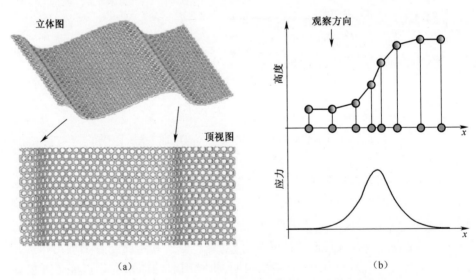

(a)   (b)

图 8.2　(a)弯曲的二维晶体的模型图及其俯视图;(b)在 X 轴(红色圆圈)
(顶部)上具有相应投影图像的一维倾斜原子链(黄色圆圈)和沿 X 轴
(底部)方向的理论表观应变

在图中顶部显示了高度变化的一维原子链。尽管原子间的距离保持不变,但在TEM 图像中,将看到原子位置沿光束方向投射到 x 轴上,并用红色圆圈表示。值得注意的是,图像中投影位置之间的距离随波状原子链的斜率而变化。在图 8.2(b)的底部显示了局部应变的剖面图,可从投影的原子位置计算得到。利用简单的几何学,通过图像中这种表观应变的测量可以很明显地提供波动链局部斜率的即时测量,从而提供其二维结构的完整重建。

让我们更详细地介绍瞬变电磁法中图像形成的原理,因为这将是全面了解应变修复技术的基础。如果我们考虑用电子束照射晶体,如在透射电镜中,每个形成该结构的晶体平面将电子束分裂成多重电子束、无散射束和少数衍射束,如图 8.3(a)顶部所示。在高放大倍率即在高分辨率成像模式下,TEM 的物镜用来使这些衍射光束叠加在图像平面上,从而形成干涉图样,其中条纹沿着原始晶体平面的方向。例如,在图 8.3(b)的顶部,三组衍射波前代表了 3 组独立的晶体平面。

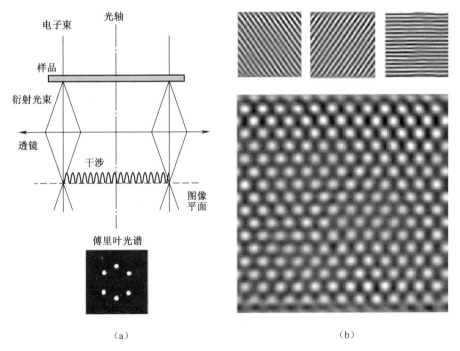

(a)　　　　　　　　　　　　　　　(b)

图 8.3　(a)蜂窝状晶体点阵在像面和典型六角形方向上产生干涉图样的
示意图和(b)由 3 个不同的平面族产生的 3 种干涉图样叠加而成的 HREM 图像

这些衍射波前的叠加结果显示在底部。干涉图样代表了高分辨率透射电子显微镜(HRTEM)图像。如图 8.3(a)底部所示,在倒易空间中,与衍射图案一

201

样,条纹显示为对称点对,它们表示与条纹间距相对应的精确频率。如图 8.2 中突出显示的那样,晶体平面周期的真实和明显变形将导致图像中的条纹变形,并且倒易空间中的相应信息将显示在相应光点周围的区域中。因此,一旦将分离对实际的 HRTEM 图像中的条纹间距调制和晶体的表观变形的贡献能力考虑在内,就可以减少石墨烯薄膜的映射波动和弯曲问题,以恢复 HRTEM 图像中的应变。

8.2.1　几何相位分析

几何相位分析(GPA)是一种分析晶格 HRTEM 图几何畸变的技术,该技术利用了傅里叶分析方法。为了避免与电子波前的电子相位混淆,因而将重构相位称为几何相位,其意义及所包含的关于图像几何畸变的信息将在下面解释和讨论。在这一点上,引入一些有助于理解 GPA 应变重构潜在机制的模型是合适的。

HRTEM 显微照片是一个二维图像,并且可以定义矢量 r 以指示一个点的位置。如前面章节所述 HRTEM 图像的强度 $I(r)$ 可以用各种光束衍射产生的干涉条纹相互叠加来表示。我们可以用倒易空间的波矢量 g 来识别这些光束的方向以及图像中条纹的方向。如果考虑一个没有任何变形的完美晶体图像,它的强度 $I(r)$ 可以表示为频率 g 上的傅里叶级数,即

$$I(r) = \sum_g I_g e^{2\pi i g \cdot r} \tag{8.1}$$

式中:I_g 为特定频率 g 的条纹系统的强度。在倒易空间中,式(8.1)的傅里叶变换用下面公式表示:

$$\tilde{I}(k) = \sum_g I_g \delta(k - g) \tag{8.2}$$

式中:δ 为 Dirac delta 函数。对于理想晶体,倒易空间仅在 g 矢量的位置上不为零。

将位移场 $u(r)$ 经过以下变换[32],可以引入样品晶格中的变形。

$$r \mapsto r - u(r) \tag{8.3}$$

这个位移矢量的作用是倒易点阵方向 g 并不是整个晶体的,相反,它是局部的,取决于 $g(r)$。对于有形变的晶体,式(8.1)可以表示为

$$I(r) = \sum_g I_g e^{2\pi i g \cdot r} e^{-2\pi i g \cdot u(r)}. \tag{8.4}$$

在真实晶体中,晶格畸变并不是唯一的缺陷,因为我们需要考虑厚度变化和可能的波动起伏(如石墨烯薄膜)。所有这些影响都需要我们把强度系数 I_g 看作位置的局部函数 $I_g(r)$[8]。如果把复函数 $H_g(r)$ 定义为

$$H_g(r) = I_g(r) e^{-2\pi i g \cdot u(r)} \tag{8.5}$$

那么,式(8.4)的傅里叶变换变为

$$\tilde{I}(\boldsymbol{k}) = \sum_g \widetilde{H}_g(\boldsymbol{k}) \otimes \delta(\boldsymbol{k} - \boldsymbol{g}) \tag{8.6}$$

对于有变形的晶体,在倒易空间中,强度分散在倒易矢量 $\boldsymbol{g}$ 的附近。有关样品变形的信息包含在 $\widetilde{H}_g(\boldsymbol{k})$ 函数中。这些函数的振幅项将给出每个矢量方向上干涉条纹强度变化的信息,而相位项描述了图像区域周围条纹间距的变化。如前所述,这个相位项称为几何相位。

将原始的 HRTEM 数字图像通过 FFT 变换到其频谱,并利用圆掩模选取接近特定矢量的像素。相邻两个 $\boldsymbol{g}$ 之间的距离限制了掩模的直径,因此限制了重构图像的分辨率(其分辨率通常为纳米级)。掩模形状的影响不在本章讨论范围之内,并且在下面的计算中省略了掩模的详细表达式[33]。

选定一个特定波矢量周围的倒易空间区域,相当于选定了一个特定的 $\widetilde{H}_g(\boldsymbol{k})$,并将 Cartesian 参考系的原点设置在波矢量 $\boldsymbol{g}$ 的位置。反向 FFT 将恢复为复杂图像:

$$\mathrm{FFT}(\widetilde{H}_g(\boldsymbol{k})) = H_g(\boldsymbol{r}) = I_g(\boldsymbol{r})\,\mathrm{e}^{-2\pi\mathrm{i}\boldsymbol{g}\cdot\boldsymbol{u}(r)+\phi_g} \tag{8.7}$$

当转换回一个附加的相位常数时,ϕ_g 就会出现。从数学上讲,这个过程应该在不增加任何附加项的情况下恢复 H,但是图像的像素性质使 $\boldsymbol{g}$ 的位置很难被精确确定($\boldsymbol{g}$ 通常位于亚像素位置)。倒易空间重新居中的误差意味着仍然存在一个类似 δ 的分量,并将在实际空间中恢复到一个恒定相位。通过对图像参考区域上的背景进行重新标准化,可将恒定相位项 ϕ_g 从重构相中移除[8]。

重构过程的结果是对应于函数 $H_g(\boldsymbol{r})$ 的复杂图像。振幅和相位可根据下列方程式进行计算:

$$\begin{aligned} I_g(\boldsymbol{r}) &= \mathfrak{R}(H_g(\boldsymbol{r})) \\ P_g(\boldsymbol{r}) &= \mathfrak{S}(H_g(\boldsymbol{r})) - \phi_g \end{aligned} \tag{8.8}$$

式中:$\mathfrak{R}$,$\mathfrak{S}$ 分别代表实部和虚部。位移场 $\boldsymbol{u}(\boldsymbol{r})$ 是一个二维矢量场,需要重建两个非共线 $\boldsymbol{g}_1$ 和 $\boldsymbol{g}_2$ 的函数 H_g 以在各个方向上修正位移场。数学上,我们需要在实际空间中找到两个向量($\boldsymbol{a}_1$ 和 $\boldsymbol{a}_2$)来求解方程。

$$\boldsymbol{u}(\boldsymbol{r}) = -\frac{1}{2\pi}[P_{g1}\boldsymbol{a}_1(r) + P_{g2}\boldsymbol{a}_2(r)] \tag{8.9}$$

根据位移场 $\boldsymbol{u}(\boldsymbol{r})$,最终可以计算应变张量 ε[8] 为

$$\boldsymbol{\varepsilon} = \begin{pmatrix} \varepsilon_{xx} & \varepsilon_{xy} \\ \varepsilon_{yx} & \varepsilon_{yy} \end{pmatrix} = \begin{pmatrix} \dfrac{\partial u_x}{\partial x} & \dfrac{\partial u_x}{\partial y} \\ \dfrac{\partial u_y}{\partial x} & \dfrac{\partial u_y}{\partial y} \end{pmatrix}. \tag{8.10}$$

所有这些程序都可以作为一系列脚本来实现数值 GPA 重建和应变计算。
软件将应变张量作为单独的分量表示[8]：

$$
\begin{cases}
\varepsilon_{xx} = \dfrac{\partial u_x}{\partial x} & \text{对称应变 } E_x \\[2mm]
\varepsilon_{yy} = \dfrac{\partial u_y}{\partial y} & \text{对称应变 } E_y \\[2mm]
\varepsilon_{xx} = \dfrac{1}{2}\left(\dfrac{\partial u_x}{\partial y} + \dfrac{\partial u_y}{\partial x}\right) & \text{对称应变 } E_{xy} \\[2mm]
\Delta_{xy} = \dfrac{1}{2}\left(\dfrac{\partial u_x}{\partial x} + \dfrac{\partial u_y}{\partial y}\right) & \text{平均膨胀位移 } D_{xy} \\[2mm]
\omega_{xy} = \dfrac{1}{2}\left(\dfrac{\partial u_y}{\partial x} - \dfrac{\partial u_x}{\partial y}\right) & \text{转速 } R_{xy}
\end{cases}
\tag{8.11}
$$

X 和 Y 参考轴的定义由用户自行选择。

GPA 技术提供了一个从 HRTEM 图像开始重构晶格变形的工具。这项技术的所有局限性都是由这种基于图像的特殊方法造成的。如前所述，图像代表样品的晶格结构。然而，只有在限制条件下，图像中的强度特征才会直接与样品中平面排列方式联系起来。其中一组限制是由 HRTEM 技术本身施加的，其他限制则来自样品结构。

决定重构应变图极限和精度的参数的相关测试已超出了本章的讨论范围[33]。这里需要注意的是，物镜和其他成像参数会强烈影响分析结果。显微镜将样品空间信息传输到成像平面的过程中产生的许多问题，使用最新一代的像差校正显微镜可以最大限度地减少这些问题。像差校正显微镜传递函数在很大范围内提供了一种可靠的空间频率传递。从产生的相位图像中减去特定的相对于所用显微镜的参考变形图，可以消除由透镜引起的残余几何畸变。

样本本身在分析 HRTEM 图像时会产生一些重要难题。被观察区域内样品厚度的变化会引起额外的几何相位位移，这与原子间距离变化所引起的位移是无法区分的。干涉条纹的强度变化以及在极限情况下对比度的反转，将由数值程序解释为与任何物理应变无关的附加相位位移。

石墨烯薄膜解决或最小化了上述的许多难题。透射电子显微镜样品制备中最重要的限制是对样品厚度的控制。对于 FGC 膜，其厚度在理论上是完全均匀的，可以在原子水平上无误差地进行实验测定，并且能够在很大的尺寸范围内保持恒定。在我们的具体分析中，将着重讨论由于弯曲薄膜的垂直几何投影所引起的表观压缩的决定性因素。因此，我们拥有一个准完美的样品来研究 GPA 技术。

8.2.2 弯曲石墨烯薄膜的实验重构

建立 HRTEM 成像的实验条件引发了人们的特别关注。采用像差校正 Tecnai F20 透射电镜（CNRS - CEMES, Toulouse）进行实验,运行加速电压为 100kV,以避免对碳晶格造成结构损坏。选择样品的标准是:必须有一个明确的几何变形,并且在这个变形中,投影引起的表观应变和实际机械应变的影响很容易分离出来。两种类型的样品得到分析。第一种是机械剥落的石墨薄片,在这种薄片中,很容易地获得电子透明薄片,片层的边缘由几层石墨烯折叠而成。天然石墨粉先在研钵中进行研磨,接着在异丙醇中进行额外的超声剥离和分散。所得的溶液是滴铸在标准的 3mm TEM 多孔碳格栅上。第二类样品是采用 CVD 法在铜基底上生长的石墨烯晶体,然后将其转移至 3mm 的 TEM 格栅上。

如图 8.4 所示,为前面所叙述的石墨烯薄片的 HRTEM 图像。薄片沿着它的两个边缘折叠。从边界(0002)条纹分析可以得出,薄片由 3 个叠加的石墨烯层(共 6 层)组成。如图 8.4 插图(a)所示,通过仔细观察边缘,可以确定组成石墨

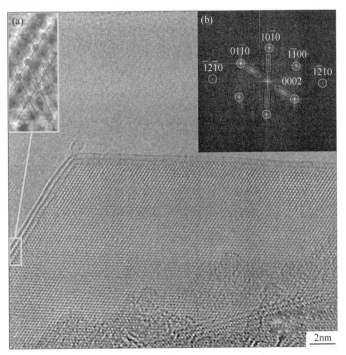

图 8.4　FGC 薄片边缘的 HRTEM 图

薄片沿着它的两个边缘折叠,(0002)条纹的出现能够确定薄膜的层数是 3。插图(a)
是黄色矩形中(0002)折叠区域的特写。插图(b)显示了 FFT 的高分辨电子显微镜图像。
石墨的反射用蓝色圈标记,两个边界的(0,0,0,2)反射用红色矩形标记。

205

烯片的堆叠顺序。堆叠层中苯环位置对应的一系列强度峰用红色圆圈标出。它们沿不垂直于薄片边缘的直线排列,这是 ABAB 堆垛的特征。如图 8.4 插图(b)所示显示了图像的 FFT 光谱。石墨主反射与折叠边界(0002)反射分别用蓝色圆圈和红色矩形标记。

图像的一个重要特征是散焦差,这在左侧和上部的边界之间是非常明显的。左侧边界由于不在焦点上,因此显示出一些明显的菲涅耳条纹,而上边界几乎都在焦点上,没有明显的菲涅耳条纹。这表明这两个区域之间存在一定的高度差,证明了薄膜在边界附近发生弯曲的假设,从而使投影原子位置发生压缩。根据这一假设,可以建立石墨烯薄片折叠边界的三维结构模型,如图 8.5 所示。3 层薄片开始弯曲并折叠,形成六层堆叠结构。

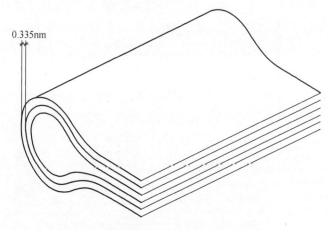

图 8.5　所述折叠石墨薄片的结构示意图

回顾电子显微镜照片,值得注意的是,薄片是沿特定方向折叠的。事实上,从图像的 FFT 光谱可以看出,石墨薄片的上边界和左边界分别沿垂直于($0\,1\,\bar{1}\,0$)和($1\,0\,\bar{1}\,0$)晶格方向折叠。这意味着,当 3 层薄片在边界处弯曲后,它们将叠加在原来 3 个匹配的晶格位置上,并最终保留了整体的 ABAB 堆垛结构特征。需要注意的是,在这种情况下,弯曲以及投影晶格图像中的表观应变只会出现在一个方向上。因此,样本处于适当简单的配置中,以测试 GPA 三维重构。这里需要强调的是,薄片的三维结构假设,如图 8.5 所示,可以用对材料的基本了解和对 HRTEM 图像本身的详细观察(几何、散焦变化等)来证明。然而,从标准的 HRTEM 图像分析中无法量化表面高度变化。接下来将证明 GPA 技术可以做到这一点。

GPA 技术的第一步是相对于至少两个非共线 *g* 矢量重建相位位移图。对于所述的薄片,我们选择倒易点阵中的($0\,1\,\bar{1}\,0$)、($1\,0\,\bar{1}\,0$)和($1\,\bar{1}\,0\,0$)反射面。

图 8.6 所示为位移图重构的结果。使用了一个数值掩模以选择 $\widetilde{H}_g(\boldsymbol{k})$ 系数,在重建的相位图中,光斑对应于 0.5 nm 的最终分辨率。

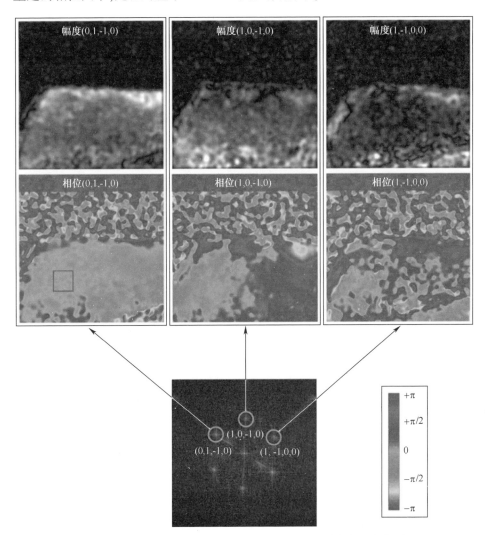

图 8.6 FFT 中蓝色圆圈表示的石墨反射面的重构振幅和相位图

(相位值的变化用比色刻度尺表示。从($1\,0\,\bar{1}\,0$)矢量重建的相位图中,在上边界附近可以

看到较大的相位变化。在与($0\,1\,\bar{1}\,0$)相位图中红色矩形标记区域相对应的位置,相位背景的

参考区域被重新规范。重建相位图的横向尺寸与原始 HREM 图像的横向尺寸相同(27.60nm))

如图 8.6 所示,相位图的最显著特征是在靠近上边界的($1\,0\,\bar{1}\,0$)方向上出

现较大的相位位移。图8.7表示$(10\bar{1}0)$方向的相位图。3个具有明显相位位移的三角形区域排列在边界上,并用白色箭头表示。最右边的三角形区域最大,并且强度最高。在$(1\bar{1}00)$方向上,可以看到与这些区域相对应的轻微相位位移,而在$(0\bar{1}10)$方向上,整个薄片上的相位几乎都是水平的。因此,我们正在寻求的表面压缩是置换$(10\bar{1}0)$和$(1\bar{1}00)$条纹,而几乎不改变$(0\bar{1}10)$的方向。为了计算应变图,我们需要定义一个参考轴来投影它们的组成。一个可能的选择是方向$(2\bar{1}\bar{1}0)$,并假设薄片是沿该方向弯曲的。

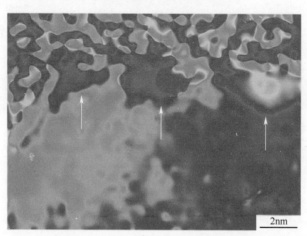

图8.7 $(10\bar{1}0)$方向的重建相位图
(箭头表示的区域为薄片边缘相位变化较大的位置)

图8.8是HRTEM图和$(10\bar{1}0)$相位图中边界区域的特写。图8.8(c)的曲线来自标记区域,表示沿$(2\bar{1}\bar{1}0)$晶格平面方向局部存在较大的相位变化。我们假设了图8.8(d)所示区域中薄片的原子结构模型。根据图8.5所示,3层薄片沿正z方向弯曲,另外3层沿反方向弯曲,在边界曲率附近形成一个中空区域。

除了$(1\bar{1}00)$和$(0\bar{1}10)$的一些局部区域外,所计算出的振幅图一般是缓慢变化的。在$(1\bar{1}00)$相位图的相位凸起之间,局部对比度反转可能在应变计算的同时产生伪影[33]。同样的问题也出现在靠近左边界的$(0\bar{1}10)$振幅图的标记区域。在分析计算应变图时将避开这些区域。

当选择图8.8(a)中所示的笛卡儿参考系时,即以$(2\bar{1}\bar{1}0)$方向为X轴时,将通过计算应变场图来验证该结构假设。如前面所述,需要计算两个非共线方向的两相图来重建二维应变场。每对 $\boldsymbol{g}$ 矢量在数学上都是等价的,因此一个很

208

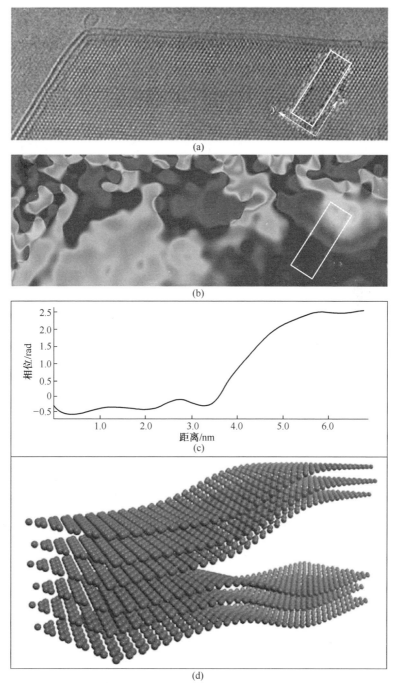

图 8.8　(a)上边界附近薄片的 HRTEM 图像(感兴趣的区域(ROI)用矩形标记,并标出
　　用于进一步分析的笛卡儿参考系);(b)(0 1̄ 1 0)相位图的对应区域(与(a)图中
　　ROI 区域相同);(c)ROI 区域的 X 轴相位剖面图;(d)ROI 中薄片的原子结构示意图。

好的准则就是选择这对矢量,从而获得更高的信噪比。我们检查了不同的组合,所有结果都是一致的,利用$(01\bar{1}0)$和$(10\bar{1}0)$方向可以得到最佳结果。

图8.9所示为ε_{xx}和ε_{yy}方向的应变场分布图。由于存在计算相位导数的数值过程,这种应变与相位图相比受噪声影响更加明显[34]。但是,这种应变图的主要特征很容易被识别。

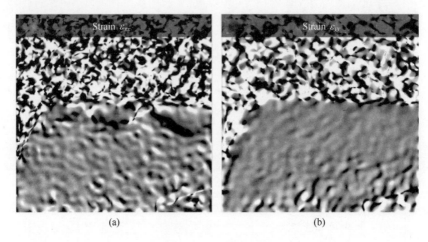

图 8.9　理论应变场图

(a)沿$(2\bar{1}\bar{1}0)$方向;(b)沿$(01\bar{1}0)$垂直y方向的应变场分量。

在x和y分量中,薄片的中心部分几乎没有应变。沿着x方向,我们观察到一些与3个区域的边界有关的应变变化已经在上边界附近显现。与轴的选择一致,最大应变变化与图8.8(a)、(b)中突出显示的区域有关。

为了从应变图中重建薄膜的局部变形,我们应该从测量的应变中重建局部的斜率值。为此,需要找到一个假设表观压缩只能沿着一个方向的区域。

回顾图8.8,由于弯曲三维原子结构的几何投影,使识别局部单轴应变区域成为可能。该区域对应于图8.10(a)中用黄色矩形标记的区域。根据前面讨论的一维模型,可以找到与弯曲薄片中曲率拐点位置相关的压缩峰值。图8.10(b)所示为沿着黄色矩形的应变剖面。该图显示了对应于图8.8(c)相位斜坡中间区域应变的局部峰值。测得的压缩率约为5%,这个值对于晶体晶格中纯机械面内压缩来说,是非常高的。由于石墨烯的弹性模量约为1 TPa,5%的压缩率意味着应力约为10^{28} N/nm^2。即使石墨烯能够在不破坏原子间键的情况下抵抗这种力,像这样的压缩也会导致三维变形。因此,我们再一次认为这种应变是明显的,这得益于弯曲薄片在xy平面上的投影效应。无应变中心区域的轮廓如图8.10(c)中的蓝色矩形所示,可以分析图像的噪声。图8.10的两个图是使用相同的强度标度获得的,以便于可视化背景振荡。无应变区域背景的平均值显示噪声振荡约为0.6%。这种振荡主要是由于HRTEM图像中的石墨条纹对比度差造成的。这种噪声通过GPA的数值计算放大以得到衍生图,这是该技术的首要局限。然而,在这种情况下,仍然存在相对良好的信噪比和微小的应变。

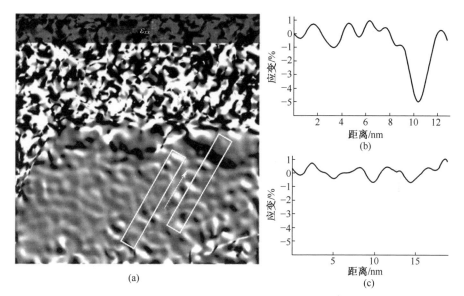

图 8.10 (a)($2\bar{1}\bar{1}0$)方向的理论应变图 ε_{xx} 和(b)沿着黄色 ROI 的应变强度曲线

以及(c)蓝色 ROI 的应变强度曲线,按白色箭头指示的方向获得轮廓

对于图像位置中的每个值,可以通过简单的三角法计算薄片表面的坡度值,并能够很快根据应变 ε 定义薄片表面和 xy 平面之间的局部角度 α 为

$$\cos\alpha = 1 - \varepsilon \qquad (8.12)$$

从 α 的值可以很容易地计算应变的每一个值的正切值。然后,利用局部斜率的拟合,对石墨片的三维原子结构进行重构,这是石墨片表面高度位移的一阶导数,直线积分可以直接给出原子的位置。

图 8.11 所示为结构模拟的结果。在图 8.11(a)的插图中,绘制了作为距离函数的综合高度,并相应地计算了三维模型。如图 8.11(b)的横向投影所示,每个堆叠层改变其 z 位置约0.8 nm。通过对3层石墨烯薄片的表观应变分析,几乎可以确定3层石墨烯薄片的弯曲结构是可以重构的。

正如图 8.12[35]所示,同样的方法可用于单层石墨烯。采用化学气相沉积(CVD)在铜基底上生长薄膜,并转移至 TEM 网格上。HRTEM 图片显示了单层膜的折叠边缘;边界处清晰可见(0002)石墨晶格条纹,且如左下角插图中的快

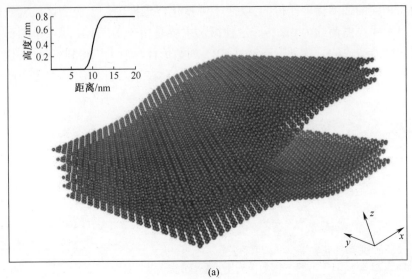

(a)

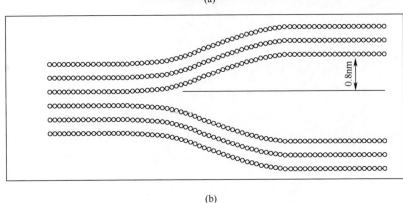

(b)

图 8.11　薄片的重建结构示意图

(a)透视图(图中插图为每个石墨烯层的高度图)(b)结构侧视图。

速傅里叶变换(FFT)所示,重叠区域的两层是经旋转 $\theta = 21.7°$ 得到的。该图右上角给出了叠加格子在图像中投影的示意图。此外,它清楚地表明,由于该薄膜并不具备原子清洁性,使得吸附质或生长后的残留物要么在膜的顶部,要么在膜层之间,而改变其三维结构。图 8.13 所示为垂直于折叠边界的应变图,在图中清晰可见沿边界产生的压缩,靠近松弛的中心区域处,两个晶格互相接触,形成一个平行于边界的拉紧的内部区域。分析沿着边界的两个压缩区域的变形,标记为 1 和 2,参见图 8.13 右侧的剖面图,按照前面描述的相同程序,该应变可解释为主要由褶皱弯曲引起的。因此,在这两个区域中,预计 3 nm 长度上的最大斜率为 16°,对应于 0.8 nm 的高度变化。

212

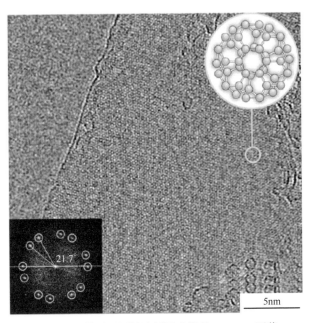

图 8.12　单层石墨烯片折叠边缘的 HRTEM 图像

（左下角:FFT 图像,显示出两个晶格的堆叠方形;右上角:折叠晶格示意图）

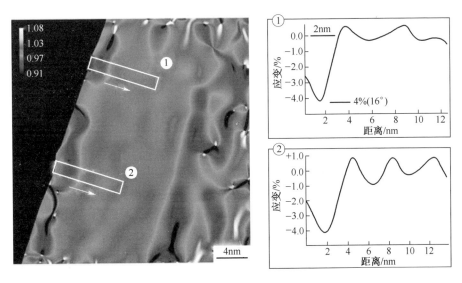

图 8.13　垂直于褶皱边缘方向的应变分量图

（薄片的内部没有显示明显的应变,而平行于边界,可以观察到压缩区域①和②）。

右图是分别在区域①和②上获得的应变剖面）

图 8.14 所示为另一个更为明显的三维结构石墨烯薄片的示例,其中石墨烯

213

薄片相同边界的不同区域已在图 8.12 中表示。图 8.14(a)清晰显示了位于折叠边界处的一个孤立缺陷,用白色圆圈标出。在边界处的缺陷位置有两条连接线,用白线突出显示。这些弯曲的压缩区域在应变图(图 8.14)中直观可见。如前面所述,我们可以分析标记为(1)和(2)的两个区域的应变,因此,在 4 nm 长度上测量 1 nm 的高度变化,区域 1 的斜率为 16°,在 2 nm 长度上测量 0.9 nm 的高度变化,区域 2 的斜率为 27°。可以将观察到的压缩线解释为缺陷在折边处引起的弯曲褶皱,HRTEM 显微照片中显示了这两层膜内部包裹着的含碳污染物。值得注意的是,在所有重建结构中,靠近褶皱的膜曲率预计将增加到 90°,而这在表观应变图中没有突出显示。事实上,这一褶皱对应于成像晶格中的非常明显的压缩,在应变剖面中,它被薄片和真空界面处的相位不连续引起的几何相位伪影所掩盖。此外,GPA 重建得到的空间分辨率为 0.5 nm,这与估计的褶皱曲率半径的阶数相同,因此无法绘制出晶体斜率如此大而快速的变化。

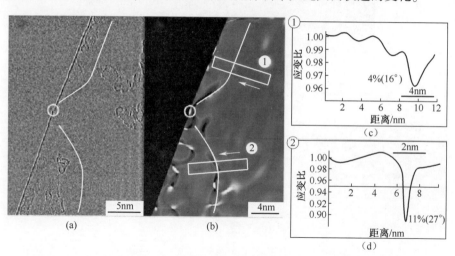

图 8.14　(a)自身折叠的单层石墨烯的 HRTEM 图像(边界上可见一个由白色圆圈突出显示的点缺陷);(b)垂直于褶皱边缘方向的应变分量图((a)中白线突出显示的两条压缩线清晰可见);(c)区域①对应的应变剖面图;(d)区域②对应的应变剖面图

然而,在所报道的案例中,该法证明了在石墨烯三维结构重建中的有效性,至少在远离靠近折叠边缘的区域的有效性。为了验证所提出的方法,下一步是将实验结果与石墨烯薄片的三维结构模型进行比较,这将是下一节的主题。

8.3　石墨烯薄膜弯曲特性的建模:概念性框架

为了获得可靠的 HRTEM 模拟图像以验证实验结果,需要确定折叠石墨烯薄膜的实际三维原子结构。为此,我们进行了一个多步骤协议,将原子模型和连续模型融合在一起:首先,根据连续弹性理论预测了二维连续膜的折叠形状;然后,与最小弹性能量构造相对应的形状经碳蜂窝晶格修饰;随后,进行细致的晶格弛豫,最终得到折叠石墨烯样品的实际原子结构。

上述方案的一个关键特征是,尽管二维连续膜的弯曲过程仅涉及平面外形变,但在二维原子晶格中,如果不引入键应变,就无法实现这种变形模式[18]。这主要是由于邻近的 p_z 轨道之间的扭曲和相互作用造成的。因此,实际的键长变化和弯曲结构在平面上的投影所观察到的表观应变之间总是存在相互作用的。反之,由于碳-碳相互作用的特殊性,适当地考虑弯曲引起的键应变是一个棘手的问题,只能用量子力学进行定量模拟。因此,根据 Xu 等[36]的报道,上述原子弛豫是通过紧束缚分子动力学来实现的。

8.4　仿　真　协　议

8.4.1　步骤 1:预测折叠连续膜的形状

从连续弹性理论的观点来看,折叠石墨烯的平衡形状(也称为双层边缘石墨烯,BLE)与任何其他二维固体膜的形状相同,因此,只要提供正确的几何边界条件,就可以通过求解欧拉-泊松(Euler-Poisson)问题来预测。

通过施加弯曲碳带的正确长度(L)(可以识别出两个不同的区域,内部区域几乎是一个平坦的石墨烯双层及弯曲的闭合边缘)、迎角(φ_0)(折叠区域的切平面与它们匹配的平面之间的角度)和沿平坦区域两个平行层之间的(几乎)恒定距离(a),可以确定 BLE 石墨烯特殊构型的几何特征。如图 8.15 所示。

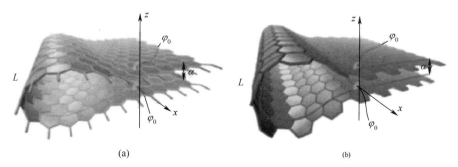

图 8.15　TB 模拟的石墨烯褶皱的三维图
(a)扶手椅褶皱;(b)之字形褶皱。

石墨烯中折叠区的长度是由于弯曲动量(石墨烯的弯曲模量、弯曲刚度和高斯弯曲刚度,分别取决于平均曲率和高斯曲率)和范德华引力势能之间的竞争而产生的,这两种竞争分别导致石墨烯片的开口和黏附。在几何特征方面,BLE 中所观察到的一般圆柱结构仅包含表面的平均曲率,因此在特定条件下,曲率所存储的弹性能仅取决于弯曲刚度,如 8.4.2 节所述。

一般表面的弯曲能量密度 $U_b = 2\kappa H^2 - \bar{\kappa} K$,其中平均曲率为 $H = \dfrac{1}{2}(k_1 + k_2)$,高斯曲率定义为 $K = k_1 k_2$,$k_1 = R_1^{-1}$ 以及 $k_2 = R_2^{-1}$ 为主曲率,其中 R_1 和 R_2 为局部主曲率半径。因为高斯曲率为零,$K = 0$,对于圆柱形几何体,弯曲能量密度 $U_b = \dfrac{1}{2}\kappa k_1^2$。

相应的问题是在给定的边界条件下,通过最小化弯曲能量 $U_b = \iint U_b \mathrm{d}\sigma$ 来找到曲线,边界条件包括在给定的距离 a(双层石墨烯的平衡距离,$a = 1.41\text{Å}$)、约束宽度 L(迫使面内无任何拉伸)上固定两条平行边(长度 l)的位置。并且由于双层平面区域的连续性,攻角是固定的。在图 8.16 中,弯曲石墨烯带的横截面绘制为一条宽度为 L 的线。因此,采用拉格朗日乘数法:

$$U_b = \frac{1}{2}kl \int_0^a \mathrm{d}x \left(\frac{\ddot{z}^2}{(1+\dot{z})^{\frac{5}{2}}} + \lambda \sqrt{1+\dot{z}} \right) \tag{8.13}$$

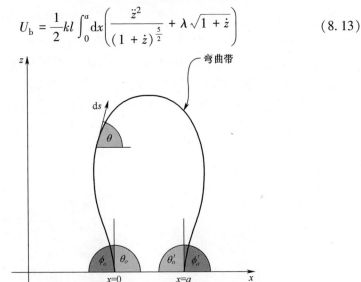

图 8.16 具有平行边缘的弯曲带的横截面

(两层石墨烯间的平衡距离 $\alpha = 3.4\text{Å}$,带状宽度 L 和边缘距离 a 为常数,且攻角 θ_o 和 $\theta_o' = -\theta_o$(或 ϕ 和 ϕ')并固定在 $\pi/2$ 处)

上述积分可以写成一般形式 $G(z) = \int_0^a \mathrm{d}x F(z, \dot{z}, \ddot{z}, x)$,这是欧拉-泊松微分

216

方程 $\dfrac{\partial F}{\partial z} - \dfrac{\mathrm{d}}{\mathrm{d}x}\dfrac{\partial F}{\partial \dot{z}} + \dfrac{\mathrm{d}^2}{\mathrm{d}x^2}\dfrac{\partial F}{\partial \ddot{z}} = 0$ 的解。

通过应用约束变分法,最终得到了在给定边界条件下参数 $[x(s),z(s)]$ 表示的最终几何图形。首先,根据角度定义,得到 $\dot{z} = \tan\theta$ 且 $\ddot{z} = \dfrac{1}{\cos^2\theta}\dfrac{\partial\theta}{\partial x}$。引入弧长 $s = \displaystyle\int_0^x \mathrm{d}x\sqrt{1+\dot{z}^2}$,欧拉–泊松微分方程可写为

$$\left(\frac{\mathrm{d}\theta}{\mathrm{d}s}\right)^2 = + \lambda + C_1\sin\theta + C_2\cos\theta \tag{8.14}$$

通过施加固定攻角条件,即 $\theta(0) = \theta_o = \pi/2$ 且 $\theta(L) = -\theta$,如图 8.16 所示,式(8.14)导出 $C_1 = 0$,并可简化为 $\left(\dfrac{\mathrm{d}\theta}{\mathrm{d}s}\right) = -\sqrt{\lambda + C\cos\theta}$,其中,$C \equiv C_2$ 在后面内容中也满足。

最终,通过长度 $L = \displaystyle\int_0^a \mathrm{d}x\sqrt{1+\dot{z}^2}$ 和距离 a 得到参数 C 和 λ,如下所述:

$$L = \int_{-\theta_o}^{\theta_o} \frac{\mathrm{d}\theta}{\sqrt{\lambda + C\cos\theta}}$$

$$a = \int_{-\theta_o}^{\theta_o} \frac{\cos\theta\,\mathrm{d}\theta}{\sqrt{\lambda + C\cos\theta}}$$

在笛卡儿坐标系中①,得到了最小曲面的参数形式为

$$\begin{cases} x = L\,\dfrac{\displaystyle\int_{\theta(s)}^{\theta_o}\dfrac{\cos\theta\,\mathrm{d}\theta}{\sqrt{\lambda+C\cos\theta}}}{\displaystyle\int_{-\theta_o}^{\theta_o}\dfrac{\mathrm{d}\theta}{\sqrt{\lambda+C\cos\theta}}} \\[4mm] z = L\,\dfrac{\displaystyle\int_{\theta(s)}^{\theta_o}\dfrac{\sin\theta\,\mathrm{d}\theta}{\sqrt{\lambda+C\cos\theta}}}{\displaystyle\int_{-\theta_o}^{\theta_o}\dfrac{\mathrm{d}\theta}{\sqrt{\lambda+C\cos\theta}}} \end{cases} \tag{8.15}$$

8.4.2 石墨烯的弯曲刚度

石墨烯的弯曲刚度($\kappa = 1.40\ \mathrm{eV}$),包括弛豫效应,可以用碳纳米管代替纳米

---

① $\dfrac{\mathrm{d}x}{\mathrm{d}s} = \cos\theta,\ \dfrac{\mathrm{d}z}{\mathrm{d}s} = \dfrac{\mathrm{d}z}{\mathrm{d}x}\cdot\dfrac{\mathrm{d}x}{\mathrm{d}s} = \sin\theta$。

带进行评估。当然,纳米管没有任何边缘效应,但弯曲刚度取决于平均曲率,在纳米管中,平均曲率是一个几何常数(纳米管的圆柱形几何结构使高斯曲率为零,$K=0$)。考虑到碳纳米管半径 R 函数中的弛豫效应,可以通过比较基准起始管之间的半径变化来提取纯弯曲能量项,基准起始管的所有键长都等于理想石墨烯,即 1.41Å,属完全弛豫石墨烯。事实上,可以观察到键位拉伸到(15,0)纳米管[37-39]。

纳米管的弹性能密度 $U(\mathrm{eV} \cdot \text{Å}^{-2})$ 可以写为应变能密度和弯曲能密度之和,即

$$u = u_s + u_b \tag{8.16}$$

一般给定表面的弯曲能量密度 u_b 为

$$u_b = 2\kappa H^2 - \bar{\kappa} K \tag{8.17}$$

式中:平均曲率为 $H = \frac{1}{2}(k_1 + k_2)$。高斯曲率定义为 $K = k_1 k_2$,其中 $k_1 = R_1^{-1}$,$k_2 = R_2^{-1}$ 为主曲率,R_1 和 R_2 为局部主半径。选择仅涉及一个曲率的圆柱形配置(即 $k_1 = R_1^{-1}$,$k_2 = 0$),平均曲率为 $H = \frac{1}{2}k_1$,而高斯曲率为零,$K = 0$。

因此,在圆柱几何体情况下,弯曲能量密度 u_b 为

$$u_b = \frac{1}{2}\kappa k_1^2 \tag{8.18}$$

通过对基准面 Σ_o 上弯曲能量密度 u_b 进行积分,可以计算出总弯曲能量 U_b,即 $U_b = \iint_{\Sigma_o} U d\sigma = 1/2\kappa l \int_{r_o} k_1^2 ds$,其中,$\Sigma_o = L_o l$ 为基准系统总面积,$r_o = 2\pi R_o$ 为半径为 R_o 的圆柱周长,s 为弧长($0 < s < L_o$)。需注意,参考表面定义为相应矩形薄片的表面,该矩形薄片被轧制以构建纳米管,即未经拉伸的石墨烯纳米带,其所有键长等于一对相邻碳原子之间的平衡距离 $d_{c-c} = 1.41$Å。

积分解如下:

$$U_b = \frac{1}{2}\kappa l \frac{2\pi R_o}{R^2} \tag{8.19}$$

如果弯曲不涉及拉伸,则纳米管松弛后的半径 R 必须等于参考圆柱半径 R_o。因此,弯曲能量可简化为

$$U_b = \lim_{R \to R_o} \frac{1}{2}\kappa l \frac{2\pi R_o}{R^2} = \frac{\pi\kappa l}{R_o} \tag{8.20}$$

因为弯曲能量可以通过原子模拟计算,作为纳米管总能量 E_o^{tube} 和相应参考平面系统 E_o^{flat} 之间的差,即 $U_b = E_o^{\text{tube}} - E_o^{\text{flat}}$,半径为 R_o 的纳米管弯曲刚度 κ 在

表面没有拉伸的情况下(图8.17)为

$$\kappa = \frac{R_o U_b}{\pi l} \tag{8.21}$$

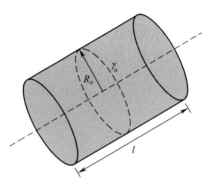

图 8.17 纳米管可以画成一个简单的圆柱体(这里半径 R_o 和周长 γ_o 指的是参考配置(无键拉伸),而长度 l 是通过沿圆柱轴施加周期边界条件来确定的(虚线))

但是,如果纳米管尺寸减小到一定的半径(图8.18),结构的松弛允许半径 R 的变化。在 $R \neq R_o$ 的情况下,它需要考虑式(8.16)中不可忽略的拉伸项。因此,拉伸能量密度 U_s 需进行如下积分:

$$U_s = \frac{1}{2} \frac{E}{1+\nu} \iint_{\Sigma_0} \left(\mathrm{Tr}(\hat{\varepsilon}^2) + \frac{\nu}{1-\nu} \left[\mathrm{Tr}(\hat{\varepsilon}) \right]^2 \right) \mathrm{d}\sigma$$

这里,纳米管长度 l 是通过沿圆柱轴施加周期边界条件来确定的。因此,我们只能考虑沿圆周的应变张量 $\hat{\varepsilon} = \begin{pmatrix} \xi & 0 \\ 0 & 0 \end{pmatrix}$。所以,考虑到 $\xi = \frac{r-r_o}{r_o} = \frac{R-R_o}{R_o}$,有

$$U_s = \frac{\pi R_o E l}{1-\nu^2} \left(\frac{R-R_o}{R_o} \right)^2 \tag{8.22}$$

显然,当 $R \to R_o$,拉伸能量变为零,即 $U_s = 0$

8.4.3 步骤2:折叠石墨烯膜的原子结构预测

Xu 等[40]利用 sp^3、正交和邻接紧密结构模型表示,进行了紧密结合(TB)原子模拟。目前的 TB 总能量模型已经在 Goodwin 等[41]给出的方案中实施,用于研究 TB 跳跃积分和偶势对原子间分离的依赖性。

以下连续体分析有助于为原子计算创建合理的输入结构,主要目的是从计算起始阶段起开始松弛程序,尽可能接近平衡。所研究的系统由一个周长 L、长度 l 的正六边形晶格形成的压缩纳米管构成,对应于一个含有约 900 个碳原子

的模拟盒。此外,沿长度 l 方向假设周期边界条件。长度(宽度)沿蜂窝晶格的扶手椅(之字形)方向展开。

虽然非常可靠,但为了正确考虑原子尺度特征,必须对上述图片进行精细化。系统内部自由度的完全松弛由零温阻尼动力学进行,直到原子间作用力不大于 10^{-5} eV/Å。我们已经生成了一组结构,其中弯曲和拉伸特征被缠绕,以模拟 HRTEM 图像。

综上所述,我们从一个六边形的结构开始,映射到具有所需手性的预测形状上,然后通过采用 TB 半经验方案[31]和范德华相互作用[42]的零度随机弛豫模拟获得几何参数的正确值。如果中心区域处层间保持平行且中心区域足够大,如图 8.18 所示,则不需要任何进一步的约束。到目前为止计算的原子坐标允许我们模拟 HRTEM 图像。需要注意的是,在二维平面外变形中,在不引入应变的情况下是不可能实现弯曲的[18],而且由于弯曲结构的投影效应,实际粘结长度变化与表观应变之间始终存在相互作用。然而,对折叠的单层结构进行的原子模拟表明,在垂直于边缘的方向上,折叠区域的键长变化小于 0.1%[18]。这表明,石墨烯刚度确保了与投影对图像中测量应变的影响相比,原子间距离的变化范围小。

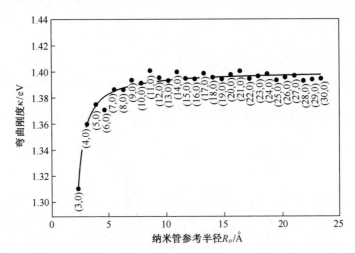

图 8.18 弯曲刚度与(3,0)~(30,0)范围内一组之字形纳米管半径的函数关系
(符号表示通过紧密结合模拟获得的弯曲刚度值,如式(8.20)定义。注意,在(15,0)下,观察到与常量值的偏差,这是由于弯曲引起的拉伸键效应的上升,渐近值为 $\kappa = 1.40$eV)

8.5 实验程序的验证

如前面章节所强调的,从管状晶格开始进行结构的建模,使结构在中心处塌

陷,以模拟折叠边缘附近的两个叠加石墨烯,如图8.19所示。在此情况下,考虑用扁平石墨烯延长扶手椅管的一半结构,得到一个直径为0.74 nm的折叠单层边缘。高度变化相对于中心处0.2 nm,在0.7 nm长度范围内调节,倾斜角为17°。需要注意的是,弯曲部分原子间距离的变化<1%,因此这种结构的TEM图像中的所有应变都应来自晶格中原子位置投影的影响。

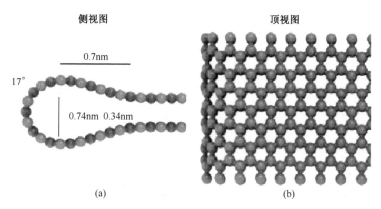

图8.19 一半扶手椅管状晶格结构的侧视图(a)和顶视图(b)

在之前所示的相同实验条件下,使用JEMS软件包,将上述方式获得的晶格原子位置作为输入,以模拟HRTEM图像[43]。图8.20(a)所示为折叠扶手椅结构的顶视图,图8.20(b)所示为能量为100keV、正散焦小、球差稍正时对应的模拟HRTEM图像。随后,我们对模拟图像施加GPA,计算平行于边界和垂直于边界方向上的应变,如图8.20(c),(d)所示。在平行于边界的方向上,晶格没有变化,正如我们从褶皱中所预期的那样,这里斜坡区域的所有压缩都沿着垂直方向。

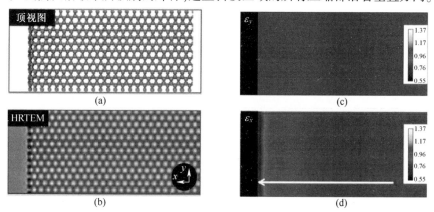

图8.20 (a)模拟的原子位置俯视图;(b)由(a)图模拟的HRTEM图像;
(c)平行于边界方向的应变图;(d)垂直于边界方向的应变图

如图 8.21 所示,沿着图中的白线在垂直于折叠边界的方向上进行的线扫描。剖面图很好地反映了内曲率对应的压缩情况,但由于恢复应变图固有的分辨率问题,无法绘制出外曲率的即时曲线。然而,正如实验情况,压缩强度可以被用来测量局部最大斜率约 16°以及测量弯曲区域的长度约 0.7 nm,因此,评估约 0.2 nm 的高度变化成为可能,这基本与模拟结构的实际高度变化相一致。

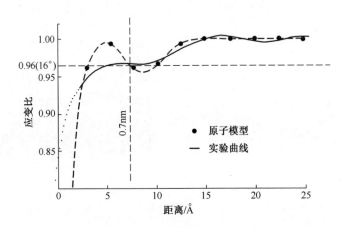

图 8.21　沿白线的应变剖面(红线)和从图 8.19 模拟结构的投影原子位置
计算得到的压缩值(红点)

为了进一步确认该方法的能力,采用同样的方法,将之字形管结构的一半考虑在内,如图 8.22 所示。在这种情况下,模型结构显示为一个直径为 0.81 nm 的环,因此,相对于中心 0.23 nm 的高度变化,适用于长度 0.7 nm、坡度 28°。再次,我们可以使用模拟的原子位置作为输入,用于 HRTEM 图像模拟,以应用 GPA 应变分析来恢复三维建模结构,结果如图 8.23 所示。即使在这种情况下,图像

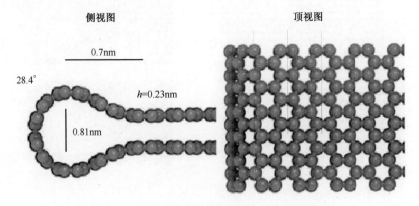

图 8.22　之字形晶体结构的侧视图(a)和顶视图(b)

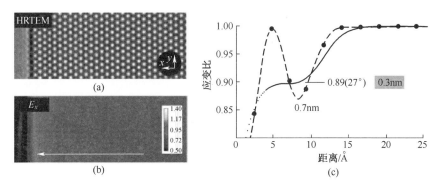

图 8.23　(a)由图 8.22 模拟位置模拟的 HRTEM 图像;(b)沿平行于边界的应变图;
(c)沿(b)中白线位置的应变剖面图(蓝线)和从图 8.22 模拟结构的投影
原子位置计算得到的压缩值(大红点)

的空间分辨率也无法显示出外边缘的即时曲率,但同时,可以非常精确地测量长度为 0.7 nm、坡度为 27°的内部区域的结构,因此评估得到高度变化为 0.3 nm,接近模型预测的 0.23 nm。

8.6　结　　论

在本章中,我们提出了一种新的方法来研究皱纹和折叠对石墨烯薄膜力学性能的影响,该法采用基于透射电子显微镜的三维映射和混合连续原子的模型研究。实验结果表明,石墨烯薄膜上的 HRTEM 图像中的表观应变提供了有关三维亚纳米高度和空间分辨率的精确信息,与紧密结合原子模拟的预测结果非常吻合。

将电子衍射和 HRTEM 的信息与绘制三维薄膜形态图的可能性结合起来,成功地描述了自由悬浮石墨烯晶体。本章主要研究了石墨烯折叠边缘,但同样的方法也可以用于研究复杂褶皱和褶皱几何形貌的弹性性能及三维结构。此外,该方法具有通用性,可方便地扩展到二维晶体状 BN 或 MoS_2 薄膜以及由这些材料组成的混合多层薄膜。

参 考 文 献

1. Krivanek OL,Dellby N,Murfitt MF,Chisholm MF,Pennycook TJ,Suenaga K,Nicolosi V(2010)Gentle STEM:
ADF imaging and EELS at low primary energies. Ultramicroscopy 110:935-945.

2. Warner JH,Roxana Margine E,Mukai M,Robertson AW,Giustino F,Kirkland AI(2012)Dislocation-driven

deformations in graphene. Science 337:209-212.

3. Meyer JC, Eder F, Kurasch S, Skakalova V, Kotakoski J, Jin Park H, Roth S, Chuvilin A, Eyhusen S, Benner G, Krasheninnikov AV, Kaiser U(2012) Accurate measurement of electron beam induced displacement cross sections for single-layer graphene. Phys Rev Lett 108:196102.

4. Zan R, Bangert U, Ramasse Q, Novoselov KS(2011) Metal-graphene interaction studied via atomic resolution scanning transmission electron microscopy. Nano Lett 11:1087-1092.

5. Zhou W, Kapetanakis MD, Prange MP, Pantelides ST, Pennycook SJ, Idrobo JC (2012) Phys Rev Lett 109:206803.

6. Williams DB, Carter CB(2009) Transmission electron microscopy: a textbook for materials science. Springer, New York.

7. Pennycook SJ, Nellist PD(2011) Scanning transmission electron microscopy. Springer, New York.

8. Hytch M, Snoeck E, Kilaas R (1998) Quantitative measurement of displacement and strain fields from HREM micrographs. Ultramicroscopy 74:131-146.

9. Grillo V, Rossi F(2013) Stem cell: a software tool for electron microscopy. Part 2. Analysis of crystalline materials. Ultramicroscopy, advanced online publication 125:112-129.

10. Mermin N(1968) Crystalline order in two dimensions. Phys Rev 176:250-254.

11. Novoselov K, Jiang D, Schedin F, Booth T, Khotkevich V, Morozov S, Geim A(2005) Two-dimensional atomic crystals. Proc Nat Acad Sci USA 102:10451-10453.

12. Meyer JC, Geim AK, Katsnelson MI, Novoselov KS, Booth TJ, Roth S(2007) The structure of suspended graphene sheets. Nature 446:60-63.

13. Bao W, Miao F, Chen Z, Zhang H, Jang W, Dames C, Lau CN(2009) Controlled ripple texturing of suspended graphene and ultrathin graphite membranes. Nat Nanotech 4:562-566.

14. Vandeparre H, Pineirua M, Brau F, Roman B, Bico J, Gay C, Bao W, Lau CN, Reis PM, Damman P (2011) Wrnkling hierarchy in constrained thin sheets from suspended graphene to curtains. Phys Rev Lett 106:224301.

15. Kim K, Lee Z, Malone BD, Chan KT, Aleman B, Regan W, Gannett W, Crommie MF, Cohen ML, Zettl A (2011) Multiply folded graphene. Phys Rev B 83:245433.

16. Topsakal M, Bagci VMK, Ciraci S(2010) Current-voltage(I-V) characteristics of armchair graphene nanoribbons under uniaxial strain. Phys Rev B 81:205437.

17. Cadelano E, Palla P, Giordano S, Colombo L(2009) Nonlinear elasticity of monolayer graphene, Phys Rev Lett 102:235502.

18. Cadelano E, Giordano S, Colombo L (2010) Interplay between bending and stretching in carbon nanoribbons. Phys Rev B 81:144105.

19. Poetschke M, Rocha CG, Foa Torres LEF, Roche S, Cuniberti G(2010) Modeling graphenebased nanoelectromechanical devices. Phys Rev B 81:193404.

20. Feng J, Qi L, Huang J, Li J(2009) Geometric and electronic structure of graphene bilayer edges. Phys Rev B 80:165407.

21. Tozzini V, Pellegrini V(2011) Reversible hydrogen storage by controlled buckling of graphene layers. J Phys Chem C 115:25523-25528.

22. Zheng Y, Wei N, Fan Z, Xu L, Huang Z(2011) Mechanical properties of grafold: a demonstration of strengthened graphene. Nanotechnology 22:405701.

23. Prada E, San-Jose P, Brey L (2010) Zero landau level in folded graphene nanoribbons. Phys Rev Lett 105:106802.

24. Zhu W(2012) Structure and electronic transport in graphene wrinkles. Nano Lett 12:3431-3436.

25. Pang ALJ, Sorkin V, Zhang Y-W, Srolovitz DJ (2012) Self assembly of free-standing graphene nano-ribbons. Phys Lett A 376:973-977.

26. Qi L, Huang JY, Feng J, Li J(2010) In situ observations of the nucleation and growth of atomically sharp graphene bilayer edges. Carbon 48:2354-2360.

27. Patra N, Wang B, Kral P(2009) Nanodroplet activated and guided folding of graphene nanostructures. Nano Lett 9:3766-3771.

28. Catheline A, Ortolani L, Morandi V, Melle-Franco M, Drummond C, Zakri C, Penicaud A(2012) Solutions of fully exfoliated individual graphene flakes in low boiling points solvents. Soft Matter 8:7882-7887.

29. Midgley P, Weyland M, Yates T, Tong J, Dunin-Borkowsky R(2004) Stem electron tomography for nanoscale materials science. Microsc Microanal 10:148-149.

30. Molhave K, Gudnason SB. Pedersen AT, Clausen CH, Horsewell A, Boggild P(2007) Electron irradiation-induced destruction of carbon nanotubes in electron microscopes. Ultramicroscopy 108:52-57.

31. Barboza APM, Chacham H, Oliveira CK, Fernandes TFD, Martins Ferreira EH, Archanjo BS, Batista RJC, de Oliveira AB, Neves BRA (2012) Dynamic negative compressibility of few-layer graphene, h-BN, and MoS$_2$. Nano Lett 12:2313-2317.

32. Hytch M(1997) Analysis of variations in structure from high resolution electron microscope images by combining real space and Fourier space information. Microsc Microanal 8:41-57.

33. Hytch M, Plamann T(2001) Imaging conditions for reliable measurement of displacement and strain in high-resolution electron microscopy. Ultramicroscopy 87:199-212.

34. Snoeck E, Warot B, Ardhuin H, Rocher A, Casanove M, Kilaas R, Hytch M (1998) Quantitative analysis of strain field in thin films from HRTEM micrographs. Thin Solid Films 319:157-162.

35. Ortolani L, Cadelano E, Veronese GP, Degli Esposti Boschi C, Snoeck E, Colombo L, Morandi V (2012) Folded graphene membranes: mapping curvature at the nanoscale. Nano Lett 12:5207-5212.

36. Xu CH, Wang CZ, Chan CT, Ho KM(1992) A transferable tight-binding potential for carbon. J Phys Cond Matt 4:6047-6054.

37. Dresselhaus G, Saito R, Dresselhaus MS (1998) Physical properties of carbon nanotubes. Imperial College, London.

38. Shen L, Li J(2005) Equilibrium structure and strain energy of single-walled carbon nanotubes. Phys Rev B 71:165427.

39. Chang T, Gao H(2003) Size-dependent elastic properties of a single-walled carbon nanotube via a molecular mechanics model. J Mech Phys Sol 51:1059.

40. Xu Y, Gao H, Lil M, Guo Z, Chen H, Jin Z, Yu B(2011) Electronic transport in monolayer graphene with extreme physical deformation: ab initio density functional calculation. Nanotechnology 22:365202.

41. Goodwin L, Skinner AJ, Pettifor DG(1989) Generating transferable tight-binding parameters: application to silicon. Europhys Lett 9:701-706.

42. Rappe AK, Casewit CJ, Colwell KS, Goddard WA III, Skiff WM(1992) UFF, a full periodic table force field for molecular mechanics and molecular dynamics simulations. J Am Chem Soc 114:10024-10035.

43. JEMS P Stadelmann, CIME - EPFL, Laudanne, Switzerland. http://cimewww. epfl. ch/people/stadelmann/jems Web Site/jems. html. Accessed online 2013.

225

第9章 石墨烯及其氧化物材料在化学与生化传感中的应用

Piyush Sindhu Sharma，Francis D'Souza，Wlodzimierz Kutner

石墨烯作为碳材料中新的一员，由于它具有高比表面积、高机械强度和高导电性等非常独特的性质而引起人们的广泛关注。而且，当石墨烯用于固定化酶、生物器官分子或者完整的细胞基质时，具有优异的生物相容性。虽然，它是最近（2004年）才被大规模分离出来的，但在化学和生物传感器领域，石墨烯用作信号增强材料已经出现了快速发展。本章叙述的主要目的是阐述石墨烯基传感器重要先进技术，特别是在毒素、爆炸物、杀虫剂、病原体和微生物分析有关的快速探测和量化方面。这些分析物都属于危害我们安全生活环境的重要的危险因素。因此，本章重点围绕基于石墨烯及其衍生物而设计的传感系统来检测和确定危害安全生活的危险因素以及选用的主要策略展开叙述。

缩写

Ab_1	第一抗体
Ab_2	第二抗体
AChE	乙酰胆碱酯酶
Anti-IgG	抗免疫球蛋白-G
ASV	吸附溶出伏安法
ATCl	氯化乙酰胆碱
AuNP	金纳米颗粒
CEA	癌胚抗原
cfu	菌落形成单位
chemFET	化学场效应晶体管
CNT	碳纳米管
CPBA	3-羧基苯硼酸
CR-GO	化学还原氧化石墨烯
CVD	化学气相沉积
DA	多巴胺
dc	直流电
DMMP	二甲基膦酸酯
DPV	微分脉冲伏安法

226

EDC	N-(3-二甲基氨基丙基)-N'-乙基碳二亚胺
EGFR	表皮生长因子受体
ER-GO	电化学还原氧化石墨烯
FCA	二茂铁羧酸
FET	场效应晶体管
GBP	金结合多肽
GCE	玻碳电极
GFET	石墨烯场效应晶体管
GO	石墨烯氧化物
HER2	人类表皮生长因子受体2
HOPG	高度有序热解石墨
IgG	免疫球蛋白
IL	离子液体
LbL	层与层
LOD	检测限
LSV	线性扫描伏安法
MC-LR	微囊藻毒素-LR
MWCNT	多壁碳纳米管
NG	氮掺杂石墨烯
NHS	N-羟基
NP	纳米粒子
OP	有机磷
OPH	有机磷水解酶
OPP	有机磷农药
PB	普鲁士蓝
PDDA	聚(二烯丙基二甲基氯化铵)
PSA	前列腺特异性抗原
PSS	聚苯乙烯磺酸盐
PtNP	铂纳米粒子
RSH	硫代胆碱
RS-SR	硫代胆碱(ox)(二聚体)
SAM	自组装单层膜
SRB	硫磺还原菌
SWCNT	单壁碳纳米管
SWV	方波伏安法
TEM	透射电子光谱
TNT	三硝基甲苯
TR-GO	热还原氧化石墨烯
β-CD	β-环糊精

符号

E	电极电位
I	电流
I_{ds}	漏源电流
V_{ds}	漏源电压
V_g	溶液-栅极电压

9.1 引　言

碳存在于所有已知的生命形式中,事实上,它是人体中最丰富的元素。大多数生物大分子,如酶、糖或核苷酸,都含有碳,这使得这种元素成为所有已知生命的化学基础。在自然界中,存在几种碳的同素异形体,即石墨、金刚石、富勒烯和碳纳米管。碳族的维数从 0 维富勒烯,如图 9.1(a),经过一维碳纳米管,如图 9.1(b),二维石墨烯,如图 9.1(c),一直到如图 9.1(d)的三维石墨和金刚石。非常有趣的是,这些不同维度的结构主要是由组成该材料的碳的不同物理特性而引起。例如,石墨烯、碳纳米管和富勒烯由 sp^2 杂化的碳原子组成。因此,它们形成 π-键并且由于移动的 π 电子在碳原子形成的六方网格的面上和面下离域而导电。然而,在金刚石中,每个碳原子的 4 个外层电子都"局域"在 σ键内的原子间。这种局域化制约了电子的移动。因此,金刚石不导电。

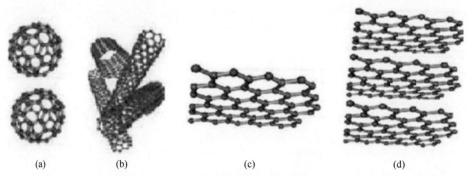

| (a) | (b) | (c) | (d) |

图 9.1　不同维度下碳的同素异形体

(a)零维富勒烯;(b)一维 CNTs;(c)二维石墨烯;(d)三维石墨。

在碳族材料中,石墨烯作为一个新成员出现;然而,它却是从已经存在的石墨同素异形体中剥离出来的,如图 9.1(d)所示[1]。单层的石墨称为石墨烯,它由 sp^2 杂化的碳原子 π 键形成二维六方晶格,如图 9.1(c)所示。由于其独特的化学和物理特性以及电子排布,这种材料在设计敏感的电化学的化学和生物传感器及相关领域的需求十分显著[2-8]。

关于大规模石墨烯制备的第一次报道是在 2004 年[1]，即经过几个世纪的石墨制备之后。它描述了从高取向的热解石墨(HOPG)中机械剥离单层石墨烯的方法制备石墨烯。这种方式非常可靠，制备的石墨烯膜尺寸可达 10 μm，厚度>3 nm。该报道将石墨烯归类为可能应用于金属晶体管的最佳材料，这是因为石墨烯可扩展到纳米尺寸，这是设计微晶体管的最重要标准。此外，石墨烯还具有弹道电子传输、线性电流-电压特性和巨大的可持续电流密度($<10^8\,A\cdot cm^{-2}$)等特性。此外，它是一种零隙半导体，具有无与伦比的强度，如断裂强度约为 40 N·m^{-1}、弹性模量约为 1.0 TPa，并且刷新了热导率的纪录。所有这些参数都是通过非常低的外部电子噪声实现的。随着微电子器件的尺寸继续大幅缩小，这一点越来越重要。因此，这种碳的新型同素异形体受到了活跃在该领域所有研究团体的广泛关注，使得石墨烯在许多学科中的应用越来越多，包括纳米电子学[9]、高频电子学[10-11]、储能和转换装置[12-13]、场发射显示器[14-15]和透明导体[16]。然而，在本章叙述中，我们将着重关注不同形式的石墨烯在设计有害毒素生化传感器中的应用。

其实，在发现石墨烯之前，诸如碳纳米纤维、富勒烯和碳纳米管等其他碳材料，已广泛用于制造不同的电化学装置而用于传感领域[17,18]。特别是碳纳米管用于设计化学传感器是研究最多的[19]。然而，在发现石墨烯之后，一些文献报道证明石墨烯在电分析中比广泛使用的碳纳米管性能更加优异。与一维碳纳米管相比，石墨烯提供了大检测面积以及独特的电子特性，如超高电子迁移率和双极场效应等[22]。

9.2　石墨烯的合成与性质

当前，可以采用多种不同的合成工艺制备单层或几层石墨烯。然而，大多数合成方法制备的石墨烯多为几层的存在形式。HOPG 的机械剥离主要用于制备尺寸超过 10 μm、厚度超过 3 nm 的石墨烯片层[1]。一种方法是通过石墨和强氧化剂(如 $KMnO_4$、$KClO_3$、H_2O_2 等)的初步化学氧化，然后通过不同化学、热或者电化学处理剥离或还原来制备大量石墨烯；另一种制备大量石墨烯的有趣方法是利用过渡金属作为催化剂，即化学气相沉积(CVD)[24]。然而，这种方法总是产生多层石墨烯。此外，选择(SWCNT)或(MWCNT)的氧化分解也是制备石墨烯的一种有效方法，如图 9.2 所示[25-26]。值得注意的是，石墨烯在传感器中的成功应用取决于其制备过程[27]。例如，通过 CNT 的氧化裂解或通过 CVD 方法制备的石墨烯含有金属杂质。因此，使用这些石墨烯材料获得的结果与从石墨

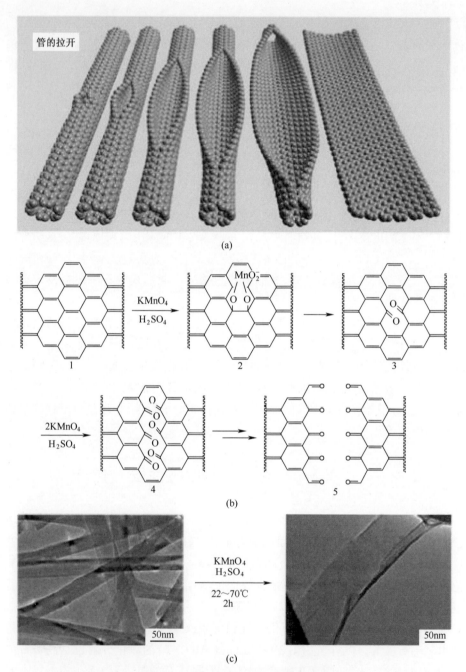

图 9.2　碳纳米管制备石墨烯示意图

(a)SWCNT 管壁逐渐拉开形成纳米带示意图;(b)纳米管拉开的化学机理;

(c)SWCNT 转化为氧化石墨烯的 TEM 图像[25]。

获得的结果可能不同。因此,建议仅仅将高纯度的石墨烯应用于传感器。

部分方法制备出的石墨烯片层是含有缺陷的。这些缺陷的引入导致材料的性质与真正的石墨烯相比完全不同,有时却正是我们想要的材料。在石墨烯中引入这些缺陷的一种方法是将其化学氧化制备氧化石墨烯(GO),如图9.3所示。起初,石墨被氧化处理制成氧化石墨。这种处理过后依次按照如下过程进行:①氧化石墨的热还原/剥离,制备热还原的氧化石墨烯(TR-GO);②通过超声波剥落产生氧化石墨烯(GO);③通过使用 $NaBH_4$ 化学还原氧化石墨烯(CR-GO);④氧化石墨烯的电化学还原制备电化学还原氧化石墨烯(ER-GO)。

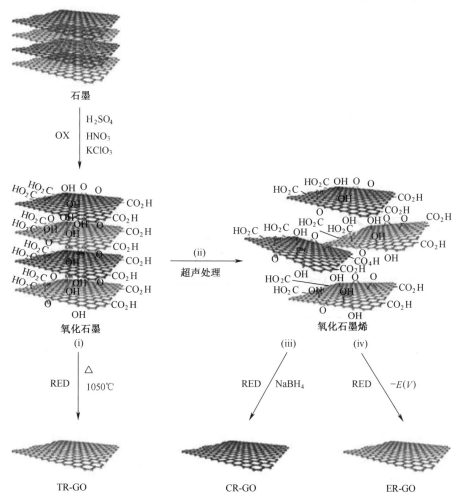

图9.3 通过石墨氧化还原处理制备氧化石墨烯[28]

(OX 和 RED 分别代表氧化和还原)

这种氧化片层材料,因为含缺陷的氧化石墨烯(GO)在其中心部分含有丰富的环氧化物和羟基,在边缘含有羧基基团[28]。通过引入这些缺陷进而改变官能团对稳定 GO 溶液以保持其絮凝作用是非常有利的。这种官能化的 GO 更具有亲水性,从而有助于改善 GO 在极性溶剂中的分散性,并因此具有长期的稳定性。石墨烯和 GO 都可以加工成不同的新材料,这些材料具有截然不同的形态特征。在这些材料中,碳纳米片材料可用作纳米聚合物复合材料中的薄膜或者填料。尽管如此,GO 最诱人的特征是它可以部分地还原成原始的类石墨烯片。这可以通过去含氧基团来实现,进而恢复成原始的共轭碳结构。

化学还原法可以制备化学还原的氧化石墨烯 GO(CR-GO)。大多数情况下,CR-GO 片层被认为是另一种化学衍生化的石墨烯。热和电化学还原分别形成热(TR-GO)和电化学(ER-GO)还原的氧化石墨烯。所有这 3 种材料代表不同类型的还原 GO,其功能化和结构与原始石墨烯相比有很大差异。有趣的是,所有这些还原的 GO 形式,它们之间在结构上也是不同的。例如,TR-GO 含有大量结构缺陷,包括空穴、杂原子、五边形-七边形缺陷以及键旋转或位错核等。然而,含氧官能团数量相对低于其他形式的还原 GO[28]。因此,人们可以预期这些还原的 GO 电化学行为会有明显的差异。由于在其中心部位存在丰富的环氧化物和羟基,在边缘存在羧基,GO 片层易于通过共价键和非共价键进一步形成的化学官能团。该官能化用于交联相邻层并改善各个片材之间的机械相互作用,从而调整 GO 的物理性质[29]。相关综述总结了 GO 环氧基团修饰的基面和羧酸修饰的边缘共价官能化的报道[30-32]。此外,有报道称通过 $\pi-\pi$ 堆积或者范德华相互作用实现还原 GO 基面上的非共价键官能化[32-34]。还原 GO 的共价键官能化的例子非常少[35],这些具有二维结构的材料在对于增强不同复合材料性能方面特别有用。

9.3　用于传感器中的石墨烯

碳基电极可以被用作能量存储装置中的高效电极材料[36-38],作为电催化剂,更重要的是用于制造电化学传感装置[5-6,8,39]。这些碳基材料在包括惰性和对许多氧化还原过程的高电催化活性应用方面表现出了许多潜在的应用优势。与基于贵金属(Au 和 Pt)的电极材料相比,该材料具备显著的额外优点。也就是说,sp^2 杂化的碳原子中心在其结构主链中提供了表面改性的途径,使用裸碳基材料生产的传感装置能够确定低至痕量水平的分析物。在传统的碳基电极上,选择性电化学测定混合物中的几种生物相关分析物,如抗坏血酸、多巴胺和尿酸等,是很困难的。因为这些分析物的氧化电位是相似的[40]。因此,传统的碳电极不能为这些分析物中的每一种物质产生单独的信号。此外,需要确定超痕量水平的分析物,并且大多数甚至低于该水平。遗憾的是,碳基电极根本无法达到这个水平。

在超痕量水平下测定分析物的必要性激发了对碳基电极替代的探索,或者改变这些已有的碳基材料以达到预期的可检测性和目标选择性。创新之处就是在现有材料的基础上生产出新材料。到目前为止,这些探索已经激发了碳纳米管和石墨烯的制造研究[1]。这些单纳米尺寸的碳同素异形体为设计具有低于超痕量水平的可检测性的化学传感器提供了机会。由于其独特的结构和性质,有望实现这种超高检测性。因此,纳米材料研究的进步对于发明超灵敏化学传感器有至关重要的作用。令人激动的是,利用纳米材料可将分析物确定在单分子水平。通过常规电极的平面度可以解释因纳米材料而达到更高的化学传感器可检测性。因此它们的有效表面积很低。然而,在用这些电极涂覆纳米材料后,这个区域要高得多。

9.3.1 爆炸物检测

现如今,世界范围内的恐怖主义袭击对人类的生命安全构成严重威胁。此外,民用炸药的广泛使用造成严重的环境污染。因此,研发一种具有高可检测性、选择性和使用方便的低成本的传感系统,对于爆炸物检查至关重要。传感器中大表面积的感应电极材料,如石墨烯和碳纳米管,在提高硝基芳香炸药可检测性方面发挥着重要的作用。

由于超大的表面积,石墨烯基纳米材料具有较强的积聚能力,尤其是对于具有 π 电子结构的分析物。例如,硝基芳族化合物含有 sp^2 杂化的碳原子,通过π–π 键间的相互作用可以很好地附着到石墨烯片层上。因此,研究人员根据积聚放大分析信号的原理,设计了各种化学传感器[41,42]。在该方向上,用 GO 膜涂覆玻碳电极(GCE)并用于测定硝基芳族化合物[41]。GO 片上—OH 和—COOH 基团有助于与硝基芳族化合物的—OH 和—NO_2基团形成强氢键。另外,硝基芳族化合物的芳环结构加快形成 π–堆积。硝基芳族化合物中的部分带正电的氮原子产生静电相互作用。同时,这些相互作用有利于硝基芳族分析物在 GO 上的强吸附,如表 9.1 所列。此外,由于 CR-GO 上留下的含氧基团密度较低,CR-GO 改进的电极的电催化活性低于 GO 还原硝基芳族化合物的电催化活性。此外,CR-GO 的吸附量低于 GO,如图 9.4 所示。基于这些原因,卟啉官能化石墨烯可用于爆炸物检测[43],如表 9.1 所列。

表 9.1　石墨烯电化学传感器的硝基芳香炸药分析参数

分析物	转换方法	电极材料	线性动态浓度范围	LOD	参考文献
4-硝基苯酚	LSV	GCE/GO	0.1~120 μmol/L	0.02 μmol/L	[41]
2,4,6-三硝基甲苯	DPV	GCE/CR-GO	1~200 ng·mL⁻¹	0.2 ng·mL⁻¹	[42]
2,4-二硝基甲苯	ASV	GCE/卟啉功能化石墨烯	~250 ng·mL⁻¹	1 ng·mL⁻¹	[43]
2,4,6-三硝基甲苯				0.5 ng·mL⁻¹	
1,3,5-三硝基苯				1 ng·mL⁻¹	
1,3-二硝基苯				2 ng·mL⁻¹	
2,4,6-三硝基甲苯	DPV	GCE/单层石墨烯	1~19 μg·mL⁻¹	1 μg·mL⁻¹	[44]
		GCE/寡层石墨烯			
		GCE/多层石墨烯			
		GCE/石墨			
2,4,6-三硝基甲苯	ASV	IL-石墨烯糊状电极	~1000 ng·mL⁻¹	0.5 ng·mL⁻¹	[45]
2,4,6-三硝基甲苯	ASV	GCE/IL-石墨烯	0.03~1.5 μg·mL⁻¹	4 ng·mL⁻¹	[46]
2,4,6-三硝基甲苯	LSV	GCE/N-掺杂石墨烯	0.5~8.8 μmol/L	0.13 μmol/L	[47]

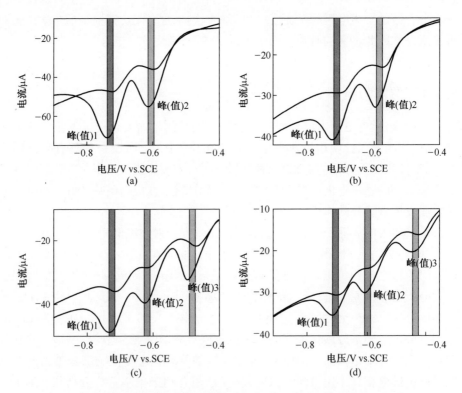

图 9.4　TR-GO(黑色曲线)和 NG(红色曲线)的线性扫描吸附溶出伏安图改变
了不同硝基芳族化合物的脱氧 0.5 mol/L NaCl 溶液中的 GCE[47]

(a)11 μmol/L 2,4-二硝基甲苯;(b)12 μmol/L 1,3-二硝基苯;

(c)8.8 μmol/L 2,4,6-三硝基甲苯;(d)9.38 μmol/L 3,5-三硝基苯。

(电位扫描速率为 0.1 V·s⁻¹,累积时间 120 s,累积电位 0 V)

研究人员对单层、寡层和多层石墨烯修饰的电极检测 2,4,6-三硝基甲苯 (TNT)之间的差异进行了对比性研究[44]。令人惊讶的是,这些纳米材料的还原电势、电流、pH 值依赖性和可检测性没有明显的差异。然而,带有几层石墨烯的石墨电极上的 TNT 累积量比石墨电极高 20%。

离子液体(IL)具有高导电性,化学和热稳定性,以及宽电位极化范围。因此,可以利用不同 IL 和石墨烯的复合物来制备 TNT 检测的电极材料[45,46]。IL-石墨烯复合物糊电极具有大的比表面积和显著的中孔率,与 IL-CNT 和 IL-石墨复合物相比,具有更高的电活性表面积和更低的电阻。用它设计的电化学传感器本底电流低、灵敏度($1.65 \, nA \cdot cm^{-2} \cdot \mu g \cdot mL^{-1}$)高,0.5 ng/mL 的检测限 (LOD)远低于 IL-CNT 和 IL-石墨复合电极,如表 9.1 所列[45]。此外,IL 共价键功能化处理的石墨烯可用于 TNT 检测[46]。然而,制得的化学传感器可检测性无法超越 IL-石墨烯复合物传感器(表 9.1)[45]。

为了从本质上调节石墨烯的电子性质,可在石墨烯中掺杂其他元素,例如氮 (NG)[47]。通过这种掺杂而形成 n 型半导体。在碱性溶液中,该半导体还原硝基芳族化合物的电催化活性高于母体石墨烯。与 TR-GO 修饰电极相比,超电势(约 20 mV)降低。对于掺杂,可利用石墨烯与提供氮源的三聚氰胺经热退火的方法而实现。该方法没有使用过渡金属催化剂,可以避免半导体的污染。因此,体系内催化性能,完全归因于石墨烯的氮掺杂。石墨烯片层中的掺杂等级没有超过 10.1%。高分辨率 XPS 的 N1s 光谱显示,制得的 NG 主要含有吡啶类氮原子。NG 改性的 GCE 表面检测硝基芳族化合物时,与 TR-GO 修饰的 GCE 相比,利用还原线性扫描伏安法(LSV)测试得到的 4 种硝基芳族化合物见表 9.1,阴极峰的电位发生了正向偏移。显然,由于氮掺杂,NG 改性 GCE 的超电位降低。然而,对于相同浓度的硝基芳族化合物,NG 修饰的 GCE 小于 TR-GO 修饰的 GCE 处的阴极峰值电流。造成该结果的主要原因是两个电极的比表面积不同;TR-GO 的面积与质量比约是 NG 的 47 倍。

9.3.2　毒素检测

石墨烯的大多数特性均是在单层时才能表现出来,当石墨烯应用于传感探测时,防止石墨烯片层之间的团聚是至关重要的。因此,研究者通过多种方式来提高石墨烯的分散性或溶解性。包括共价键或非共价键功能化,特别是利用聚电解质作为功能助剂[48]。例如,聚(二烯丙基二甲基氯化铵)(PDDA)作为一种线性正电荷聚电解质,用于非共价键功能化石墨烯片层。Pd 纳米颗粒可以增加石墨烯的表面积。基于该纳米复合材料制备了氯酚检测的电化学传感器,它对氯酚氧化的电催化活性高,如表 9.2 所列。

表 9.2　基于石墨烯的常见毒素电化学传感器的分析参数

分析物	转换方法	电极材料	线性动态浓度范围	LOD	参考文献
2-氯酚	DPV	GCE/CR-GO-PDDA-IL-PdNPs-全氟磺酸	4~800 μmol/L	1.5 μmol/L	[48]
双酚	0.54 V 双酚 A 计时电流法 vs. CE GCE/NG-壳聚糖	GCE/NG-壳聚糖	10~1.3 μmol/L	5 μmol/L	[49]
2-硝基苯酚	CV	GCE/CR-GO-羟丙基-β-CD	50~0.1 μmol/L	10 μmol/L	[50]
微囊藻毒素-LR	计时电流法在-0.4V vs. Ag/AgCl	GCE/TR-GO-MC-LR-Ab1-PtRu NPs-Ab$_2$	0.01~28 ng·mL^{-1}	9.6 pg·mL^{-1}	[52]
DMMP	导电法	ChemFET/CR-GO	—	5 ng·mL^{-1}	[59]
注:DMMP-甲基膦酸二甲酯					

　　为提高化学传感器对双酚 A 的可检测性,研发了另一种 GO 掺杂氮的方法,它包含了石墨烯的化学还原,肼和氨作为还原剂[49]。改性石墨烯片的结构和表面化学性能依赖于水热反应的温度。也就是说,对于高达5%的氮掺杂,温度80℃时,制得的石墨烯片层有轻微褶皱。NG 修饰的 GCE 中对双酚 A 的感应信号显著增强,如表 9.2 所示。在它的疏水分子腔中,β-环糊精(β-CD)主体化合物可以高度预浓缩不同的疏水客体化合物。在两个不同的研究中,分别用共价键的石墨烯(图 9.5)[50]和 β-CD 修饰的非共价键石墨烯[51]检测硝基酚污染物和农药。有利的是,这些修饰并不影响石墨烯片层的导电性,见表 9.2 和表 9.3。

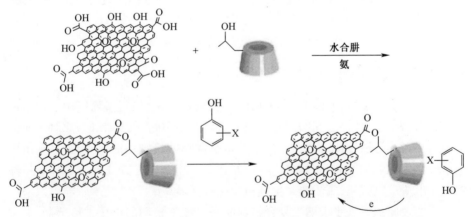

图 9.5　使用 CD 主体共价修饰 CR-GO 以预富集硝基酚分析物客体的过程示意图

表 9.3　基于石墨烯的农药电化学传感器的分析参数

分析物	转换方法	电极材料	线性动态浓度范围	LOD	参考文献
多菌灵	DPV	GCE/GO-β-CD	5~450 nmol/L	2 nmol/L	[51]
毒死蜱	计时电流法在 0.06 V vs. SCE	GCE/GO-PtNPs 半胱胺-酪氨酸酶	0.25~10 ng·mL^{-1}	0.2 ng·mL^{-1}	[65]
丙溴磷			1~10 ng·mL^{-1}	0.8 ng·mL^{-1}	
马拉硫磷			5~30 ng·mL^{-1}	3 ng·mL^{-1}	
对氧磷	计时电流法在 0.4 V vs. Ag/AgCl	GCE/CR-GO-AuNPs-PDDA-AChE	0.1 pM~5 nmol/L	0.1 pmol/L	[66]
对氧磷	计时电流法在 0.85V vs. Ag/AgCl	GCE/CR-GO-AuNPs-GBP-OPH	2~20 μmol/L	95 nmol/L	[68]
久效磷	SWV	SPE/CR-GO-普鲁士蓝-壳聚糖-AChE	1~600 ng·mL^{-1}	0.1 ng·mL^{-1}	[70]
毒死蜱	计时电流法在 0.7V vs. SCE	GCE/CR-GO-的 AuNP-半胱胺-CPBA-AChE	0.5~100 ng·mL^{-1}	0.1 ng·mL^{-1}	[71]
马拉硫磷			0.5~100 ng·mL^{-1}	0.5 ng·mL^{-1}	
克百威			0.1~100 ng·mL^{-1}	0.05 ng·mL^{-1}	
叶蝉散 西维因	计时电流法在 0.7V vs. SCE	GCE/CR-GO-TiO$_2$-AChE	1 ng·mL^{-1}~2 μg·mL^{-1}	0.3 ng·mL^{-1}	[72]
甲基对硫磷	DPV	GCE/ER-GO-β-CD	0.3~500 ng·mL^{-1}	0.05 ng·mL^{-1}	[73]
甲基对硫磷	SWV	GCE/GO-壳聚糖-AuNPs	1~1000 ng·mL^{-1}	0.6 ng·mL^{-1}	[67]
对氧磷	计时电流法在 0.85V vs. Ag/AgCl	CR-GO-Nafion-OPH	Up to 20 μmol/L	0.13 μmol/L	[74]

　　电化学免疫传感器广泛用于生物分析,具有规模化生产、成本效益高、小型化以及便携的优点。在众多的免疫传感器中,夹心型免疫传感器是比较常见的。在这种免疫传感器中,通常情况是固定抗原选择性地与相应的抗体结合成 Ab$_1$。然后 Ab$_1$ 与第二抗体 Ab$_2$ 反应,当作标记探针,例如酶、荧光染料和 NP。Ab$_1$ 在电极表面上的稳固是设计可靠的免疫传感器的先决条件,这意味着这些生物传

感器完全依赖于固定化抗体和底物之间的反应速率。因此,从本质上来讲,它们对影响抗体活性的因子敏感。此外,Ab$_1$中有限的稳定性会限制免疫传感器的保质期。因此,使用石墨烯平台结合介孔 Pt-Ru 合金制备了另一种无酶免疫传感器,如图 9.6 所示,用于微囊藻毒素-LR(MC-LR)灵敏检测[52]。MC-LR 是由蓝藻淡水物种产生的环七肽肝毒素中毒性最强的。MC-LR 和其他微囊藻毒素的污染是造成水污染和大规模生物中毒爆发的主要原因。为了构建免疫传感器,首先通过 GO 的羧基和 Ab$_1$ 的可用胺基团的酰胺化处理将 MC-LR(Ab$_1$)的主要抗体固定在 GO 片上。使用中孔 Pt-Ru 合金作为二抗体(Ab$_2$)固定的标记。所得(Pt-Ru)-Ab$_2$当作 MC-LR 免疫传感器的标记,见表 9.2。

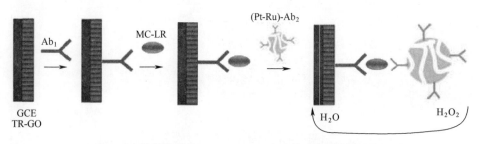

图 9.6　微囊藻毒素-LR(MC-LR)免疫传感器的制备过程

(Pt-Ru)-Ab$_2$代表 Pt-Ru 合金颗粒,其中第二抗体 Ab$_2$被固定。

　　根据对人的作用机制将化学武器进行分类。例如,沙林和 O-乙基 S-[2-(二异丙基氨基)乙基]甲基硫代磷酸酯(VX)是神经毒剂。其中,许多有毒化学物质,包括代表性神经毒剂——有机磷化合物,被认为是毒性最大的战剂之一。鉴于沙林高毒性,甲基膦酸二甲酯(DMMP)作为其替代品被广泛用于实验室研究中,其化学结构相似,但毒性较低。

　　碳基纳米材料中的每个原子均可当作表面原子,可用于分子水平的毒素检测。因此,这些材料中的电子传输对吸附分子具有高度敏感性。基于这种现象,最近已经研制的吸附型传感器,能够利用传统的低功率电子器件检测痕量有毒蒸气。迄今为止,在这方面最成功的努力,包括使用 SWCNT 构建的化学传感器,这种传感器基于电导、电阻或电容变化实现识别信号的转导机制[53-58]。显然,分析物与 SWCNT 侧壁的缺陷位点的分子相互作用主导着电响应。这是因为分析物分子和 SWCNT 的 sp^2-杂化碳原子位点间的相互作用,与具有高能缺陷位点的相互作用明显不同。因此,可以通过可控地增加缺陷密度来提高化学传感器的可检测性和选择性。为了实现这一目标,采用含有氧官能团和引入缺陷的 GO 片层来代替 CNT。基于此,设计了一种利用 CR-GO 的电阻型化学 FET 检测系统,用于测定 DMMP[59]。通过适当调节 GO 的还原程度,可以控制该系

238

统的电阻响应。此外,控制 GO 还原时水合肼暴露时间和膜厚度来优化低频噪声。这些优化有助于检测浓度低至 5 ng/mL 的 DMMP,见表 9.2。

另一项研究比较了 GO、CR-GO 和 GCE 在莱克多巴胺和克伦特罗(哮喘药)检测中的电化学性能[60],这两种化合物都被非法用作营养再分配剂。GO 修饰的 GCE 中莱克多巴胺和克伦特罗的差分脉冲伏安法(DPV)信号远高于 CR-GO 修饰的 GCE 或未修饰的 GCE。此外,GO 修饰的 GCE 显示出每种分析物中单独的氧化信号。

9.3.3 杀虫剂检测

在生物传感器用于农药检测分析过程中,通常会用到不同种类的酶,酶的使用明显地放大了检测信号。这些方法中,农药与固定酶的相互作用抑制了酶对其底物的比活度,其程度取决于农药类型和浓度。例如,乙酰胆碱酯酶(AChE)[61]、有机磷水解酶(OPH)[62-63]和酪氨酸酶[64]被广泛用于检测有机磷农药(OPP)[17]。酶活性可以使用不同的传导技术来确定,包括伏安法、计时电流法和电位法[17]。设计功能良好的酶生物传感器,酶的适当固定是至关重要的。这是因为酶在固定后必须保持活性,以有效地催化底物的转化。为此,研究者已经付出了很多努力,提出了在不同导电固体支撑物上固定功能性酶的策略。这些策略包括物理和(或)化学附着、包埋和交联。此外,应仔细选择用于表面固定酶的传感器。也就是说,它必须允许电荷快速转移,以确保响应的快速性和敏感性。

石墨烯可用作传导传感器,支持金属 NP 的电化学沉积。金属 NP 可以容易地电化学沉积在石墨烯片的缺陷上,因为 NP 沿着完整的纳米尺寸石墨烯片边缘空位处的优选成核。用于合成催化 NP 的电化学途径非常有吸引力,因为它们在石墨烯片的电活性位点处成核。此外,石墨烯的二维结构为附着各种贵金属 NP 提供了广阔的平台。这里有一些催化金属 NP 修饰石墨烯用于电化学农药检测的典型实例[65-66]。例如,铂纳米颗粒(PtNP)与石墨烯结合用于制备杀虫剂的生物传感器[65]。酪氨酸酶分子与预先沉积在 PtNP 表面上的带正电荷的半胱胺自组装单层(SAM)之间的静电相互作用有助于固定酶。在最佳条件下,该生物传感器的电流响应计时在不到 10 s 内达到稳态电流的 95%,表明电子能够快速转移,见表 9.3。这种快速响应归因于石墨烯和 PtNP 提高电子传递速率的能力。

此外,除了 NP 在石墨烯上的电化学沉积[67],其他方法,如 NP 与聚电解质复合物,被用于制备 OPP 化学传感器[66]。为此,CR-GO 通过长链聚电解质(如 PDDA)形式,实现金纳米颗粒修饰(AuNP)。聚电解质的存在阻止了 NP 的聚集。另外,PDDA 起到了在 AuNP-CR-GO 复合物上酶固定的连接作用。该组合显著增强了酶的附着量和活性,见表 9.3,有人还提出了另一种将酶固定在 AuNP 上的方法,如图 9.7 所示[68]。为此,通过将金结合多肽(GBP)与 OPH 酶进行基因融合来构建融合蛋白而使其实现有效固定。由此产生的 GBP-OPH 通过 GBP 部分直接自身固定在石墨烯表面上的 AuNP。OPH 触发农药的酶促水解并释放出电氧化产物,其阳极电流响应对应于农药浓度,见表 9.3。

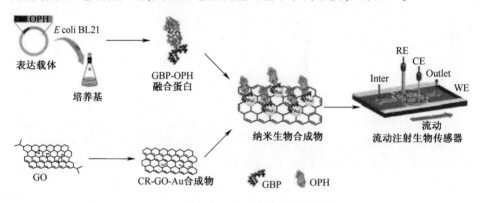

GBP—金结合多肽,OPH—有机磷水解酶。

图 9.7 GBP-OPH/Au-GO 流动注射分析生物传感器的制造过程

普鲁士蓝(PB)材料因其高电催化活性而被广泛用于制造用于 H_2O_2 和葡萄糖测定的生物传感器[69]。通过使用 PB 纳米立方体和 CR-GO 的纳米复合材料,利用该性质制备 AChE 生物传感器以测定 OPP[70]。将 PB 引入石墨烯基质改善了电子和离子传输能力以及基质内的电子自交换。此外,CR-GO 在纳米复合材料中的存在增加了电子和钾离子的传输能力,从而提高了电催化活性,见表 9.3。

硼酸化学已被广泛用于选择性地捕获含有顺式二醇的生物分子,例如糖蛋白。因为 AChE 是一种糖蛋白,所以利用这种化学方法将 AChE 固定在电极表面上,制造计时电流型生物传感器,用于测定 OP 和氨基甲酸酯类农药,如图 9.8 所示[71]。为此,用 TR-GO 和 AuNP 连续修饰 GCE 表面,然后通过自组装将半胱胺层固定在 AuNP 上。随后,从含有 N-(3-二甲基氨基丙基)-N'-乙基碳二亚胺(EDC)和 N-羟基琥珀酰亚胺(NHS)的 3-羧基苯基硼酸(CPBA)溶液滴涂薄膜。通过 EDC 和 NHS 活化 CPBA 的羧基以形成反应性 NHS 酯。然后使这些酯与半胱胺的胺基反应形成共价键。接下来,最外面暴露的硼酸基团用于固定 AChE 以最终制备生物传感器,见表 9.3。然而,这种生物传感器具备明显的低选择性,因为 OP 和氨基甲酸酯农药都抑制 AChE 活性。

240

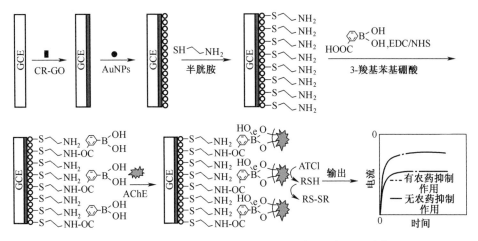

ATCl—乙酰胆碱氯化物;RSH—硫化胆碱;RS-SR—硫化胆碱(ox)(二聚体)。

图 9.8　GCE/CR-GO-AuNPs-半胱胺-CPBA-AChE 生物传感器制备过程示例

随后,另一种金属氧化物 NP,即 TiO_2[72],已被引入石墨烯中,以提高所制造的生物传感器的可检测性。这是因为所得纳米复合材料膜协同增强了可检测性,见表9.3。毫无疑问,基于酶的生物传感器特性是有利的,但它们的操作条件主要受随机取向、不受控制的构象和酶分子容易变性的限制。为了克服这些缺陷,设计了各种催化性非酶促石墨烯基化学传感器用于 OP 测定,见表 9.3[51,67,73]。

柔性电极期望在便携式电子设备中起重要作用。为此,用石墨烯掺杂独立的导电聚合物薄膜以测定 OPP[74]。通过自组装制备(CR-GO)-全氟磺酸(Nafion®)复合膜(图 9.9)。Nafion® 的疏水骨架在微观和宏观尺度上提供了明确的集成结构,用于制造混合材料。此外,Nafion® 的亲水性磺酸盐基团能够实现高(约 0.5 mg·mL⁻¹)和稳定的分散以及石墨烯悬浮液的长期稳定性(长达 2 个月)。(CR-GO)-Nafion® 复合材料的几何互锁形态在混合薄膜中高度集成,同时互穿 CR-GO 和 Nafion® 网络为电荷传输提供了有利的传导途径。重要的是,(CR-GO)-Nafion® 复合材料的这种协同电化学特性导致高导电率(1176 S·m⁻¹)、快速电子转移和复合材料的低界面电阻。因此,(CR-GO)-Nafion® 复合材料达到了令人印象深刻的 OPP 的负载量,见表9.3。

9.3.4　生物标记物检测

在基于 FET 的传感器中使用石墨烯正变得越来越流行,石墨烯的电特性对其表面条件敏感。基于该特征,制造了几个使用石墨烯场效应晶体管(GFET)

241

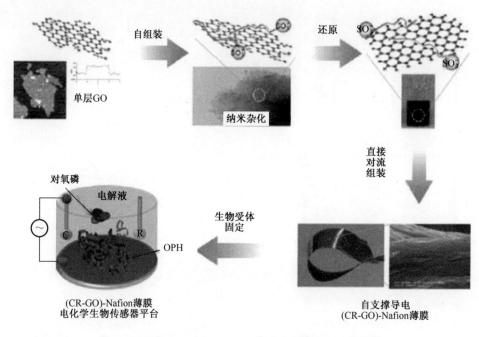

单层GO

纳米杂化

还原

直接对流组装

生物受体固定

对氧磷
电解液

OPH

(CR-GO)-Nafion薄膜
电化学生物传感器平台

自支撑导电
(CR-GO)-Nafion薄膜

图9.9 制备独立式GO-Nafion®复合薄膜的过程示意图

的气体传感器。此外,该方法最近被用来制备用于不同生物标记物的传感装置。生物标记物,即生物标志物,通常是用作生物系统状态指示物的物质,它被客观地确定为正常或致病生物过程或对临床性治疗的药理学反应进展的特征性的指标。与气体分子的吸附类似,生物大分子在石墨烯片上的吸附导致石墨烯电子性质如电导和电阻的变化,该变化用于确定生物标志物的浓度或数量。石墨烯二维表面的可调节化学性质为生物大分子系统的吸附提供了强大的界面,没有任何几何限制并且不损害所附着的生物大分子的完整性。然而,为了制造这些基于GFET的传感器,最为重要的是研究在低电场下石墨烯的电子性质的变化以避免生物分子的氧化。试图通过测量电阻或电导变化或漏极电流来将GFET用于进行生物大分子感检测[75-76]。

其中,自组装方法用于制备PSA癌症生物标志物的非标记FET化学传感器[77]。为此,使用PDDA和聚苯乙烯磺酸盐聚电解质将石墨烯固定在FET的栅极表面上,如图9.10所示。使用该化学传感器,PSA测定的浓度范围相对较宽。该化学传感器的可检测性高于类似的基于CNT的化学传感器的可检测性,证明石墨烯在用于该类物质感检测方面优于CNT,如表9.4所列。

更为有利的是上述GFET是非标记的传感装置。但是,它们的选择性比较低。为了提高选择性,将适当的抗体固定在GFET的栅极表面上。但任何蛋白

242

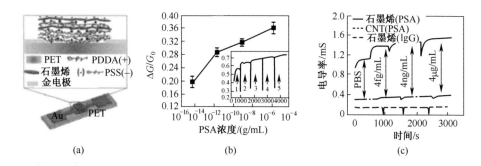

图 9.10 （a）使用聚电解质在 FET 的栅极表面上逐层(LbL)石墨烯自组装的图示和
（b）标准化电导对无标记石墨烯生物传感器的 PSA 浓度的依赖性

(插图:连续递送以下浓度的 PSA 构建的电导与时间图:①无 PSA;②4fg·mL^{-1};③4pg·mL^{-1};

④4ng·mL^{-1};⑤4μg·mL^{-1}。(c)石墨烯和 CNT chemFET 的比较和特异性测量)

质直接吸附到 GO 表面都是不稳定的。附着的蛋白质很容易通过洗涤去除,而该过程是生物传感器调节的一个常见步骤,这种不稳定性将导致传感系统的低再现性。为了克服这个缺点,使固定的蛋白质更加稳定,有一种方法是用 AuNP 修饰石墨烯表面[78]。为此,首先,将 TR-GO 片层悬浮在栅极表面上方;接下来,抗免疫球蛋白-G(抗-IgG)通过 AuNP 锚定在 TR-GO 表面上,该组合系统作为特异性受体 IgG 结合而起作用。通过直流(dc)测量研究了石墨烯的这种以及其他形式的结合。

此外,采用了一种完全不同的策略来提高 chemFET 的可检测性。在该策略中,传感膜的表面与体积比增加。为此,将 GO 包封的二氧化硅纳米颗粒固定在 FET 的栅极表面上,而不是金属 NP,用于测定乳腺癌的生物标记蛋白[79]。GO 包封的 NP 的这种高表面积与体积比产生的电表面显著增加负载量,见表 9.4。为了满足对癌症生物标志物的超灵敏检测的日益增长的需要,实施了其他不同的传导技术[80-82]。在一篇报道中,用(Fe$_2$O$_3$)NP 修饰的石墨烯用作载体以加载大量的电活性化合物,例如二茂铁羧酸(FCA)[82]。FCA 积累有助于更好地固定 Ab$_2$,这反过来增加了 PSA 生物标志物的免疫传感器检测能力,见表 9.4。

9.3.5 全细胞检测

如 9.3.4 节所述,石墨烯提供了高的比表面积,用于吸附生物大分子系统。因此,可用于吸附微生物和哺乳动物细胞的溶液-石墨烯界面的大接触面积使得能够制造用于病原体[83]、细菌[84-86],甚至感染的红细胞的感应装置,如表 9.5 所列[87]。

表 9.4 基于石墨烯的生物标志物电化学传感器的分析参数

生物标记	转换方法	电极材料	线性动态浓度范围	LOD	参考文献
PSA	导电法	ChemFET/G–PSS–PDDA	$4\ fg\cdot mL^{-1}\sim4\ \mu g\cdot mL^{-1}$	$4\ fg\cdot mL^{-1}$	[77]
			$0.4\ pg\cdot mL^{-1}\sim4\ \mu g\cdot mL^{-1}$	$0.4\ pg\cdot mL^{-1}$	
HER2	导电法	ChemFET/单克隆抗体	$1\ pmol/L\sim1\ \mu mol/L$	$1\ pmol/L$	[79]
EGFR		HER2 或 EGFR–CR–GO–SiNPs	$100\ pmol/L\sim1\ \mu mol/L$	$100\ pmol/L$	
PSA	电阻法	聚碳酸酯膜–GO–Ab PSA	$0.1\sim1000\ ng\cdot mL^{-1}$	$0.08\ ng\cdot mL^{-1}$	[80]
CEA	DPV	GCE/CR–GO–硫堇–AuNPs–CEA Ab	$10\sim500\ pg\cdot mL^{-1}$	$4\ pg\cdot mL^{-1}$	[81]
PSA	SWV	GCE/GO–Ab$_1$–PSA–DA–F$_3$O$_4$–FCA–Ab$_2$	$0.01\sim40\ ng\cdot mL^{-1}$	$2\ pg\cdot mL^{-1}$	[82]

注:PSA—前列腺特异性抗原;CEA—癌胚抗原;HER2—人表皮生长因子受体 2;EGFR—表皮生长因子受体;DA—多巴胺;FCA—二茂铁羧酸

表 9.5 基于石墨烯的病原体电化学传感器的分析参数

病原体	转换方法	电极材料	线性动态浓度范围	LOD	参考文献
轮状病毒	荧光法	GO–EDC–磺基 NHS–Ab	$11000\sim10^5\ pfu\cdot mL^{-1}$	—	[83]
硫磺还原菌	电阻法	GCE/ER–GO–壳聚糖–SRB Ab	$10\sim10^7\ cfu\cdot mL^{-1}$	$10\ cfu\cdot mL^{-1}$	[85]
大肠杆菌	导电法	化学 FET/GO–1–芘丁酸琥珀酰亚胺酯–E. 大肠杆菌 Ab	$10\sim10^5\ cfu\cdot mL^{-1}$	$10\ cfu\cdot mL^{-1}$	[86]

对表面改性引起的电性能敏感的微尺度区域,包括可修改的化学功能化,使石墨烯纳米结构成为设计传感生物装置的最佳候选者。例如,单个细菌附着在基于石墨烯的单细菌感应生物装置的 p 型石墨烯中产生约 1400 个电荷载体[84]。虽然这种概念性的验证研究证明了 GFET 检测单个细菌的能力令人印象深刻,但该传感装置并不具有特异性,因为其检测信号依赖于细菌的非特异性静电粘附而并不能区分细菌种类。因此,可以将抗大肠杆菌抗体修饰的石墨烯固定在 FET 的栅极表面以制备用于大肠杆菌的特异性生物传感器,如图 9.11 所示[86]。以这种方式制备的生物传感器对其他不同的细菌种类没有反应,例如铜绿假单胞菌,表明对大肠杆菌的特异性,见表 9.5。

采用较为类似的方法,研究者们设计了用于测定致病性硫酸盐还原菌的阻抗生物传感器。为了提供高选择性,将适当的抗体固定在壳聚糖和石墨烯的电沉积复合物的表面上,见表 9.5[85]。

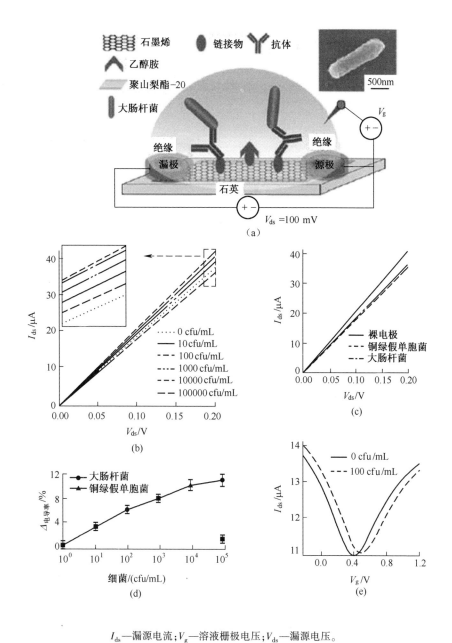

I_{ds}—漏源电流;V_g—溶液栅极电压;V_{ds}—漏源电压。

图 9.11　(a)用于测定大肠杆菌的 GFET 的大肠杆菌抗体功能化示意图;(b)与不同浓度的
大肠杆菌($V_g=0$ V)孵育后的大肠杆菌抗体功能化石墨烯装置抗体的 I_{ds}-V_{ds} 曲线;
(c)在铜绿假单胞菌和大肠杆菌(均为 10^5cfu·mL^{-1})孵育之前和之后抗体功能化石
墨烯装置的 I_{ds}-V_{ds} 曲线($V_g=0$ V);(d)由不同浓度的铜绿假单胞菌(三角)和大肠
杆菌(圆圈)引起的石墨烯电导的百分比变化;(e)在与大肠杆菌(100cfu·mL^{-1})
温育之前和之后抗体功能化 GFET 的转移曲线[86]

9.4 结论和展望

石墨烯或石墨烯衍生物基质作为具有不同传导特性的平台,其识别单元的整合触发了具有高可检测性和选择性的传感系统的制造革命。这是非常有可能的,因为石墨烯材料具有高的比表面积、高的电荷传递和高效的电催化性质。然而,由于其固有的不溶性,使得原始石墨烯难以加工。这种缺点可以通过石墨烯共价和非共价衍生物加以规避。通过 GO 的化学还原或热处理,石墨烯实现共价官能化,这种衍生物使得所得材料在水和有机溶剂中的分散性提高。此外,一些小分子[43,50]和聚合物[48]可以被引入石墨烯表面。这种石墨烯修饰使其在不同溶剂中表现出更高的分散性。另外,石墨烯通过范德华力或 π-堆积实现非共价官能化。

通常,非共价官能化对石墨烯的原始性质几乎没有影响。大多数生物聚合物,如壳聚糖和 β-CD 可以用于石墨烯的非共价衍生物[51,88],它们主要通过疏水相互作用和 π-堆积吸附在石墨烯上。电化学还原可有效地将金属纳米粒子(NP)直接沉积在石墨烯上。因为这些 NP 在电沉积过程中在石墨烯导电表面上成核并生长,所以该过程提供石墨烯和 NP 之间的平滑的导电连通。然而,必须小心控制电沉积以制备具有高尺寸均匀性和 NP 密度的石墨烯-金属 NP 复合材料。令人惊讶的是,这种用 NP 修饰石墨烯的方向尚未得到很好的探索[67]。相反,另一种在石墨烯上组装金属 NP 的方法似乎更具有吸引力[66,81,89]。在该方法中,NP 在石墨烯片层的存在下进行化学还原,不涉及与石墨烯的分子连接。此外,具有高比表面积和丰富的官能团(如羧基、酮基、羟基和环氧基团)的 GO 片促进了金属 NP 的成核。尽管基于石墨烯的二维表面能够使 NP 在单个片上均匀分布,但是如果用于电极改性,则石墨烯-NP 混合片被随机堆叠,这种堆叠不可避免地导致这些薄片的聚集。因此,已经生产出石墨烯包裹的(金属氧化物)NP 以减少石墨烯片层的进一步聚集[79]。

原始石墨烯的行为类似于零带隙半导体。在这个角度上,掺杂似乎是定制其电子特性的有效途径。在石墨烯边缘上的杂原子掺杂有效地实现了该目的。为此,主要使用了氮杂原子。由于这种零带隙半导体性质和表面的可调性,石墨烯似乎是设计不同的基于化学 FET 的传感系统的主要候选者。化学 FET 转导与基于石墨烯的识别的组合促进了针对不同分析物的高灵敏度化学和生物传感器的产生,包括用于生物分子、生物标记蛋白和各种细菌菌株的传感器,见表9.1~表9.5。另外,分子水平的分析物测定是可能的[84]。此外,化学 FET 传感系统的选择性可以通过石墨烯功能化与特定受体(如抗体)得到改善。

如本章所述,石墨烯或基于纳米材料的石墨烯衍生物与传感器表面的整合促进了毒素、爆炸物、杀虫剂、病原体甚至微生物的电化学传感器的快速发展,见表9.1~表9.5。另外,金属NP或聚合物与石墨烯的集成改善了这些传感器的性能,石墨烯的生物相容性也为固定生物分子提供了合适的表面。

尽管如此,具有明确结构和性质的碳的新型同素异形体的设计和合成也成为新材料科学和技术领域的十分重要且巨大的挑战,并且有大量新形式的石墨烯被发现[90]。随后,如图9.12所示,有人提出了三种石墨烯的同素异形体,即石墨烷(图9.12(a))[91,92]、石墨炔(图9.12(b))[93-95]和石墨二炔(图9.12(c))[96-99]。后者具有独特的结构,是所能预测到的二乙炔合成碳的同素异形体中最稳定的结构[96]。这些同素异形体被认为是半导体型的[91,96]。由于它们的结构和低维特性,它们可以为基础研究和技术应用提供丰富的材料基础。

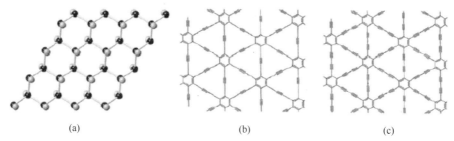

(a)   (b)   (c)

图9.12　石墨烯不同的同素异形体
(a)石墨烷;(b)石墨炔;(c)石墨二炔。

总之,石墨烯及其衍生物对于检测生物化合物非常有利。然而,它们优于CNT的传感探测的优势仍然没有得到足够展现。事实上,很少有报道提供石墨烯与CNT的比较研究。因此,还需要在这方面做大量研究工作。毫无疑问,这些纳米结构材料的低成本高效合成和纯化过程将进一步增加它们在制造化学传感器,特别是用于电化学传感器的可能性。

参 考 文 献

1. Novoselov KS,Geim AK,Morozov SV,Jiang D,Zhang Y,Dubonos SV,Grigorieva IV,Firsov AA(2004)Science 306:666.

2. Chen D,Tanga L,Li J(2010)Chem Soc Rev 39:3157.

3. Liu Y,Dong X,Chen P(2012)Chem Soc Rev 41:2283.

4. Yao J,Sun Y,Yang M,Duan Y(2012)J Mater Chem 22:14313.

5. Guo S,Dong S(2011)J Mater Chem 21:18503.

6. Ratinac KR, Yang W, Gooding JJ, Thordarson P, Braeta F(2011) Electroanalysis 23:803.

7. Shao Y, Wang J, Wu H, Liu J, Aksay IA, Lin Y(2010) Electroanalysis 22:1027.

8. Pumera M(2011) Mater Today 14:308.

9. Du A, Zhu Z, Smith SC(2010) J Am Chem Soc 132:2876.

10. Chen H-Y, Appenzeller J(2012) Nano Lett 12:2067.

11. Wu Y, Jenkins KA, Valdes-Garcia A, Farmer DB, Zhu Y, Bol AA, Dimitrakopoulos C, Zhu W, Xia F, Avouris P, Lin Y-M(2012) Nano Lett 12:3062.

12. Dai L(2013) Acc Chem Res. 46:31.

13. Hou J, Shao Y, Ellis MW, Moored RB, Yie B(2011) Phys Chem Chem Phys 13:15384.

14. Huang C-K, Ou Y, Bie Y, Zhao Q, Yu D(2011) Appl Phys Lett 98:263104.

15. Lee SW, Lee SS, Yang E-H(2009) Nanoscale Res Lett 4:1218.

16. Wassei JK, Kaner RB(2010) Mater Today 13:52.

17. Sharma PS, D'Souza F, Kutner W(2012) In: D'Souza F, Kadish KM(eds) Handbook of carbon nano materials, vol 3. Singapore, World Scientific, Chapter 5.

18. Sherigara BS, Kutner W, D'Souza F(2003) Electroanalysis 15:753.

19. Jacobs CB, Peairs MJ, Venton BJ(2010) Anal Chim Acta 662:105.

20. Yang W, Ratinac KR, Ringer SP, Thordarson P, Gooding JJ, Braet F(2010) Angew Chem Int Ed 49:2114.

21. Wang J, Yang S, Guo D, Yu P, Li D, Ye J, Mao L(2009) Electrochem Commun 11:1892.

22. Alwarappan S, Boyapalle S, Kumar A, Li C-Z, Mohapatra S(2012) J Phys Chem C 116:6556.

23. Hummers WS, Offeman RE(1958) J Am Chem Soc 80:1339.

24. Mattevi C, Kima H, Chhowalla M(2011) J Mater Chem 21:3324.

25. Kosynkin DV, Higginbotham AL, Sinitskii A, Lomeda JR, Dimiev A, Price BK, Tour JM(2009) Nat Lett 458:872.

26. Rangel NL, Sotelo JC, Seminario JM(2009) J Chem Phys 131:031105.

27. Poh HL, Sanek F, Ambrosi A, Zhao G, Sofer Z, Pumera M(2012) Nanoscale 4:3515.

28. Ambrosi A, Bonanni A, Sofer Z, Cross JS, Pumera M(2011) Chem Eur J 17:10763.

29. Dikin DA, Stankovich S, Zimney EJ, Piner RD, Dommett GHB, Evmenenko G, Nguyen ST, Ruoff RS(2007) Nature 448:457.

30. Chen D, Feng H, Li J(2012) Chem Rev 112:6027.

31. Georgakilas V, Otyepka M, Bourlinos AB, Chandra V, Kim N, Kemp KC, Hobza P, Zboril R, Kim KS(2012) Chem Rev 112:6156.

32. Dreyer DR, Park S, Bielawski CW, Ruoff RS(2010) Chem Soc Rev 39:228.

33. Su Q, Pang S, Alijani V, Li C, Feng X, Mullen K(2009) Adv Mater 21:3191.

34. Kaminska I, Das MR, Coffinier Y, Niedziolka-Jonsson J, Woisel P, Opallo M, Szunerits S, Boukherroub R (2012) Chem Commun 48:1221.

35. Lomeda JR, Doyle CD, Kosynkin DV, Hwang W-F, Tour JM(2008) J Am Chem Soc 130:16201.

36. Sun Y, Wu Q, Shi G(2011) Energy Environ Sci 4:1113.

37. Pumera M(2011) Energy Environ Sci 4:668.

38. Brownson DAC, Kampouris DK, Banks CE(2011) J Power Sources 196:4873.

39. Ratinac KR, Yang W, Ringer SP, Braet F(2010) Environ Sci Technol 44:1167.

40. Shang NG, Papakonstantinou P, McMullan M, Chu M, Stamboulis A, Potenza A, Dhesi SS, Marchetto H (2008) Adv Funct Mater 18:3506.

41. Li J, Kuang D, Feng Y, Zhang F, Xu Z, Liu M(2012) J Hazard Mater 201-202:250.

42. Tang L, Feng H, Cheng J, Li J(2010) Chem Commun 46:5882.

43. Guo CX, Lei Y, Li CM(2011) Electroanalysis 23:885.

44. Goh MS, Pumera M(2011) Anal Bioanal Chem 399:127.

45. Guo CX, Lu ZS, Lei Y, Li CM(2010) Electrochem Commun 12:1237.

46. Guo S, Wen D, Zhai Y, Dong S, Wang E(2011) Biosens Bioelectron 26:3475.

47. Chen T-W, Xu J-Y, Sheng Z-H, Wang K, Wang F-B, Liang T-M, Xia X-H(2012) Electrochem Commun 16:30.

48. Shi J-J, Zhu J-J(2011) Electrochim Acta 56:6008.

49. Fan H, Li Y, Wu D, Ma H, Mao K, Fan D, Du B, Li H, Wei Q(2012) Anal Chim Acta 711:24.

50. Xu C, Wang J, Wan L, Lin J, Wang X(2011) J Mater Chem 21:10463.

51. Guo Y, Guo S, Li J, Wang E, Dong S(2011) Talanta 84:60.

52. Wei Q, Zhao Y, Du B, Wu D, Cai Y, Mao K, Li H, Xu C(2011) Adv Funct Mater 21:4193.

53. Kim TH, Lee BY, Jaworski J, Yokoyama K, Chung WJ, Wang E, Hong S, Majumdar A, Lee SW(2011) ACS Nano 5:2824.

54. Snow ES, Perkins FK, Houser EJ, Badescu SC, Reinecke TL(2005) Science 307:1942.

55. Robinson JA, Snow ES, Perkins FK(2007) Sens Actuators A 135:309.

56. Kong L, Wang J, Fu X, Zhong Y, Meng F, Luo T, Liu J(2010) Carbon 48:1262.

57. Kuang Z, Kim SN, Crookes-Goodson WJ, Farmer BL, Naik RR(2010) ACS Nano 4:452.

58. Park M, Cella LN, Chen W, Myung NV, Mulchandani A(2010) Biosens Bioelectron 26:1297.

59. Robinson JT, Perkins FK, Snow ES, Wei Z, Sheehan PE(2008) Nano Lett 8:3137.

60. Wu C, Sun D, Li Q, Wu K(2012) Sens Actuators B 168:178.

61. Cremisini C, Sario SD, Mela J, Pilloton R, Palleschi G(1995) Anal Chim Acta 311:273.

62. Mulchandani P, Chen W, Mulchandani A(2006) Anal Chim Acta 568:217.

63. Karnati C, Du H, Ji HF, Xu X, Lvov Y, Mulchandani A, Mulchandani P, Chen W(2007) Biosens Bioelectron 22:2636.

64. Vidal JC, Esteban S, Gil J, Castillo JR(2006) Talanta 68:791.

65. Liu T, Xu M, Yin H, Ai S, Qu X, Zong S(2011) Microchim Acta 175:129.

66. Wang Y, Zhang S, Du D, Shao Y, Li Z, Wang J, Engelhard MH, Li J, Lin Y(2011) J Mater Chem 21:5319.

67. Gong J, Miao X, Zhou T, Zhang L(2011) Talanta 85:1344.

68. Yang M, Choi BG, Park TJ, Heo NS, Hong WH, Lee SY(2011) Nanoscale 3:2950.

69. Jin E, Lu X, Cui L, Chao D, Wang C(2010) Electrochim Acta 55:7230.

70. Zhang L, Zhang A, Du D, Lin Y(2012) Nanoscale 4:4674.

71. Liu T, Su H, Qu X, Ju P, Cui L, Ai S(2011) Sens Actuators B 160:1255.

72. Wang K, Li H-N, Wu J, Ju C, Yan J-J, Liu Q, Qiu B(2011) Analyst 136:3349.

73. Wu S, Lan X, Cui L, Zhang L, Tao S, Wang H, Han M, Zhiguang L, Meng C(2011) Anal Chim Acta 699:170.

74. Choi BG, Park H, Park TJ, Yang MH, Kim JS, Jang S-Y, Heo NS, Lee SY, Kong J, Hong WH(2010) ACS Nano 4:2910.

75. Ohno Y, Maehashi K, Yamashiro Y, Matsumoto K(2009) Nano Lett 9:3318.

76. Ohno Y, Maehashi K, Matsumoto K(2010) Biosens Bioelectron 26:1727.

77. Zhang B, Cui T(2011) Appl Phys Lett 98:073116.

78. Mao S, Lu G, Yu K, Bo Z, Chen J(2010) Adv Mater 22:3521.

79. Myung S, Solanki A, Kim C, Park J, Kim KS, Lee K-B(2011) Adv Mater 23:2221.

80. Yang M, Gong S(2010) Chem Commun 46:5796.

81. Kong F-Y, Xu M-T, Xu J-J, Chen H-Y(2011) Talanta 85:2620.

82. Li H, Wei Q, He J, Li T, Zhao Y, Cai Y, Du B, Qian Z, Yang M(2011) Biosens Bioelectron 26:3590.

83. Jung JH, Cheon DS, Liu F, Lee KB, Seo TS(2010) Angew Chem Int Ed 49:5708.

84. Mohanty N, Berry V(2008) Nano Lett 8:4469.

85. Wan Y, Lin Z, Zhang D, Wang Y, Hou B(2011) Biosens Bioelectron 26:1959.

86. Huang Y, Dong X, Liu Y, Li L-J, Chen P(2011) J Mater Chem 21:12358.

87. Ang PK, Li A, Jaiswal M, Wang Y, Hou HW, Thong JTL, Lim CT, Loh KP(2011) Nano Lett 11:5240.

88. Wang L, Zhang X, Xiong H, Wang S(2010) Biosens Bioelectron 26:991.

89. Zhang L, Long L, Zhang W, Du D, Lin Y(2012) Electroanalysis 24:1.

90. Enyashin AN, Ivanovskii AL(2011) Phys Status Solidi B 248:1879.

91. Sofo JO, Chaudhari AS, Barber GD(2007) Phys Rev Lett B 75:153401.

92. Wen X-D, Yang T, Hoffmann R, Ashcroft NW, Martin RL, Rudin SP, Zhu J-X(2012) ACS Nano 6:7142.

93. Cranford SW, Buehler MJ(2011) Carbon 49:4111.

94. Narita N, Nagai S, Suzuki S, Nakao K(1998) Phys Rev B 58:11009.

95. Peng Q, Ji W, De S(2012) Phys Chem Chem Phys 14:13385.

96. Li G, Li Y, Liu H, Guo Y, Lia Y, Zhu D(2010) Chem Commun 46:3256.

97. Srinivasu K, Ghosh SK(2012) J Phys Chem C 116:5951-5956.

98. Zheng Q, Luo G, Liu Q, Quhe R, Zheng J, Tang K, Gao Z, Nagasec S, Lu J(2012) Nanoscale 4:3990.

99. Jiao Y, Du A, Hankel M, Zhu Z, Rudolph V, Smith SC(2011) Chem Commun 47:11843.

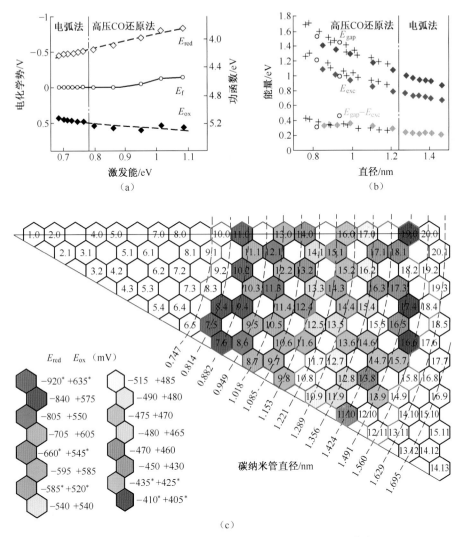

图 1.13 SWCNT 的标准电势、函数关系和手性关系图[53]

（a）半导体型 SWCNT 的氧化（实心菱形）和还原（空心菱形）的标准电势以及费米能级
（空心圆）随激发能的变化，电位数据作图参照 SCE 电极（左轴）和真空度（右轴），假设后者
位于 4.68eV 处参照 SCE.42；（b）由激发能计算得到的电化学带隙（蓝色菱形）、激发能
（红色菱形）以及激子结合能（绿色菱形）与碳纳米管直径的函数关系；（c）该研究中各 SWCNT
结构的平均标准电势手性图（高压一氧化碳法合成的 SWCNT 位于红线内，而电弧放电法制备的
SWCNT 位于蓝线内，起始值通过外推得到）。

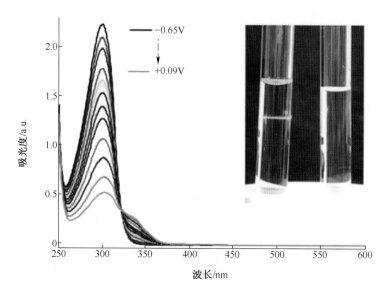

图 1.23　由 KC₈ 溶解的负电荷石墨烯片的 NMP 溶液的吸收光谱[90,94]

(黑色:起始溶液。逐渐提高溶液电化学电势至较小的负电位,同时记录其光谱数据。采用能斯特方程可以拟合 300 nm 处的峰强度,得到石墨烯相对于 SCE 的还原电位为+22 mV。插图:石墨烯溶液对激光束的散射,表明溶液中存在胶体大小的粒子(丁达尔效应),而同样的激光通过纯溶剂看不到此效应)

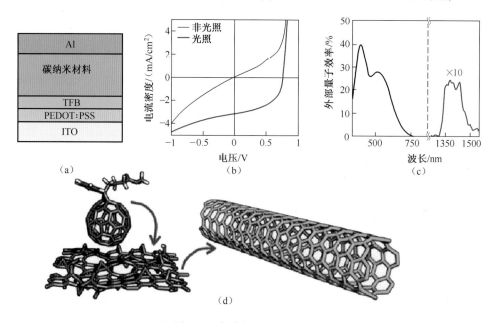

图 3.4　全碳太阳能电池方案

(a)器件的结构,ITO—氧化铟锡,PEDOS:PSS—聚(3,4-乙二氧基噻吩)聚苯乙烯磺酸盐作为空穴传导层,TFB—聚(9,9-二辛基芴基-2,7-二基)-co-(4,40-(N-(4-s-丁基苯基))作为电子阻挡层;(b)在黑暗中和在全日照下的电流密度-电压特性(AM1.5);(c)作为波长函数的外部量子效率(类似于 IPCE);(d)电池界面方案(粉红色箭头显示空穴从 PC₇₁BM(苯基 C₇₁ 丁酸甲酯)通过还原氧化石墨烯到 SWNT 的路径)
（转载 M. Bernardi 等的许可。ACS Nano 6 8896(2012),版权(2012)美国化学会）

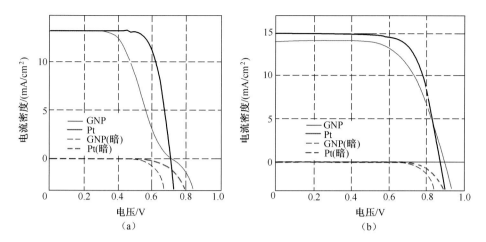

图 3.11　染料敏化太阳能电池在全光照下的暗电流和光照下的电流密度-电压特性(AM 1.5)

（阴极是由石墨烯纳米片(GNP,黑色曲线)或 Pt(蓝色曲线)制造的)

（a）N-719 敏化二氧化钛光阳极和 I_3^-/I^- 作为氧化还原介质(电解质溶液 Z946-详见正文,

在 550nm 波长下,GNP 薄膜的光传输率为 87%。L. Kavan et al. ACS Nano 5,165(2011));

（b）Y123 敏化 TiO_2 光阳极和 $[Co(bpy)_3]^{3+/2+}$ (bpy 是 2,20 联吡啶)作为氧化还原介质

（在 550 nm 波长下,GNP 薄膜的光传输率为 66%。Kavanet al. Nano Letters 11,5501(2011))。

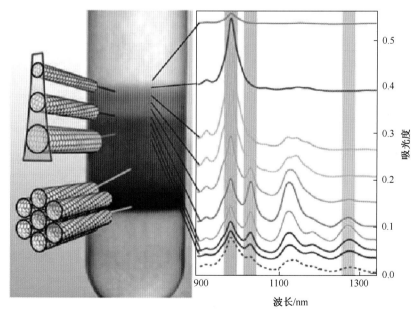

图 4.3　使用密度梯度超速离心按直径和能带隙分类的
SC 封装的 COMOCat SWCNT(0.7~1.1 nm) 的示例[39]

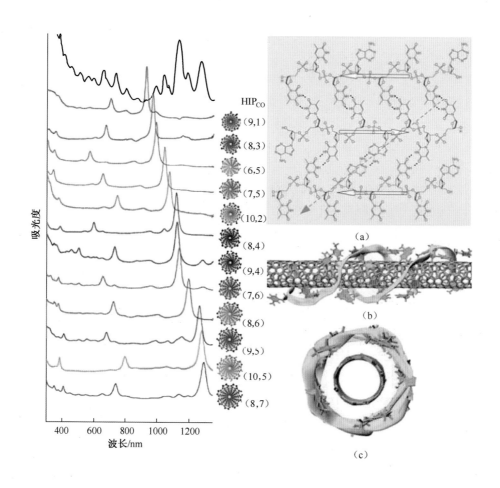

图 4.4　左:按手性(颜色)和起始的 HIP_{CO} 混合物(黑色)

分类的半导体 SWCNT 的紫外-可见-近红外吸收光谱[47]

(a)由 3 条反平行 ATTTATTT 链形成的二维 DNA 片结构的拟议组织;

(b),(c)通过卷起以前的二维 DNA 片形成的(8,4)碳纳米管的 DNA 桶的示意图。

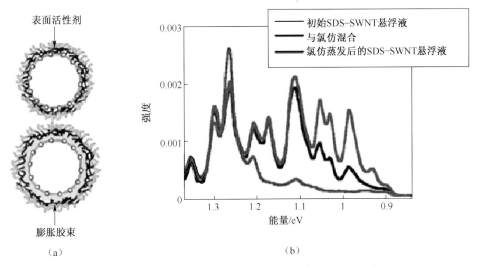

图4.14 SWCNT 胶束疏水核的膨胀(a)以及加入并去除氯仿

SDS 涂层 SWCNT 悬浮液的近红外荧光光谱(b)[162]

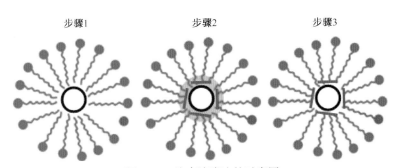

图4.15 胶束溶胀法的示意图

(碳纳米管呈黑色圆形,周围是表面活性剂分子,呈灰色(步骤1)。

加入卟啉(红色棒状物)在二氯甲烷中呈蓝色的溶液(步骤2)。

去除溶剂后,得到功能性纳米管杂化物(步骤3)

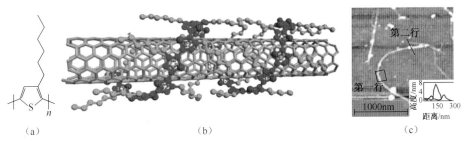

图4.16 P3HT 的化学结构(a)和包裹在(6,5)SWCNT 周围的 P3HT 的示意图(b)以及

涂有 P3HT 的孤立纳米管的 AFM 图像(c)(插图:图像上标记的 AFM 切片高度,

第一行(黑色)和第二行(红色))[186]

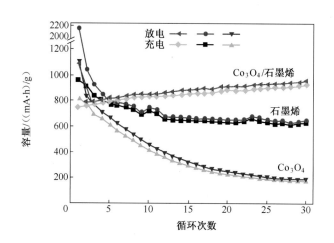

图 6.6   G/Co$_3$O$_4$杂化材料在充放电性能上优于单独的 G 和 Co$_3$O$_4$[29]

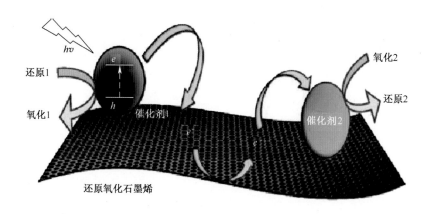

图 6.11   在石墨烯载体(灰色材料)上光激发 TiO$_2$(蓝色)后,电子从 TiO$_2$ 催化剂
穿过 π 网络进入第二催化剂(黄色),它们在那里参与还原反应[45]

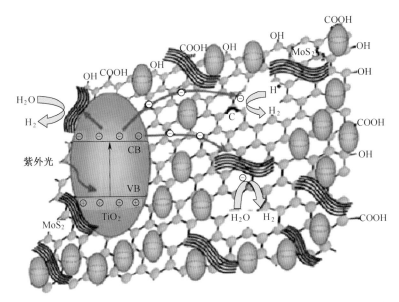

图 6.12　TiO$_2$-MoS$_2$-G 三元体系对水的分解反应具有优异的光催化活性[46]

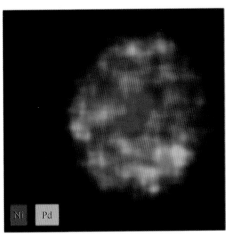

图 6.14　用核壳 Ni/Pd 纳米粒子的假颜色绘制 TEM 图像[55]

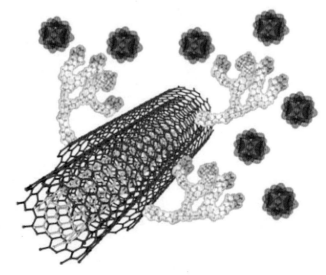

图 6.16　POM@ MWCNT 通过阳离子 PAMAM 胺树状大分子(淡蓝色)和
POMS(红色)功能化的 MWCNT 之间的静电相互作用组装而成[74]

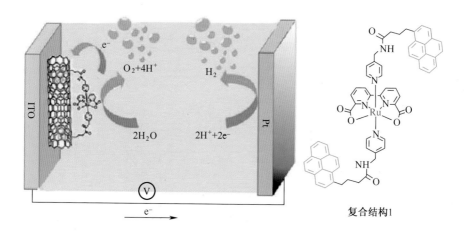

复合结构1

图 6.18　非共价相互作用介导 Ru(Bpa)(Pic)₂(复合结构 1)
与 CNT 的结合以有效地催化水分裂[75]

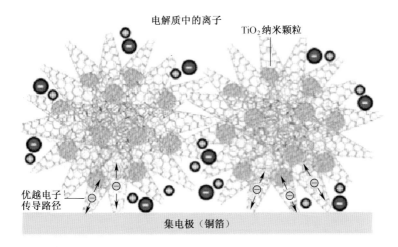

图 6.26 TiO$_2$/碳纳米角复合材料结构和性能的示意图[117]

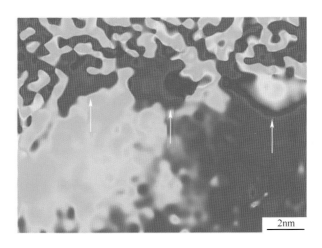

图 8.7 (10$\bar{1}$0)方向的重建相位图
(箭头表示的区域为薄片边缘相位变化较大的位置)

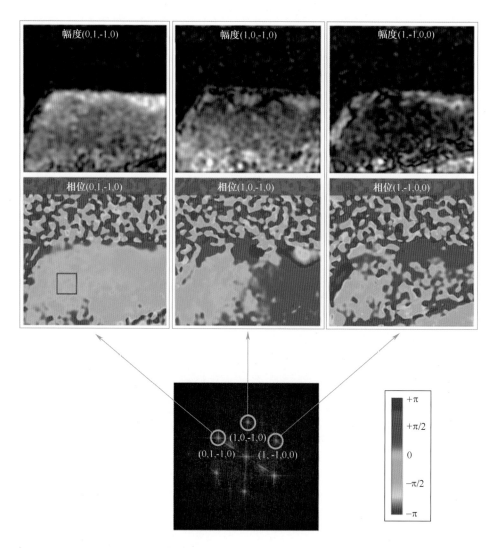

图 8.6　FFT 中蓝色圆圈表示的石墨反射面的重构振幅和相位图

（相位值的变化用比色刻度尺表示。从（10$\bar{1}$0）矢量重建的相位图中，在上边界附近可以
看到较大的相位变化。在与（01$\bar{1}$0）相位图中红色矩形标记区域相对应的位置，相位背景的
参考区域被重新规范。重建相位图的横向尺寸与原始 HREM 图像的横向尺寸相同（27.60nm））

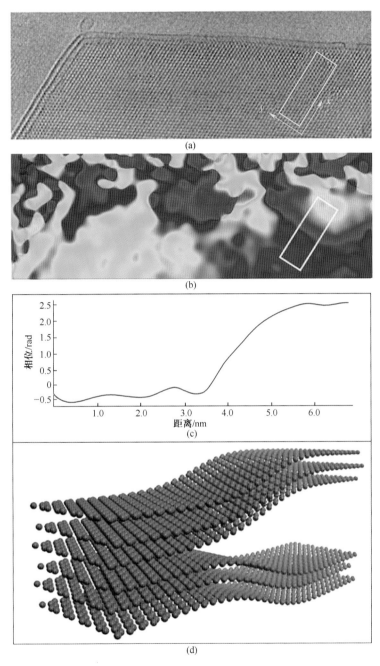

图 8.8　(a)上边界附近薄片的 HRTEM 图像(感兴趣的区域(ROI)用矩形标记,并标出
用于进一步分析的笛卡儿参考系);(b)(0 1 $\bar{1}$ 0)相位图的对应区域(与(a)图中
ROI 区域相同);(c)ROI 区域的 X 轴相位剖面图;(d)ROI 中薄片的原子结构示意图

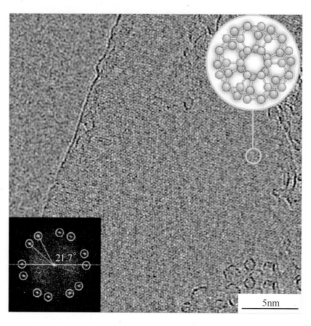

图 8.12　单层石墨烯片折叠边缘的 HRTEM 图像

（左下角:FFT 图像,显示出两个晶格的堆叠方形;右上角:折叠晶格示意图）

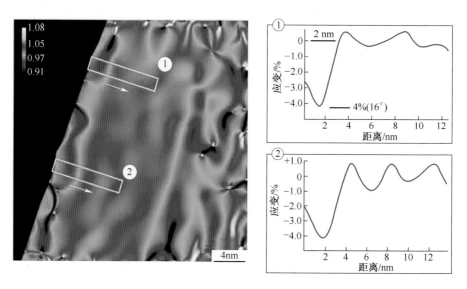

图 8.13　垂直于褶皱边缘方向的应变分量图

（薄片的内部没有显示明显的应变,而平行于边界,可以观察到压缩区域①和②）。

右图是分别在区域①和②上获得的应变剖面）

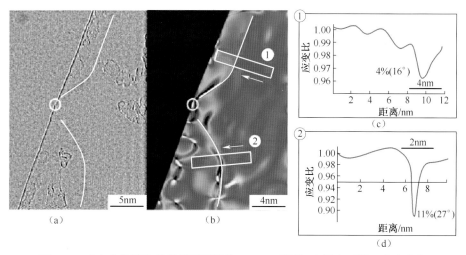

图 8.14　(a)自身折叠的单层石墨烯的 HRTEM 图像(边界上可见一个由白色
圆圈突出显示的点缺陷);(b)垂直于褶皱边缘方向的应变分量图((a)图中白线突出
显示的两条压缩线清晰可见);(c)区域①对应的应变剖面图;(d)区域②对应的应变剖面图

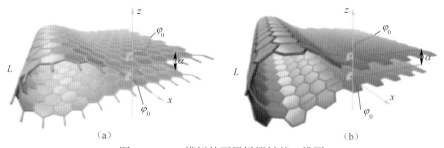

图 8.15　TB 模拟的石墨烯褶皱的三维图
(a)扶手椅褶皱;(b)之字形褶皱。

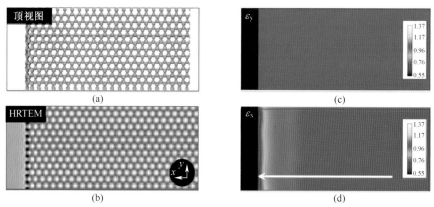

图 8.20　(a)模拟的原子位置俯视图;(b)由(a)图模拟的 HRTEM 图像;
(c)平行于边界方向的应变图;(d)垂直于边界方向的应变图

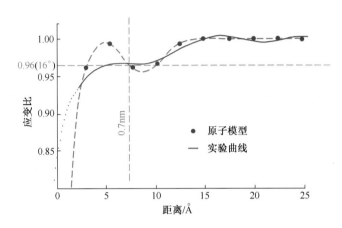

图 8.21 沿白线的应变剖面(红线)和从图 8.19 模拟结构的投影原子位置
计算得到的压缩值(红点)

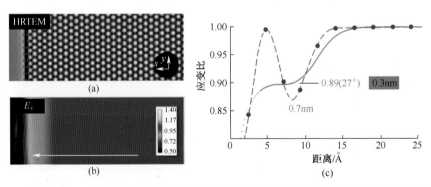

图 8.23 (a)由图 8.22 模拟位置模拟的 HRTEM 图像,(b)沿平行于边界的应变图,(c)沿(b)中
白线位置的应变剖面图(蓝线)和从图 8.22 模拟结构的投影原子位置计算得到的压缩值(大红点)

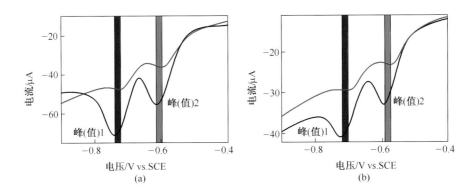

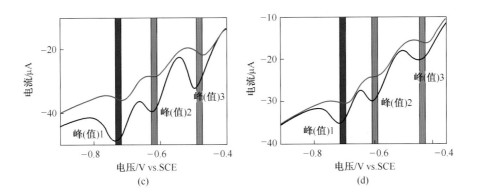

图 9.4　TR-GO(黑色曲线)和 NG(红色曲线)的线性扫描吸附溶出伏安图改变
了不同硝基芳族化合物的脱氧 0.5 mol/L NaCl 溶液中的 GCE[47]

(a)11 μmol/L 2,4-二硝基甲苯;(b)12μmol/L 1,3-二硝基苯;

(c)8.8μmol/L 2,4,6-三硝基甲苯;(d)9.38μmol/L 3,5-三硝基苯。

(电位扫描速率为 0.1 V·s⁻¹,累积时间 120s,累积电位 0 V)

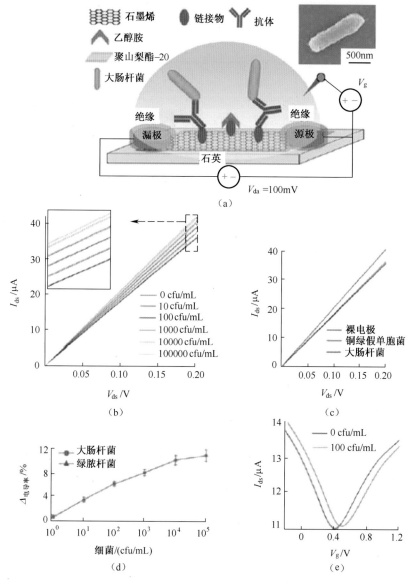

图9.11 （a）用于测定大肠杆菌的GFET的大肠杆菌抗体功能化示意图；（b）与不同浓度的大肠杆菌（V_g = 0 V）孵育后的大肠杆菌抗体功能化石墨烯装置抗体的I_{ds}-V_{ds}曲线；（c）在铜绿假单胞菌和大肠杆菌（均为10^5cfu·mL^{-1}）孵育之前和之后抗体功能化石墨烯装置的I_{ds}-V_{ds}曲线（V_g = 0 V）；（d）由不同浓度的铜绿假单胞菌（三角）和大肠杆菌（圆圈）引起的石墨烯电导的百分比变化；（e）在与大肠杆菌（100cfu·mL^{-1}）温育之前和之后抗体功能化GFET的转移曲线[86]

I_{ds}—漏源电流；V_g—溶液栅极电压；V_{ds}—漏源电压。